大学入試標準レベル

実戦演習問題集
文理共通数学

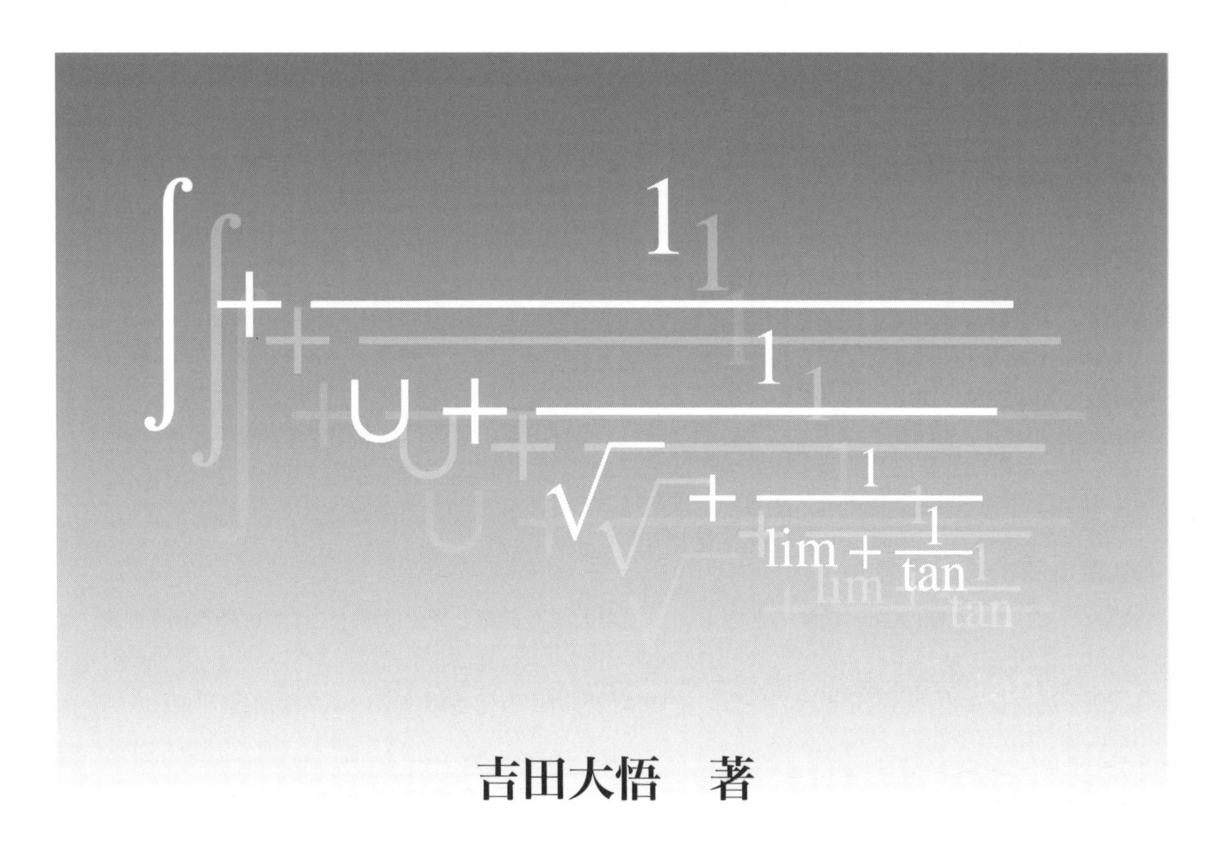

吉田大悟　著

本書で扱っている主な単元		
数と式	式と証明	平面ベクトル
２次関数	複素数と方程式	空間ベクトル
図形と計量	図形と方程式	数列
場合の数と確率	三角関数	
図形の性質	指数関数・対数関数	
整数	微分法・積分法	

前書き

本書は、筆者が教鞭を執っている予備校で補助教材として作成したプリントをもとに編集し、大学入試数学の演習書として整理したものである。夏明けから初冬の時期に毎週、問題をプリントにまとめ、前週分の解説プリントとともに配付していたが、受講生からは大変好評であった。

予備校では、夏まで（前期）と秋以降（後期）で授業内容は変わる。前期には基礎概念を丁寧に解説し、後期は演習を通して、基礎基本の確認や得点力を高める訓練を行う。前期で学んだ内容を**入試問題に適用、運用できるかを確認するための自習用教材**として作成していたところ、そのプリントに目を留めていただいたMETIS代表、河合塾数学科講師の藤田貴志先生から、本として出版してはどうかという嬉しいお誘いをいただき、このような形で全国の受験生に提供できるようになった。

12週に渡って配付したプリントを再編集し、本書に掲載した。一部、原題から問題文の改変を施している。また、数学的に面白いテーマを扱った内容や自習では見落としがちなポイントに触れた問題も取り上げている。この演習書が学習者に多様な効果をもたらしてくれることを期待している。その経験が試験場で問題解決への後押しをしてくれるであろう。本書が受験生諸君の数学との関係をより良好なものにしてくれることを願う。

本書の構成

問題編（p.3 ～ p.27）

12回分の問題を最初にまとめて収録した。第 n 回の問題には「＃ n 問題」と記載し、1回分を見開きで掲載している。各回ともなるべく多くの分野に触れられるよう配慮したが、必ずしも網羅的、体系的ではない。むしろ次のような実戦的な学習経験を提供する素材として相応しい問題を選定している。

・ちょっとしたことで解決の糸口が見つかるような問題でも、入試の現場では意外に難しく見えてしまうことが多分にある。そうした問題に対処できる総合力を養う。

・困った状況で突破口をいかに見出すかという底力は、意外な部分で鍛えられていく。試行錯誤の経験により知識の運用に磨きをかける。

・単元ごとに学ぶ“網羅型”の問題集では触れにくいテーマや、実戦的な総合演習の中で初めて得られる様々な心理的作用・効果を経験する。

・丁寧な処理を時間をかけずにできるかどうかは合否に大きく関わる大切な数学力である。その力を養うために、やや煩雑で退屈な計算も一定量こなす。

解説編（p.29 ～ p.115）

解説ページには問題文を再掲するとともに、出典大学も記載した。解説には主に解答例を掲載しており、得点力を磨く上で読んでもらいたい補足事項がある場合は 注意 に記した。また、参考 では視野を広げるための内容を扱っている。中には指導者の方にも飽きないような他書では学べない内容も盛り込んだので、余裕のある方は楽しんでいただきたい。

＋α のこだわり

普段担当している生徒には、夏までに「接線を多項式の除法で求めること」「包絡線」「加重重心」「連分数」「正射影ベクトル」といった発展的な内容まで伝えているが、全国の受験生にとっては初見の内容もあると思われるので、問題の解説や付録で詳しめに述べた。

「接線を多項式の除法で求めること」「包絡線」「連分数」については問題の解説で、「加重重心」「正射影ベクトル」については p.103 以降の付録で扱っている。また、多くの受験生を悩ませる「軌跡の考え方」についても付録に掲載した。

原稿を細かく見て貴重な指摘をしていただき、また、本書が広く多くの方に届くよう御尽力いただいた藤田貴志先生には、ここに感謝の意を表したい。

2022年11月　加古川にて

吉田大悟

■■ 目次 ■■

第 1 回	問題 p.4 & p.5	解説 p.30 ～ p.35
第 2 回	問題 p.6 & p.7	解説 p.36 ～ p.41
第 3 回	問題 p.8 & p.9	解説 p.42 ～ p.47
第 4 回	問題 p.10 & p.11	解説 p.48 ～ p.53
第 5 回	問題 p.12 & p.13	解説 p.54 ～ p.59
第 6 回	問題 p.14 & p.15	解説 p.60 ～ p.65
第 7 回	問題 p.16 & p.17	解説 p.66 ～ p.71
第 8 回	問題 p.18 & p.19	解説 p.72 ～ p.77
第 9 回	問題 p.20 & p.21	解説 p.78 ～ p.83
第 10 回	問題 p.22 & p.23	解説 p.84 ～ p.89
第 11 回	問題 p.24 & p.25	解説 p.90 ～ p.95
第 12 回	問題 p.26 & p.27	解説 p.96 ～ p.102

付録		
	付録1 加重重心	p.103 ～ p.108
	付録2 正射影ベクトル	p.109 ～ p.113
	付録3 軌跡の考え方	p.114 ～ p.115

1 座標平面上に 2 点 $\mathrm{P}(\sqrt{3},\ 0)$，$\mathrm{Q}(\cos\theta,\ 1-\sin\theta)$ がある．次の問いに答えよ．

(1) $\left|\overrightarrow{\mathrm{PQ}}\right|^2$ を θ で表せ．

(2) $\dfrac{7\pi}{12}=\dfrac{\pi}{3}+\dfrac{\pi}{4}$ を用いて，$\sin\dfrac{7\pi}{12}$ の値を求めよ．

(3) $\dfrac{\pi}{4}\leqq\theta\leqq\pi$ における $\left|\overrightarrow{\mathrm{PQ}}\right|^2$ の最大値と最小値を求めよ．また，最大値，最小値を与える θ の値を求めよ．

2 四面体 OABC の各辺の長さをそれぞれ $\mathrm{AB}=\sqrt{7}$，$\mathrm{BC}=3$，$\mathrm{CA}=\sqrt{5}$，$\mathrm{OA}=2$，$\mathrm{OB}=\sqrt{3}$，$\mathrm{OC}=\sqrt{7}$ とする．$\overrightarrow{\mathrm{OA}}=\vec{a}$，$\overrightarrow{\mathrm{OB}}=\vec{b}$，$\overrightarrow{\mathrm{OC}}=\vec{c}$ とおくとき，以下の問いに答えよ．

(1) 内積 $\vec{a}\cdot\vec{b}$，$\vec{b}\cdot\vec{c}$，$\vec{c}\cdot\vec{a}$ を求めよ．

(2) 三角形 OAB を含む平面を α とし，点 C から平面 α に下ろした垂線と α との交点を H とする．このとき，$\overrightarrow{\mathrm{OH}}$ を $\vec{a}$，$\vec{b}$ で表せ．

(3) 四面体 OABC の体積を求めよ．

3 放物線 $y=(x-1)^2+q\ \ (q>0)$ のグラフに，原点 O から引いた 2 本の接線が互いに垂直に交わっているとする．このとき，次の問いに答えよ．

(1) q の値を求めよ．

(2) 2 本の接線と放物線とで囲まれた図形の面積を S_1 とする．また，2 本の接線と放物線との接点を点 A，B とし，三角形 OAB の面積を S_2 とする．このとき，$\dfrac{S_2}{S_1}$ の値を求めよ．

4 方程式 $7x+13y=1111$ を満たす自然数 x，y に対して，次の問いに答えよ．

(1) この方程式を満たす自然数の組 $(x,\ y)$ はいくつあるか求めよ．

(2) $s=-x+2y$ とするとき，s の最大値と最小値を求めよ．

(3) $t=|2x-5y|$ とするとき，t の最大値と最小値を求めよ．

5 正六角形の頂点を反時計回りに P_1, P_2, P_3, P_4, P_5, P_6 とする．1個のさいころを2回投げて，出た目を順に j, k とする．次の問いに答えよ．

(1) P_1, P_j, P_k が異なる3点となる確率を求めよ．

(2) P_1, P_j, P_k が正三角形の3頂点となる確率を求めよ．

(3) P_1, P_j, P_k が直角三角形の3頂点となる確率を求めよ．

6 x の多項式 $x^4 - px + q$ が $(x-1)^2$ で割り切れるとき，定数 p, q の値を求めよ．

7 x の2次関数 $y = ax^2 + bx + c$ のグラフが相異なる3点 $(a,\ b)$, $(b,\ c)$, $(c,\ a)$ を通るものとする．ただし，$abc \neq 0$ とする．

(1) a の値を求めよ．

(2) b, c の値を求めよ．

8 曲線 $y = x^3 - x^2 - 2x + 2$ について，

(1) 点 $(0,\ 1)$ を通る接線の方程式を求めよ．

(2) (1) の接線と曲線とによって囲まれた部分の面積を求めよ．

9 (1) 不等式 $(\log_2 x)^2 - 4\log_2 x + 3 \leqq 0$ を解け．

(2) x が (1) で求めた範囲にあるとき，

$$f(x) = \left(\log_{\frac{1}{2}} \frac{x}{3}\right)\left(\log_{\frac{1}{2}} \frac{x}{4}\right)$$

の最大値と最小値，およびそのときの x の値を求めよ．

1　a を 1 でない正の定数，x，y を $5^x = 2^y = a$ を満たす実数とする．

（1）$\dfrac{1}{x} + \dfrac{1}{y} = \dfrac{1}{2}$ とするとき，a の値を求めよ．

（2）$\dfrac{1}{x} + \dfrac{1}{y} = b$ とするとき，a^b の値を求めよ．

（3）$\dfrac{1}{x} - \dfrac{1}{y} = 2$ とするとき，a の値を求めよ．

2　数列 $\{a_n\}$ に対し，S_n を $S_n = \sum_{k=1}^{n} a_k$ で定める．$n = 1,\ 2,\ 3,\ \cdots$ に対し $S_n = 2a_n + n$ が成り立つとき，次の問に答えよ．

（1）a_1 および a_2 を求めよ．

（2）a_{n+1} を a_n の式で表せ．

（3）a_n を n の式で表せ．

3　三角形 ABC と点 P が

$$4\overrightarrow{\mathrm{AP}} - 6\overrightarrow{\mathrm{BP}} + \overrightarrow{\mathrm{CP}} = \vec{0}$$

を満たしているとき，次の問に答えよ．

（1）直線 AB と直線 PC の交点を Q とするとき，$\overrightarrow{\mathrm{AQ}}$ を $\overrightarrow{\mathrm{AB}}$ を用いて表せ．

（2）三角形の面積比 $\triangle\mathrm{PBC} : \triangle\mathrm{PCA} : \triangle\mathrm{PAB}$ を求めよ．

（3）直線 AB と直線 PC が直交し，かつ直線 AC と直線 PB が直交するとき，$\cos\angle\mathrm{BAC}$ を求めよ．

4　$\dfrac{\pi}{4} \leqq \theta \leqq \dfrac{\pi}{2}$ の範囲にある θ に対して，

$$16\cos^4\theta + 16\sin^2\theta = 15$$

が成り立っている．

（1）$\cos 2\theta$ の値を求めよ．

（2）$\sin^3\theta + \cos^3\theta$ の値を求めよ．

（3）$\dfrac{\sin 5\theta + \sin 7\theta}{\cos\theta}$ の値を求めよ．

5 放物線 $C : y = 2x - x^2$ と直線 $\ell : y = ax$ について，定数 a が $0 < a < 2$ の範囲にあるとき，次の問いに答えよ.

(1) 放物線 C と直線 ℓ で囲まれた部分の面積を a を用いて表せ.

(2) 直線 ℓ が，放物線 C と x 軸とで囲まれた部分の面積を二等分するときの a の値を求めよ.

6 1 次不定方程式 $275x + 61y = 1$ のすべての整数解を求めよ.

7 整式 $P(x) = x^4 + x^3 + x - 1$ について，次の問いに答えよ.

(1) i を虚数単位とするとき，$P(i)$，$P(-i)$ の値を求めよ.

(2) 方程式 $P(x) = 0$ の実数解を求めよ.

(3) $Q(x)$ を 3 次以下の整式とする．次の条件

$$Q(1) = P(1), \quad Q(-1) = P(-1),$$
$$Q(2) = P(2), \quad Q(-2) = P(-2)$$

をすべて満たす $Q(x)$ を求めよ.

8 3 つの直線 $x + 2y - 4 = 0$，$2x - y - 2 = 0$，$x - y + 5 = 0$ によって作られる三角形を考える.

(1) 三角形の各頂点からの距離の 2 乗和が最小となる点の座標を求めよ.

(2) 三角形の各辺を含む 3 直線までの距離の 2 乗和が最小となる点の座標を求めよ.

9 $\displaystyle\sum_{n=0}^{100} 2^n$ の桁数を求めよ．ただし，$\log_{10} 2 = 0.3010$ とする.

1 x, y を自然数とするとき,

$$2x^2 + xy - 5x - y^2 + y - 30 = 0$$

であるような組 $(x,\ y)$ をすべて求めよ.

2 座標平面上に 2 点 $\mathrm{A}(-2,\ 4)$, $\mathrm{B}(4,\ 2)$ および 2 つの直線 $l : x + y = 1$, $m : x - y = 3$ が与えられている.

(1) 点 P が直線 l 上を動くとき, $\mathrm{AP} + \mathrm{PB}$ が最小となる P の座標を求めよ.

(2) 点 P が直線 l 上を, 点 Q が直線 m 上をそれぞれ動くとき, $\mathrm{AP} + \mathrm{PQ} + \mathrm{QB}$ が最小となる P, Q の座標を求めよ.

3 a を実数の定数とする. 連立不等式

$$\begin{cases} |x-1| \leqq 2, \\ x^2 - (2a+3)x + a^2 + 3a - 10 \leqq 0 \end{cases}$$

を満たす実数 x が存在するような a の値の範囲を求めよ.

4 x を正の実数とする. 三角形 ABC において, $\mathrm{AB} = x$, $\mathrm{BC} = x + 1$, $\mathrm{CA} = x + 2$ とする.

(1) x のとり得る値の範囲を求めよ.

(2) $\cos\angle\mathrm{ABC}$ を x を用いて表せ.

(3) 三角形 ABC が鈍角三角形となる x の値の範囲を求めよ.

5 数列 $\{a_n\}$ を

$$a_n = \frac{2n+1}{n(n+1)(n+2)} \quad (n = 1,\ 2,\ 3,\ \cdots)$$

と定める.

(1) 定数 p, q を用いて

$$a_n = p\left(\frac{1}{n} - \frac{1}{n+1}\right) + q\left(\frac{1}{n+1} - \frac{1}{n+2}\right)$$

と表すとき, p, q の値を求めよ.

(2) 数列 $\{a_n\}$ の初項から第 n 項までの和 S_n を求めよ.

6 $f(x)=-6-\int_0^1(6xt-4)f(t)dt$ を満たす関数 $f(x)$ を求めよ．

7 $\tan\alpha=5$ のとき $\sin 2\alpha$ の値を求めよ．

8 座標空間の原点を O とし，3 点 A(2, 2, −2)，B(2, −2, 2)，C(−2, 2, 2) をとる．線分 AB を 3 : 1 に内分する点を D，線分 AC を 3 : 1 に外分する点を E とするとき，次の問いに答えよ．

(1) 2 点 D，E の座標をそれぞれ求めよ．

(2) 点 F を直線 DE 上の点とし，$\overrightarrow{\mathrm{OF}}$ と $\overrightarrow{\mathrm{BC}}$ のなす角 θ が $\cos\theta=\dfrac{3\sqrt{7}}{14}$ を満たすとき，点 F の座標を求めよ．

9 曲線 $y=|x^2-1|+2x$ と x 軸とで囲まれる部分の面積を求めよ．

10 1 個のさいころを投げ，奇数の目が出たときはその目の数を X とし，偶数の目が出たときはもう 1 回さいころを投げ，出た目の数を X とする．さらに，1 枚の硬貨を X 回投げ，表が出た回数を Y とする．

(1) $X=5$ のとき，1 回目のさいころの目が奇数であった確率を求めよ．

(2) $Y=4$ となる確率を求めよ．

(3) $Y=4$ のとき，$X=6$ であった確率を求めよ．

1 三角形 ABC は各辺の長さが 1 の正三角形であるとする．辺 AB 上に点 D，辺 BC 上に点 E，辺 CA 上に点 F を $\mathrm{AD}=\mathrm{BE}=\mathrm{CF}=x$ となるようにとる．ただし $0<x<1$ とする．次の問いに答えよ．

(1) 三角形 ABC の内接円の半径を求めよ．

(2) 三角形 DEF の外接円の半径 R を x を用いて表せ．

(3) (2) で求めた R を最小にする x の値を求めよ．

2 袋の中に 1 から 10 までの自然数が 1 つずつ書かれたボールが 10 個入っている．次の問いに答えよ．

(1) 袋から 3 個のボールを同時に取り出すとき，3 個のボールに書かれた数の和が 8 になる確率を求めよ．

(2) 袋から 1 個のボールを取り出して，書かれている数字を記録し袋に戻す．これを 3 回繰り返すとき，記録された 3 つの数字のうち，ちょうど 2 つが同じ数字になる確率を求めよ．

3 三角形 ABC において，$\angle\mathrm{ACB}=\dfrac{\pi}{2}$，$\angle\mathrm{ABC}=2\theta$，$\mathrm{BC}=1$ とする．また，$\angle\mathrm{ABC}$ の二等分線と辺 AC との交点を D とする．さらに，三角形 ABC の面積を S_1，三角形 BCD の面積を S_2 とする．

(1) S_1 と S_2 を θ を用いてそれぞれ表せ．

(2) $S_2=\dfrac{a}{2}$ とするとき，S_1 を a を用いて表せ．

(3) $\dfrac{S_1}{S_2}=3$ のとき，S_1 の値を求めよ．

4 曲線 $C: y=|x(x-1)|$ と直線 $\ell: y=mx$ について，次の問いに答えよ．

(1) C と ℓ が 3 つの共有点をもつような m の値の範囲を求めよ．

(2) (1) のとき，C と ℓ とで囲まれる 2 つの部分の面積の和が最小となる m の値を求めよ．

5 $0\leqq\theta<2\pi$ のとき，方程式

$$2\sin 2\theta=\tan\theta+\frac{1}{\cos\theta}$$

を解け．

6 3 直線 $x+2y-5=0$, $2x+y-7=0$, $x-y+1=0$ によってつくられた三角形の面積と外接円の方程式を求めよ.

7 次の条件によって定められる数列 $\{a_n\}$ がある.

$$\begin{cases} a_1 = \dfrac{19}{3}, \\ a_{n+1} = 2a_n - n \cdot 2^{n+1} + \dfrac{13}{3} \cdot 2^n \quad (n = 1,\ 2,\ 3,\ \cdots). \end{cases}$$

(1) $b_n = \dfrac{a_n}{2^n}$ とおくとき, 数列 $\{b_n\}$ の一般項を求めよ.
(2) a_n が最大となる n と, そのときの a_n の値を求めよ.

8 (1) $-\pi < \theta < \pi$ とし, xy 平面上の円 $x^2+y^2=1$ 上の点 $\mathrm{P}(\cos\theta,\ \sin\theta)$ と $\mathrm{A}(-1,\ 0)$ を考える. 直線 AP の傾きを t としたとき, $\cos\theta$ と $\sin\theta$ を t を用いて表せ.
(2) $f(\theta) = \dfrac{1+\cos\theta}{3\cos\theta - 2\sin\theta + 5}$ の $-\pi < \theta \leqq \pi$ における最大値と最小値, またそのときの θ の値を求めよ.

9 $14520_{(7)} \div 110_{(7)}$ の計算の結果を七進法で表せ.

10 2 次方程式 $x^2-2x+a=0$ (a は 0 でない実数の定数) の 2 つの解を α, β とする. α, β が虚数で, $\dfrac{\beta^2}{\alpha}$, $\dfrac{\alpha^2}{\beta}$ が実数のとき, a の値を求めよ.

1 三角形 OAB において，$\angle \mathrm{AOB} = 60^\circ$，$\mathrm{OA} = 4$，$\mathrm{OB} = 5$ である．辺 OA，OB の中点をそれぞれ C，D とし，点 C を通り辺 OA に垂直な直線と点 D を通り辺 OB に垂直な直線の交点を E とする．

(1) 辺 AB の長さを求めよ．

(2) $\overrightarrow{\mathrm{BC}}$ と $\overrightarrow{\mathrm{OE}}$ を $\overrightarrow{\mathrm{OA}}$，$\overrightarrow{\mathrm{OB}}$ を用いて表せ．

(3) 四角形 OCED の面積を求めよ．

2 a を正の定数とする．関数 $f(x)$ はすべての x について

$$f(x) = \int_0^x (6t+2)\,dt + \int_0^a f(t)\,dt$$

をみたし，$f(0) = a$ である．

(1) a の値を求めよ．

(2) 関数 $f(x)$ の極値を求めよ．

3 $\{a_n\}$ を $a_1 = -15$ および

$$a_{n+1} = a_n + \frac{n}{5} - 2 \quad (n = 1,\ 2,\ 3,\ \cdots)$$

を満たす数列とする．

(1) a_n が最小となる自然数 n をすべて求めよ．

(2) $\{a_n\}$ の一般項を求めよ．

(3) $\displaystyle\sum_{k=1}^{n} a_k$ が最小となる自然数 n をすべて求めよ．

4 a は実数の定数であり，直線 $\ell_a : y = ax$ と放物線 $C : y = x^2 - 2x + 2$ が異なる 2 点で交わるとする．このとき，ℓ_a と C の 2 交点と点 $(1,\ 0)$ を頂点とする三角形の重心の軌跡を求めよ．

5 $0^\circ \leqq x \leqq 180^\circ$ のとき，

$$1 + \sin 2x = \sqrt{3}\sin(x + 45^\circ)$$

を満たす角 x を求めよ．

6 a を実数とする．方程式 $4^x - 2^{x+1}a + 8a - 15 = 0$ について，次の問いに答えよ．

(1) この方程式が実数解をただ 1 つもつような a の値の範囲を求めよ．

(2) この方程式が異なる 2 つの実数解 α，β をもち，$\alpha \geqq 1$，$\beta \geqq 1$ を満たすような a の値の範囲を求めよ．

7 5 人の男性と 5 人の女性が円卓のまわりに座るとき，次の問に答えよ．

(1) 座り方は何通りあるか．

(2) 男女が交互に座る場合，座り方は何通りあるか．

(3) 男女は交互に座るが，特定の男女 1 組が隣り合うように座る場合，座り方は何通りあるか．

8 a，b を定数とする．関数 $f(x) = x^3 + ax^2 + bx - 1$ は，$x = 1$ と $x = \dfrac{5}{3}$ で極値をとる．

(1) a，b の値を求めよ．

(2) 曲線 $y = f(x)$ の接線のうち，傾きが 1 で y 切片が負であるものを l とする．接線 l の方程式を求めよ．

(3) (2) で求めた接線 l と曲線 $y = f(x)$ で囲まれた図形の面積 S を求めよ．

9 $(1 + x + x^2)^{10}$ の x^{16} の係数を求めよ．

10 i を虚数単位，a，b を実数の定数とする．4 次方程式

$$x^4 - 2x^3 + ax^2 + 10x + b = 0$$

が，$x = 1 - \sqrt{6}\,i$ を解にもつとき，a，b の値を求めよ．

11 $\log_3(5 - x^2) + \log_{\frac{1}{3}}(5 - x) \geqq \log_9(x^2 - 2x + 1) - 1$ を解け．

$\boxed{1}$ xy 座標平面上の 3 本の直線 $l_1 : x - y + 2 = 0$，$l_2 : x + y - 14 = 0$，$l_3 : 7x - y - 10 = 0$ で囲まれる三角形に内接する円の方程式を求めよ．

$\boxed{2}$ $\sin 1$，$\sin 2$，$\sin 3$，$\cos 1$ という 4 つの数値を小さい方から順に並べよ．

$\boxed{3}$ $a_1 = 2$，$a_{n+1} = \dfrac{n+2}{n}a_n + 1$ $(n = 1,\ 2,\ 3,\ \cdots)$ によって定義される数列 $\{a_n\}$ の一般項 a_n を求めよ．

$\boxed{4}$ 整式 $f(x)$，$g(x)$ が次の関係式を満たしている．

$$f(x) = x^2 + \int_0^1 tg(t)\,dt, \quad g(x) = 2x + \int_0^1 f(t)\,dt.$$

(1) $f(x)$，$g(x)$ を求めよ．

(2) 曲線 $y = f(x)$ と直線 $y = g(x)$ で囲まれた図形の面積を求めよ．

$\boxed{5}$ 半径 $\sqrt{3}$ の円に内接する四角形 ABCD において，BC = 2AB，$\angle$ABC = 120° であり，対角線 BD は $\angle$ABC の二等分線である．対角線 BD，AC の交点を E とするとき，次の問いに答えよ．

(1) AC の長さと四角形 ABCD の面積を求めよ．

(2) BE : ED を最も簡単な整数の比で表せ．

(3) AE および ED の長さを求めよ．

$\boxed{6}$ x の方程式 $(\log_3 x)^2 - \left|\log_3 x^2\right| - \log_3 x = k$ (k は定数) が，相異なる 4 個の実数解 α，β，γ，δ をもつとき，次の各問いに答えよ．

(1) k の値の範囲を求めよ．

(2) 積 $\alpha\beta\gamma\delta$ の値を求めよ．

7 一辺の長さが1の正八角形 ABCDEFGH において，$\overrightarrow{AB} = \vec{a}$，$\overrightarrow{AH} = \vec{b}$ とする．

(1) 内積 $\vec{a} \cdot \vec{b}$ を求めよ．

(2) 線分 AD と線分 BG の交点を I とするとき，$\overrightarrow{AI}$ を $\vec{a}$，$\vec{b}$ を用いて表せ．

(3) $\overrightarrow{AE}$ を $\vec{a}$，$\vec{b}$ を用いて表せ．

8 整式 $P(x)$ を $(x-1)(x+2)$ で割ると余りが $2x-1$，$(x-2)(x-3)$ で割ると余りが $x+7$ であった．$P(x)$ を $(x+2)(x-3)$ で割ったときの余りを求めよ．

9 一般に，円に内接する四角形 ABCD について

$$\mathrm{AB} \cdot \mathrm{CD} + \mathrm{AD} \cdot \mathrm{BC} = \mathrm{AC} \cdot \mathrm{BD}$$

の成立が知られている．このことを利用して次の問いに答えよ．

(1) 1 辺の長さが 1 の正五角形 ABCDE の対角線 AC の長さを求めよ．

(2) 正七角形 ABCDEFG で $\mathrm{AB} = x$，$\mathrm{AC} = y$，$\mathrm{AD} = z$ とする．このとき，$\dfrac{1}{y} + \dfrac{1}{z}$ を x の式で表せ．

10 $\dfrac{\pi}{6} \leqq x < \dfrac{\pi}{2}$ のとき，等式

$$(1+\sqrt{3})\sin x \tan x = 2\sqrt{3}\sin x + (1-\sqrt{3})\cos x$$

を満たす x の値を求めよ．

11 123 から 789 までの 3 桁の数から，1 つを無作為に選び出すとき，同じ数字が 2 つ以上含まれている確率を求めよ．

1 箱の中に 1 文字ずつ書かれたカードが 10 枚ある．そのうち 5 枚には A，3 枚には B，2 枚には C と書かれている．箱から 1 枚ずつ，3 回カードを取り出す試行を考える．

(1) カードを取り出すごとに箱に戻す場合，1 回目と 3 回目に取り出したカードの文字が一致する確率を求めよ．

(2) 取り出したカードを箱に戻さない場合，1 回目と 3 回目に取り出したカードの文字が一致する確率を求めよ．

(3) 取り出したカードを箱に戻さない場合，2 回目に取り出したカードの文字が C であるとき，1 回目と 3 回目に取り出したカードの文字が一致する条件つき確率を求めよ．

2 曲線 $C : y = x^2 - 2x + 1$ と直線 $\ell : y = x + k$ が異なる 2 点 P，Q で交わり，点 P における曲線 C の接線と，点 Q における曲線 C の接線が直交している．ただし，P の x 座標は Q の x 座標より小さいものとする．

(1) k の値を求めよ．

(2) 2 点 P，Q の座標を求めよ．

(3) 曲線 C と直線 ℓ で囲まれる部分の面積を求めよ．

3 二項係数を次のように順番に並べて，数列 $\{a_n\}$ を定める．

$$ {}_0\mathrm{C}_0,\ {}_1\mathrm{C}_0,\ {}_1\mathrm{C}_1,\ {}_2\mathrm{C}_0,\ {}_2\mathrm{C}_1,\ {}_2\mathrm{C}_2,\ {}_3\mathrm{C}_0,\ \cdots $$

ただし，${}_0\mathrm{C}_0 = 1$ とする．

(1) a_{18} の値を求めよ．

(2) ${}_n\mathrm{C}_k$ は第何項になるか．

(3) $\displaystyle\sum_{n=1}^{50} a_n$ の値を求めよ．

4 平面上の三角形 ABC において，辺 AB を 4 : 3 に内分する点を D，辺 BC を 1 : 2 に内分する点を E とし，線分 AE と CD の交点を O とする．

(1) $\overrightarrow{\mathrm{AB}} = \vec{p}$，$\overrightarrow{\mathrm{AC}} = \vec{q}$ とするとき，$\overrightarrow{\mathrm{AO}}$ を $\vec{p}$，$\vec{q}$ で表せ．

(2) 点 O が三角形 ABC の外接円の中心になるとき，3 辺 AB，BC，CA の長さの 2 乗の比を求めよ．

5 整数 x，y に対して，有理数 $\dfrac{x}{13} + \dfrac{y}{31}$ を考える．$\dfrac{x}{13} + \dfrac{y}{31}$ が正で最小となるもののうち x も正で最小となる整数の組 $(x,\ y)$ を求めよ．

6 $0 \leqq \theta < 2\pi$ のとき，次の方程式を解け．

$$\sin\theta + \cos\theta + \sin\theta\cos\theta = \frac{1}{2} + \sqrt{2}.$$

7 2 つの等式

$$x + 2y + 1 = 0, \quad 3^{1-x} + 9^{1-y} = 82$$

を同時に満たす実数の組 $(x,\ y)$ をすべて求めよ．

8 正の数 x，y に対して

$$\alpha = \log_{10} x, \quad \beta = \log_{10} y$$

とおく．以下の問いに答えよ．

(1) $\left(10^{3\alpha+\beta}\right)^4$ を x，y の式で表せ．

(2) $\left(10^{3\alpha+\beta}\right)^4 = 5^6$ かつ $xy = 5$ を満たす x，y を求めよ．

9 和 $S = 1^2 - 2^2 + 3^2 - 4^2 + \cdots + 99^2 - 100^2$ を求めよ．

10 $-\dfrac{5}{2} \leqq x \leqq 2$ のとき，$f(x) = (1-x)|x+2|$ の最大値を求めよ．

1 9名の人を3つの組に分ける.

(1) 2人, 3人, 4人の3つの組に分けるとき, その分け方は全部で何通りか.

(2) 3人, 3人, 3人の3つの組に分けるとき, その分け方は全部で何通りか.

(3) 9人のうち, 5人が男, 4人が女であるとする. 3人, 3人, 3人の3つの組に分け, かつ, どの組にも男女がともにいる分け方は全部で何通りか.

2 一辺の長さが2の正三角形ABCの外接円を円Oとする. 点Pが円Oの周上を動くとき, 以下の各問いに答えよ.

(1) 円Oの半径を求めよ.

(2) 内積の和$\overrightarrow{\mathrm{PA}}\cdot\overrightarrow{\mathrm{PB}}+\overrightarrow{\mathrm{PB}}\cdot\overrightarrow{\mathrm{PC}}+\overrightarrow{\mathrm{PC}}\cdot\overrightarrow{\mathrm{PA}}$を求めよ.

(3) 内積$\overrightarrow{\mathrm{PA}}\cdot\overrightarrow{\mathrm{PB}}$の最大値, 最小値を求めよ.

3 θの方程式

$$\cos 2\theta + 2\sin\theta + 2a - 1 = 0 \quad (a \text{は実数の定数}) \qquad \cdots\cdots(*)$$

について, 次の問に答えよ. ただし, $0 \leqq \theta < 2\pi$とする.

(1) $a=0$のとき, $(*)$を満たすθの個数を求めよ.

(2) $(*)$を満たすθが存在するようなaの値の範囲を求めよ.

(3) $(*)$を満たすθの個数をaの値で分類して答えよ.

4 $f(x)=x^3-x$とおく. xy平面上の曲線$C: y=f(x)$と, Cをx軸の正の方向にa $(a>0)$だけ平行移動した曲線C_aについて, 次の問に答えよ.

(1) CとC_aが異なる2点で交わるようなaの値の範囲を求めよ.

(2) aが(1)で求めた範囲にあるとき, 2曲線CとC_aで囲まれた部分の面積Sをaで表せ.

(3) (2)のSを最大にするaの値と, そのときのSの値を求めよ.

[5] 5^{100} を 4^3 で割ったときの余りを求めよ．

[6] 次の連立方程式を解け．

$$\begin{cases} \log_2 x - \log_2 y = 1, \\ x\log_2 x - y\log_2 y = 0. \end{cases}$$

[7] AB $= 6$, BC $= 5$, CA $= 3$ である三角形 ABC を考える．三角形 ABC の外接円上の点 A における接線と直線 BC の交点を D とする．さらに，直線 AB 上の点 E を DE と BD が垂直になるようにとる．

(1) $\cos\angle$ABC の値を求めよ．

(2) 線分 AD と CD の長さを求めよ．

(3) 線分 DE の長さを求めよ．

[8] 2 つの数列 $\{a_n\}$, $\{b_n\}$ が $a_1 = 2$, $b_1 = 2$, および

$$a_{n+1} = 6a_n + 2b_n, \quad b_{n+1} = -2a_n + 2b_n \ (n = 1,\ 2,\ \cdots)$$

で定められるとき，次の問いに答えよ．

(1) $c_n = a_n + b_n$ とおくとき，数列 $\{c_n\}$ の一般項を求めよ．

(2) 数列 $\{a_n\}$ の一般項を求めよ．

(3) 数列 $\{a_n\}$ の初項から第 n 項までの和を求めよ．

[9] $4||x| - 1| = x + 2$ を満たす実数 x をすべて求めよ．

[1] 曲線 $y=-3x^2+3$ と x 軸で囲まれる図形の面積が，曲線 $y=x^2-2ax-2a^2+3$ で二等分されるとき，a の値を求めよ．ただし，$0<a<1$ とする．

[2] 赤玉 5 個，白玉 4 個，青玉 3 個が入っている袋から，よくかき混ぜて玉を同時に 3 個取り出す．

(1) 3 個とも赤玉である確率を求めよ．

(2) 3 個とも色が異なる確率を求めよ．

(3) 3 個の玉の色が 2 種類である確率を求めよ．

[3] a，b，c を正の整数，α を有理数とする．2 次関数 $f(x)=ax^2+bx-c$ に対して

$$\int_0^{1+\sqrt{2}} f(x)\,dx=-\alpha-(\alpha+3)\sqrt{2}$$

が成り立つとする．このとき，次の問いに答えよ．

(1) a，b の値を求め，c を α を用いて表せ．

(2) $f(\alpha)=0$ のとき，α の値を求めよ．

(3) (2) で求めた α について，曲線 $y=f(x)$ の点 $(\alpha,\ f(\alpha))$ における接線を ℓ とする．このとき，曲線 $y=f(x)$ と接線 ℓ および y 軸で囲まれた図形の面積 S を求めよ．

[4] $\triangle\mathrm{OAB}$ において，$\mathrm{OA}=1$，$\mathrm{OB}=\sqrt{2}$，$\angle\mathrm{AOB}=\dfrac{\pi}{2}$ とする．辺 AB を $2:1$ に内分する点を P，線分 OP を P の方へ延長し，その延長線上の点を Q とするとき，次の問いに答えよ．

(1) $\triangle\mathrm{PQB}=2\triangle\mathrm{POA}$ のとき，$\overrightarrow{\mathrm{OQ}}$ を $\overrightarrow{\mathrm{OA}}$ と $\overrightarrow{\mathrm{OB}}$ で表せ．

(2) $\angle\mathrm{OQA}=\angle\mathrm{OQB}$ のとき，$\mathrm{OP}:\mathrm{PQ}$ を求めよ．

[5] 三角形ABCにおいて，$\mathrm{AB}=9$，$\mathrm{BC}=7$，$\mathrm{CA}=8$とする．また，三角形ABCの内接円と辺BC，辺CA，辺ABとの接点を，それぞれD，E，Fとする．このとき，以下の設問に答えよ．

(1) 線分AEの長さを求めよ．

(2) 線分EFの長さを求めよ．

(3) 線分ADの長さを求めよ．

[6] $(a+2b+3c)^6$の展開式におけるa^3b^2cの係数を求めよ．

[7] 四面体OABCにおいて，

$$\mathrm{BC}=30,\quad \mathrm{CA}=26,\quad \cos\angle\mathrm{BAC}=\frac{5}{13},$$
$$\mathrm{OA}=18,\quad \angle\mathrm{OAB}=\angle\mathrm{OAC}=90^\circ$$

であるとき，辺ABの長さおよび四面体OABCの体積を求めよ．

[8] xy平面上に円$C: x^2+y^2-4x-4y+6=0$と直線$l: y=mx$がある．

(1) 円Cの中心の座標と半径を求めよ．

(2) 直線lが円Cと異なる2点で交わるような定数mの値の範囲を求めよ．

(3) 直線lが円Cによって切りとられる線分の長さが2であるとき，mの値を求めよ．

[9] aを実数とする．曲線$C: y=x^2-2ax+a^2-a+2$と直線$l: y=2x-1$は異なる2点で交わるとする．

(1) aの値の範囲を求めよ．

(2) Cとlの交点のうちx座標の小さい方をPとする．Pのx座標の最小値とそのときのaの値を求めよ．

(3) Cとlの2つの交点がともに$x\leqq 3$の範囲にあるとき，aの値の範囲を求めよ．

[1] 数列 $\{a_n\}$ が条件 $a_1 = 1,\ a_2 = 2,\ a_3 = 5$ および

$$3a_n = S_n + pn^2 + qn + r \quad (n = 1,\ 2,\ 3,\ \cdots)$$

を満たすとする．ただし，$S_n = \displaystyle\sum_{k=1}^{n} a_k$ であり，$p,\ q,\ r$ は定数である．次の問いに答えよ．

(1) $p,\ q,\ r$ の値を求めよ．

(2) $S_{n+1} - S_n$ を考えることにより，a_{n+1} を a_n と n を用いて表せ．

(3) $b_n = a_{n+1} - a_n + 3$ とおくとき，数列 $\{b_n\}$ の一般項を求めよ．

(4) 数列 $\{a_n\}$ の一般項を求めよ．

[2] p を $0 < p < 1$ を満たす定数とする．関数

$$y = x^3 - (3p+2)x^2 + 8px$$

の区間 $0 \leqq x \leqq 1$ における最大値と最小値を求めよ．

[3] サイコロを 3 回投げ，1 回目に出た目を a，2 回目に出た目を b，3 回目に出た目を c とする．そのとき，$2^a 3^b 6^c$ の正の約数の個数が 24 となる確率を求めよ．

[4] $a,\ b$ を定数とする．空間内に 4 点 A(1, 5, 9)，B(3, 4, 8)，C(2, 6, 7)，D(a, b, 12) がある．三角形 ABC の重心を G とする．AG⊥DG，BG⊥DG であるとき，次の問いに答えよ．

(1) 点 G の座標と $a,\ b$ の値を求めよ．

(2) ∠BAC の大きさを求めよ．

(3) 三角形 ABC の面積を求めよ．

(4) 点 A，B，C，D を頂点とする四面体の体積を求めよ．

5 次の連立方程式を解け．

$$\begin{cases} 15 \cdot 2^{2x} - 2^{2y} = -64, \\ \log_2(x+1) - \log_2(y+3) = -1. \end{cases}$$

6 放物線 $C : y = x^2$ に対して，次の条件を満たす直線 l が通る点の存在範囲を求めよ．

(条件)　C と l は異なる 2 点で交わり，C と l で囲まれた領域の面積は 36 である．

7 等式 $\dfrac{1}{x} + \dfrac{1}{y} = \dfrac{2}{3}$ を満たす自然数の組 $(x,\ y)$ をすべて求めよ．

8 a を実数の定数とする．2 次方程式

$$x^2 - 2ax + 3a - 2 = 0 \qquad \cdots\cdots(*)$$

を考える．

(1) 方程式 $(*)$ が異なる 2 つ実数解をもつような定数 a の値の範囲を求めよ．

(2) 方程式 $(*)$ が正の解と負の解をもつような定数 a の値の範囲を求めよ．

(3) 方程式 $(*)$ が異なる 2 つの正の解をもつような定数 a の値の範囲を求めよ．

9 平行四辺形 ABCD において，辺 AD を 2 : 1 に内分する点を E とし，線分 BE を 1 : 3 に内分する点を F とする．また，三角形 ABC の重心を G とする．直線 AB と直線 FG の交点を H とするとき，比 AH : HB および HF : FG を求めよ．

1 xy 平面上の円 $x^2+y^2-2x-6y+4=0$ と直線 $y=x$ との 2 つの交点を A，B とし，点 C の座標を (2, 0) とする．3 点 A，B，C を通る円を F とするとき，F の中心の座標と半径を求めよ．

2 数列 $\{a_n\}$ を $a_1=1$ および

$$n^2a_n-(n-1)^2a_{n-1}=n \quad (n=2,\ 3,\ 4,\ \cdots)$$

で定める．また，数列 $\{b_n\}$ を

$$b_n=a_1a_2\cdots a_n \quad (n=1,\ 2,\ 3,\ \cdots)$$

で定める．以下の問いに答えよ．

(1) 数列 $\{a_n\}$ の一般項と，数列 $\{b_n\}$ の一般項を求めよ．

(2) $S_n=\sum_{k=1}^{n}b_k$ とおくとき，S_n を求めよ．

3 2 曲線

$$C_1: y=\left(x-\frac{1}{2}\right)^2-\frac{1}{2}, \qquad C_2: y=\left(x-\frac{5}{2}\right)^2-\frac{5}{2}$$

の両方に接する直線を l とするとき，次の問いに答えよ．

(1) 直線 l の方程式を求めよ．

(2) 2 曲線 C_1，C_2 と直線 l で囲まれた図形の面積 S を求めよ．

4 関数 $y=\sqrt{3}\sin 2x-\cos 2x+2\sin x-2\sqrt{3}\cos x$ について，以下の問いに答えよ．

(1) $\sin x-\sqrt{3}\cos x=t$ とおいて，y を t の式で表せ．

(2) $0\leqq x\leqq \frac{2}{3}\pi$ のとき，y の最大値および最小値を求めよ．

5 関数 $f(x)$ を $f(x)=\dfrac{6x^2+17x+10}{3x-2}$ と定める．

(1) $f(x)>0$ を満たす x の値の範囲を求めよ．

(2) $f(x)=Ax+B+\dfrac{C}{3x-2}$ が x についての恒等式となるように，定数 A，B，C の値を定めよ．

(3) $f(n)$ の値が正の整数となるような整数 n をすべて求めよ．

[6] 方程式 $2(4^x+4^{-x})-9(2^x+2^{-x})+14=0$ について，次の問いに答えよ．

(1) $2^x+2^{-x}=t$ とおいて t の満たす方程式を求めよ．

(2) t の値を求めよ．

(3) x の値を求めよ．

[7] 方程式 $\log_2 x+\log_8 x=(\log_2 x)(\log_8 x)$ を満たす x の値をすべて求めよ．

[8] 関数 $f(x)=2ax-x^2 \quad \left(a>\dfrac{1}{2}\right)$ に対し，原点 O における曲線 $y=f(x)$ の接線を l とする．t を実数とし，点 $(t,\ f(t))$ における曲線 $y=f(x)$ の接線を m とする．2 つの接線 l と m が直交しているとき，以下の問いに答えよ．

(1) t を a を用いて表せ．

(2) 曲線 $y=f(x)$ と接線 m と 2 直線 $x=0$，$x=2a$ で囲まれた図形の面積 $S(a)$ を求めよ．

(3) $a>\dfrac{1}{2}$ のとき，$\dfrac{S(a)}{a}$ の最小値を求めよ．また，そのときの a の値を求めよ．

[9] a を実数とする．x の 2 次方程式

$$4x^2+2(\sqrt{3}-1)x+a=0$$

の 2 つの解が $\sin\theta$，$\cos\theta$ であるとき，θ の値を求めよ．ただし，$0 \leqq \theta \leqq \pi$ とする．

[10] 数直線上に点 P があり，最初は原点に位置している．サイコロを投げて，3 の倍数の目が出たら正の向きに 2 だけ，それ以外の目が出たら負の向きに 3 だけ，点 P を動かす．サイコロを 5 回投げて，点 P が原点にある確率を求めよ．

[11] 関数 $f(x)=x^3-3x^2+3kx-3$ が極大値と極小値をもち，その差が 32 であるという．このとき，実数 k の値を求めよ．

1 袋の中に赤玉が 2 個，白玉が 3 個あり，袋の外に赤玉が 2 個，白玉が 3 個ある．「袋の中から玉を 1 個取り出して色を確認し，この玉を袋に戻し，さらに同色の玉が外にある場合は同色の玉 1 個を袋に追加し，ない場合は追加しない」という試行を繰り返す．次の問いに答えよ．

(1) 2 回目の試行後，袋の外に白玉が 3 個ある確率を求めよ．

(2) 3 回目の試行で白玉が取り出される確率を求めよ．

(3) 試行を繰り返すとき，袋の外の赤玉が白玉より先になくなる確率を求めよ．

2 次の値を求めよ．

(1) $\cos\frac{2\pi}{9}+\cos\frac{4\pi}{9}+\cos\frac{8\pi}{9}$.

(2) $\cos\frac{2\pi}{9}\cos\frac{4\pi}{9}\cos\frac{8\pi}{9}$.

3 点 $(2,\ -4)$ を通り，円 $x^2+y^2=10$ に接する直線は 2 本ある．この 2 本の直線のうち，傾きが正である方の直線の方程式を求めよ．

4 関数 $f(x)$，$g(x)$ と定数 a は関係式

$$\begin{cases} \displaystyle\int_1^x f(t)\,dt = xg(x)-2ax+2, \\ \displaystyle g(x)=x^2-x\int_0^1 f(t)\,dt-3 \end{cases}$$

を満たしている．このとき，定数 a の値，および，関数 $f(x)$ を求めよ．

5 次の条件で定められる数列 $\{a_n\}$ について，次の問いに答えよ．

$$a_1=7,\quad a_{n+1}=\frac{7a_n+3}{a_n+5}\quad (n=1,\ 2,\ 3,\ \cdots).$$

(1) $b_n=a_n-k$ とおくとき，

$$b_{n+1}=\frac{\alpha b_n}{b_n+\beta}\quad (n=1,\ 2,\ 3,\ \cdots)$$

となるような定数 k，α，β をみつけよ．ただし $k>0$ とする．

(2) $c_n=\frac{1}{b_n}$ とおく．数列 $\{c_n\}$ の一般項を求めよ．

(3) 数列 $\{b_n\}$ の一般項を求めよ．さらに数列 $\{a_n\}$ の一般項を求めよ．

6 p を負の実数とする．座標空間に原点 O と 3 点 A$(-1,\ 2,\ 0)$，B$(2,\ -2,\ 1)$，P$(p,\ -1,\ 2)$ があり，3 点 O，A，B が定める平面を α とする．また，点 P から平面 α に垂線を下ろし，α との交点を Q とする．

(1) $\overrightarrow{\mathrm{OQ}} = a\,\overrightarrow{\mathrm{OA}} + b\,\overrightarrow{\mathrm{OB}}$ となる実数 a，b を p を用いて表せ．

(2) 点 Q が三角形 OAB の周または内部にあるような p の値の範囲を求めよ．

7 (1) $691A + 491B = 1$ を満たす整数 A，B を 1 組求めよ．

(2) 691 で割ると 71 余り，491 で割ると 3 余る正の整数で最も小さいものを求めよ．

8 a を実数とする．実数 x に対して，$[x]$ は x 以下の最大の整数を表す．方程式

$$\left[\frac{1}{2}x\right] = x - a$$

が $0 \leqq x < 4$ の範囲に異なる 2 つの実数解をもつような a の値の範囲を求めよ．

9 O を原点とする xyz 座標空間に，O を通り $\overrightarrow{d} = (1,\ 1,\ 1)$ を方向ベクトルとする直線 l と 2 点 A$(-3,\ 0,\ 0)$，B$(1,\ 1,\ 0)$ がある．A を通り l と垂直な平面を α とし，l と α の交点を H とする．

(1) H の座標を求めよ．

(2) P は α 上の点で PH = AH を満たし，線分 BP は l と交わるものとする．P の座標を求めよ．

(3) 点 X が l 上を動くとき，AX + BX の最小値を求めよ．

解　説

第 1 回	p.30 ～ p.35
第 2 回	p.36 ～ p.41
第 3 回	p.42 ～ p.47
第 4 回	p.48 ～ p.53
第 5 回	p.54 ～ p.59
第 6 回	p.60 ～ p.65
第 7 回	p.66 ～ p.71
第 8 回	p.72 ～ p.77
第 9 回	p.78 ～ p.83
第 10 回	p.84 ～ p.89
第 11 回	p.90 ～ p.95
第 12 回	p.96 ～ p.102

付録1　加重重心　p.103 ～ p.108
付録2　正射影ベクトル　p.109 ～ p.113
付録3　軌跡の考え方　p.114 ～ p.115

#1−[1]

座標平面上に 2 点 $P(\sqrt{3},\ 0)$，$Q(\cos\theta,\ 1-\sin\theta)$ がある．次の問いに答えよ．

(1) $\left|\overrightarrow{PQ}\right|^2$ を θ で表せ．

(2) $\dfrac{7\pi}{12}=\dfrac{\pi}{3}+\dfrac{\pi}{4}$ を用いて，$\sin\dfrac{7\pi}{12}$ の値を求めよ．

(3) $\dfrac{\pi}{4}\leqq\theta\leqq\pi$ における $\left|\overrightarrow{PQ}\right|^2$ の最大値と最小値を求めよ．また，最大値，最小値を与える θ の値を求めよ．

【2013 金沢大学 (前期) 人間社会学域】

解説

(1) $\overrightarrow{PQ}=\overrightarrow{OQ}-\overrightarrow{OP}=\begin{pmatrix}\cos\theta-\sqrt{3}\\ 1-\sin\theta\end{pmatrix}$ であるから，

$$\begin{aligned}\left|\overrightarrow{PQ}\right|^2&=(\cos\theta-\sqrt{3})^2+(1-\sin\theta)^2\\&=\cos^2\theta-2\sqrt{3}\cos\theta+3+1-2\sin\theta+\sin^2\theta\\&=\mathbf{5-2\sin\theta-2\sqrt{3}\cos\theta}.\end{aligned}$$

(2) 正弦の加法定理により，

$$\begin{aligned}\sin\frac{7\pi}{12}&=\sin\left(\frac{\pi}{3}+\frac{\pi}{4}\right)\\&=\sin\frac{\pi}{3}\cos\frac{\pi}{4}+\cos\frac{\pi}{3}\sin\frac{\pi}{4}\\&=\frac{\sqrt{3}}{2}\cdot\frac{\sqrt{2}}{2}+\frac{1}{2}\cdot\frac{\sqrt{2}}{2}\\&=\mathbf{\frac{\sqrt{6}+\sqrt{2}}{4}}.\end{aligned}$$

(3) (1) より，

$$\begin{aligned}\left|\overrightarrow{PQ}\right|^2&=5-2\sin\theta-2\sqrt{3}\cos\theta\\&=5-4\left(\sin\theta\cdot\frac{1}{2}+\cos\theta\cdot\frac{\sqrt{3}}{2}\right)\\&=5-4\left(\sin\theta\cdot\cos\frac{\pi}{3}+\cos\theta\cdot\sin\frac{\pi}{3}\right)\\&=5-4\sin\left(\theta+\frac{\pi}{3}\right).\end{aligned}$$

合成

θ が $\dfrac{\pi}{4}\leqq\theta\leqq\pi$ を変化するとき，$\theta+\dfrac{\pi}{3}$ は

$$\frac{7\pi}{12}\leqq\theta+\frac{\pi}{3}\leqq\frac{4\pi}{3}$$

をとり得るので，$\sin\left(\theta+\dfrac{\pi}{3}\right)$ は

$$\sin\frac{4}{3}\pi\leqq\sin\left(\theta+\frac{\pi}{3}\right)\leqq\sin\frac{7}{12}\pi$$

つまり

$$-\frac{\sqrt{3}}{2}\leqq\sin\left(\theta+\frac{\pi}{3}\right)\leqq\frac{\sqrt{6}+\sqrt{2}}{4}$$

をとり得る．

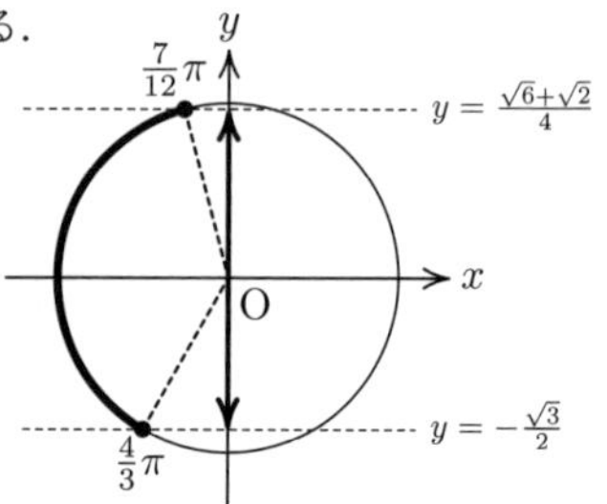

よって，$\left|\overrightarrow{PQ}\right|^2=5-4\sin\left(\theta+\dfrac{\pi}{3}\right)$ は $\theta=\boldsymbol{\pi}$ で最大値 $\mathbf{5+2\sqrt{3}}$ をとり，$\theta=\boldsymbol{\dfrac{\pi}{4}}$ で最小値 $\mathbf{5-\sqrt{6}-\sqrt{2}}$ をとる．

#1−[2]

四面体 OABC の各辺の長さをそれぞれ $AB=\sqrt{7}$，$BC=3$，$CA=\sqrt{5}$，$OA=2$，$OB=\sqrt{3}$，$OC=\sqrt{7}$ とする．$\overrightarrow{OA}=\vec{a}$，$\overrightarrow{OB}=\vec{b}$，$\overrightarrow{OC}=\vec{c}$ とおくとき，以下の問いに答えよ．

(1) 内積 $\vec{a}\cdot\vec{b}$，$\vec{b}\cdot\vec{c}$，$\vec{c}\cdot\vec{a}$ を求めよ．

(2) 三角形 OAB を含む平面を α とし，点 C から平面 α に下ろした垂線と α との交点を H とする．このとき，$\overrightarrow{OH}$ を $\vec{a}$，$\vec{b}$ で表せ．

(3) 四面体 OABC の体積を求めよ．

【2013 福井大学 (前期) 教育地域科学部】

解説

(1) 三角形 OAB で余弦定理より，

$$7=4+3-2\cdot\underbrace{2\cdot\sqrt{3}\cdot\cos\angle AOB}_{\vec{a}\cdot\vec{b}}.$$
$$\therefore\ \vec{a}\cdot\vec{b}=\mathbf{0}.$$

同様に，三角形 OBC で余弦定理より，

$$9=3+7-2\vec{b}\cdot\vec{c}.$$
$$\therefore\ \vec{b}\cdot\vec{c}=\mathbf{\frac{1}{2}}.$$

また，三角形 OCA で余弦定理より，

$$5=4+7-2\vec{c}\cdot\vec{a}.$$
$$\therefore\ \vec{c}\cdot\vec{a}=\mathbf{3}.$$

(2) H は平面 OAB 上の点より，

$$\overrightarrow{OH}=s\vec{a}+t\vec{b}\quad(s,\ t\text{ は実数})$$

とおける．さらに H は，$\overrightarrow{CH}\perp\vec{a}$，$\overrightarrow{CH}\perp\vec{b}$ を満たすことから，

$$(\overrightarrow{OH}-\vec{c})\cdot\vec{a}=0,\quad(\overrightarrow{OH}-\vec{c})\cdot\vec{b}=0$$

つまり

$$\overrightarrow{\mathrm{OH}}\cdot\vec{a}=\vec{c}\cdot\vec{a},\quad \overrightarrow{\mathrm{OH}}\cdot\vec{b}=\vec{c}\cdot\vec{b}$$

が成り立つ．これより，

$$4s+0\cdot t=3,\quad 0\cdot s+3t=\frac{1}{2}.$$

$$\therefore\ s=\frac{3}{4},\quad t=\frac{1}{6}.$$

よって，

$$\overrightarrow{\mathrm{OH}}=\boldsymbol{\frac{3}{4}\vec{a}+\frac{1}{6}\vec{b}}.$$

(3) CH⊥(平面 OAB) より，$\overrightarrow{\mathrm{CH}}\perp\overrightarrow{\mathrm{OH}}$ であるから，

$$\begin{aligned}\left|\overrightarrow{\mathrm{CH}}\right|^2&=\overrightarrow{\mathrm{CH}}\cdot\overrightarrow{\mathrm{CH}}\\&=\overrightarrow{\mathrm{CH}}\cdot\left(\overrightarrow{\mathrm{CO}}+\overrightarrow{\mathrm{OH}}\right)\\&=\overrightarrow{\mathrm{CH}}\cdot\overrightarrow{\mathrm{CO}}\\&=\left(\frac{3}{4}\vec{a}+\frac{1}{6}\vec{b}-\vec{c}\right)\cdot\left(-\vec{c}\right)\\&=\left|\vec{c}\right|^2-\frac{3}{4}\vec{a}\cdot\vec{c}-\frac{1}{6}\vec{b}\cdot\vec{c}\\&=\left(\sqrt{7}\right)^2-\frac{3}{4}\cdot3-\frac{1}{6}\cdot\frac{1}{2}=\frac{14}{3}.\end{aligned}$$

上手い!!

$$\therefore\ \mathrm{CH}=\sqrt{\frac{14}{3}}.$$

したがって，四面体 OABC の体積は，

$$\triangle\mathrm{OAB}\times\mathrm{CH}\times\frac{1}{3}=\frac{2\cdot\sqrt{3}}{2}\times\sqrt{\frac{14}{3}}\times\frac{1}{3}=\boldsymbol{\frac{\sqrt{14}}{3}}.$$

注意　$\vec{a}\cdot\vec{b}=0$ より，$\angle\mathrm{AOB}=90^\circ$ とわかる．

#1-3

放物線 $y=(x-1)^2+q\ \ (q>0)$ のグラフに，原点 O から引いた 2 本の接線が互いに垂直に交わっているとする．このとき，次の問いに答えよ．

(1) q の値を求めよ．

(2) 2 本の接線と放物線とで囲まれた図形の面積を S_1 とする．また，2 本の接線と放物線との接点を点 A，B とし，三角形 OAB の面積を S_2 とする．このとき，$\dfrac{S_2}{S_1}$ の値を求めよ．

【2013 信州大学 (前期) 教育学部】

解説

(1) $f(x)=(x-1)^2+q$ とすると，$f'(x)=2(x-1)$．
点 $\left(t,\ f(t)\right)$ における曲線 $y=f(x)$ の接線は

$$\begin{aligned}y&=f'(t)(x-t)+f(t)\\&=2(t-1)(x-t)+(t-1)^2+q.\end{aligned}$$

これが原点を通る条件は，

$$0=2(t-1)\cdot(-t)+t^2-2t+1+q.$$

$$t^2=1+q.$$

$$\therefore\ t=\pm\sqrt{1+q}.$$

さらに，2 接線が直交することから，

$$f'(-\sqrt{1+q})\times f'(\sqrt{1+q})=-1.$$

$$2(-\sqrt{1+q}-1)\times2(\sqrt{1+q}-1)=-1.$$

$$\therefore\ q=\boldsymbol{\frac{1}{4}}.$$

(2) $\mathrm{A}\left(-\dfrac{\sqrt{5}}{2},\ \dfrac{5}{2}+\sqrt{5}\right)$，$\mathrm{B}\left(\dfrac{\sqrt{5}}{2},\ \dfrac{5}{2}-\sqrt{5}\right)$ としてよい．$\alpha=-\dfrac{\sqrt{5}}{2}$，$\beta=\dfrac{\sqrt{5}}{2}$ とする．

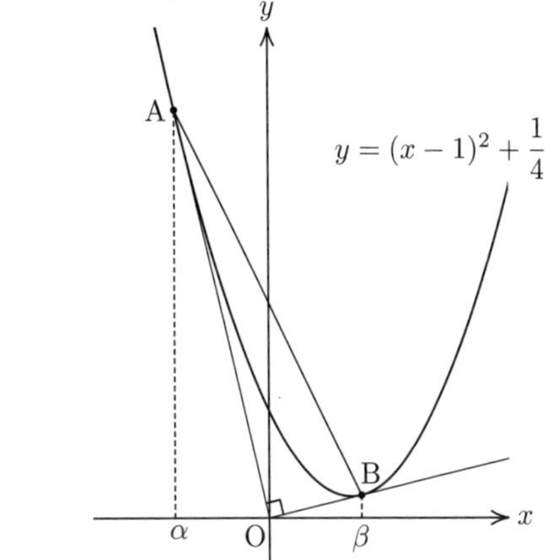

直線 AB と放物線 $y=f(x)$ で囲まれた部分の面積を S_3 とすると，

$$\begin{aligned}S_3&=\int_\alpha^\beta-(x-\alpha)(x-\beta)\,dx\\&=\frac{1}{6}(\beta-\alpha)^3=\frac{5}{6}\sqrt{5}.\end{aligned}$$

また，

$$\begin{aligned}S_2&=\frac{1}{2}\left|\frac{\sqrt{5}}{2}\left(\frac{5}{2}+\sqrt{5}\right)-\left(-\frac{\sqrt{5}}{2}\right)\cdot\left(\frac{5}{2}-\sqrt{5}\right)\right|\\&=\frac{5}{4}\sqrt{5}\end{aligned}$$

であるから，

$$S_1=S_2-S_3=\frac{5}{4}\sqrt{5}-\frac{5}{6}\sqrt{5}=\frac{5}{12}\sqrt{5}$$

より，

$$\frac{S_2}{S_1}=\frac{\frac{5}{4}\sqrt{5}}{\frac{5}{12}\sqrt{5}}=\boldsymbol{3}.$$

注意　S_3 の計算では，有名な "$\frac{1}{6}$ 公式" を用いた．

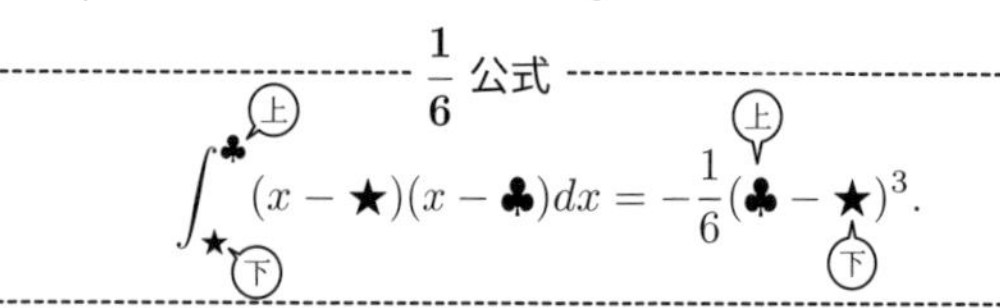

参考　直接 S_1 を計算すると，次のようになる．

$$
\begin{aligned}
S_1 &= \int_{\alpha}^{0}(x-\alpha)^2\,dx+\int_{0}^{\beta}(x-\beta)^2\,dx \\
&= \left[\frac{1}{3}(x-\alpha)^3\right]_{\alpha}^{0}+\left[\frac{1}{3}(x-\beta)^3\right]_{0}^{\beta} \\
&= \frac{1}{3}(-\alpha)^3+\frac{-1}{3}(-\beta)^3=\frac{\beta^3-\alpha^3}{3} \\
&= \frac{1}{3}\left\{\left(\frac{\sqrt{5}}{2}\right)^3-\left(-\frac{\sqrt{5}}{2}\right)^3\right\}=\frac{5}{12}\sqrt{5}.
\end{aligned}
$$

#1−4

方程式 $7x+13y=1111$ を満たす自然数 x，y に対して，次の問いに答えよ．

(1) この方程式を満たす自然数の組 $(x,\ y)$ はいくつあるか求めよ．

(2) $s=-x+2y$ とするとき，s の最大値と最小値を求めよ．

(3) $t=|2x-5y|$ とするとき，t の最大値と最小値を求めよ．

【2013 鳥取大学 (前期) 医学部】

解説

(1) $1111=11\times101$ であることと

$$7\times(-4)+13\times3=11$$

より，（$\times101$）

$$7\times(-404)+13\times303=1111$$

であるから，方程式 $7x+13y=1111$ は

$$7x+13y=7\times(-404)+13\times303$$

より，

$$7(x+404)=13(303-y)$$

と変形できる．ゆえに，この方程式を満たす整数 x，y は，

$$(x,\ y)=(13k-404,\ \ 303-7k)\quad(k:\text{整数}).$$

特に，x，y がともに自然数となるのは，

$$13k-404>0,\quad 303-7k>0$$

つまり

$$\frac{404}{13}<k<\frac{303}{7}$$

を満たす $k=32,\ 33,\ 34,\ \cdots,\ 42,\ 43$ に対応する組 $(x,\ y)$ であり，**12** 組ある．

注意　$7x+13y=1111$ の整数解の parameter 表示は，特殊解 (1 つ見つけた解) の取り方に依る．
たとえば，

$$(x,\ y)=(13m+2222,\ \ -7m-1111)\quad(m:\text{整数})$$

と表してもよい．

一般に，方程式を整数解に限定して考えた場合，その方程式を，**不定方程式 (ディオファントス方程式)** という．特に，整数の定数 a, b, c に対して，$ax+by=c$ を満たす整数 x，y を求める問題を **1 次不定方程式** または **1 次ディオファントス方程式**の問題という．1 次不定方程式の (整数) 解は，xy 平面における直線 $ax+by=c$ 上の**格子点 (x 座標と y 座標がともに整数である点)** として図形的に解釈することができる．(1) は特に x，y を自然数 (正の整数) に限定しており，これは xy 平面の第一象限にある，直線 $7x+13y=1111$ 上の格子点に対応している．

(2) (1) での表示を用いると，$k=32,\ 33,\ \cdots,\ 43$ に対し，

$$
\begin{aligned}
s &= -x+2y \\
&= -(13k-404)+2(303-7k) \\
&= 1010-27k
\end{aligned}
$$

は $k=32$ で最大値 **146** をとり，$k=43$ で最小値 **−151** をとる．

(3) (1) での表示を用いると，$k=32,\ 33,\ \cdots,\ 43$ に対し，

$$
\begin{aligned}
t &= |2x-5y| \\
&= |2(13k-404)-5(303-7k)| \\
&= |61k-2323|.
\end{aligned}
$$

$t=|61k-2323|$

32 33 34 35 36 37 38 39 40 41 42 43 k

t は $k=32$ で最大値 **371** をとり，$k=38$ で最小値 **5** をとる．

#1−5

正六角形の頂点を反時計回りに P_1，P_2，P_3，P_4，P_5，P_6 とする．1 個のさいころを 2 回投げて，出た目を順に j，k とする．次の問いに答えよ．

(1) P_1，P_j，P_k が異なる 3 点となる確率を求めよ．

(2) P_1，P_j，P_k が正三角形の 3 頂点となる確率を求めよ．

(3) P_1，P_j，P_k が直角三角形の 3 頂点となる確率を求めよ．

【2014 広島大学 (前期) 文系学部】

解説　組 $(j,\ k)$ は $(1,\ 1)$, $(1,\ 2)$, $\cdots$, $(6,\ 5)$, $(6,\ 6)$ の全部で $6^2 = 36$ 通りの可能性があり，これらが同様に確からしい．

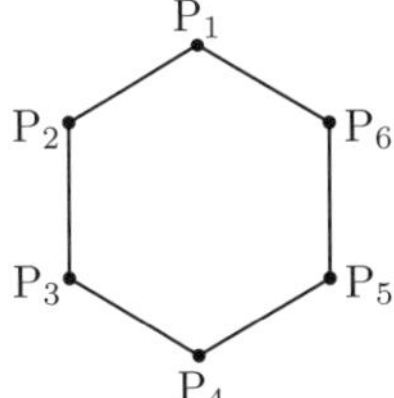

(1) 条件を満たす組 $(j,\ k)$ は ${}_5\mathrm{P}_2 = 5\times 4$ 個あるので，求める確率は

$$\frac{5\times 4}{6^2} = \mathbf{\frac{5}{9}}.$$

(2) 条件を満たす組 $(j,\ k)$ は

$$(j,\ k) = (3,\ 5),\ (5,\ 3)$$

の 2 個あるので，求める確率は

$$\frac{2}{6^2} = \mathbf{\frac{1}{18}}.$$

(3) 条件を満たす組合せ $\{j,\ k\}$ は

$$\{2,\ 4\},\ \{2,\ 5\},\ \{3,\ 4\},\ \{3,\ 6\},\ \{4,\ 5\},\ \{4,\ 6\}$$

の 6 通りあるので，条件を満たす組 $(j,\ k)$ は

$$6\times 2!$$

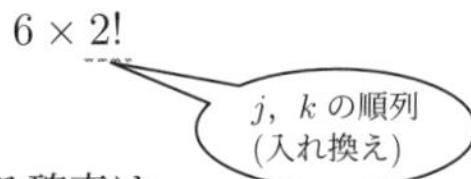

個ある．よって，求める確率は

$$\frac{6\times 2!}{6^2} = \mathbf{\frac{1}{3}}.$$

#1−6

x の多項式 $x^4 - px + q$ が $(x-1)^2$ で割り切れるとき，定数 p，q の値を求めよ．

【2013 愛媛大学 (前期) 教育学部】

解説

$$\begin{array}{r|lllll}
 & x^2 & +2x & +3 & & \\ \hline
x^2-2x+1 & x^4 & +0x^3 & +0x^2 & -px & +q \\
 & x^4 & -2x^3 & +x^2 & & \\ \hline
 & & 2x^3 & -x^2 & -px & +q \\
 & & 2x^3 & -4x^2 & +2x & \\ \hline
 & & & 3x^2 & -(p+2)x & +q \\
 & & & 3x^2 & -6x & +3 \\ \hline
 & & & & (4-p)x & +(q-3)
\end{array}$$

$x^4 - px + q$ を $(x-1)^2$ で割った余りは

$$(4-p)x + (q-3)$$

である．これより，条件は

$$4 - p = 0,\quad q - 3 = 0.$$

$$\therefore\ p = \mathbf{4},\quad q = \mathbf{3}.$$

参考　次のことを用いた別解を紹介しておく．

> 一般に，多項式 $P(x)$ を $(x-\alpha)^2$ で割った余りを $\ell(x)$ とすると，直線 $y = \ell(x)$ が点 $(\alpha,\ P(\alpha))$ における曲線 $y = P(x)$ の接線である．これは，$P(x) - \ell(x) = 0$ が $x = \alpha$ を重解にもつことからわかる．

このことから，本問は次のように捉えることができる．

$f(x) = x^4 - px + q$ とおくと，$f(x)$ が $(x-1)^2$ で割り切れるとは，$y = f(x)$ の $\bigl(1,\ f(1)\bigr)$ における接線が $y = 0$ となることを意味しており，その条件は

$$f(1) = 0,\quad f'(1) = 0.$$

$f'(x) = 4x^3 - p$ であるから，

$$f(1) = 1 - p + q = 0,\quad f'(1) = 4 - p = 0$$

より，

$$p = \mathbf{4},\quad q = \mathbf{3}.$$

#1−7

x の 2 次関数 $y = ax^2 + bx + c$ のグラフが相異なる 3 点 $(a,\ b)$，$(b,\ c)$，$(c,\ a)$ を通るものとする．ただし，$abc \neq 0$ とする．

(1) a の値を求めよ．

(2) b，c の値を求めよ．

【2015 早稲田大学 政治経済学部】

解説

(1) 条件より，

$$\begin{cases} b = a^3 + ab + c, & \cdots① \\ c = ab^2 + b^2 + c, & \cdots② \\ a = ac^2 + bc + c. & \cdots③ \end{cases}$$

②より，

$$b^2(a+1)=0.$$

$b\neq 0$ より，

$$a=\mathbf{-1}.$$

(2) $a=-1$ を①に代入すると，

$$b=-1-b+c.$$

$$\therefore\ b=\frac{c-1}{2}. \qquad \cdots ④$$

$a=-1$ を③に代入すると，

$$-1=-c^2+bc+c. \qquad \cdots ⑤$$

⑤に④を代入すると，

$$-1=-c^2+\frac{c-1}{2}\cdot c+c.$$

$$c^2-c-2=0.$$

$$(c+1)(c-2)=0.$$

$$c=-1,\ 2.$$

$c=-1$ なら，④より，$b=-1$.
すると，$a=b=c=-1$ となり，3 点 $(a,\ b)$，$(b,\ c)$，$(c,\ a)$ が相異なることに反する．
$c=2$ なら，④より，$b=\dfrac{1}{2}$ であり，3 点が相異なるという条件を満たす．

$$\therefore\ b=\mathbf{\frac{1}{2}},\quad c=\mathbf{2}.$$

#1−8

曲線 $y=x^3-x^2-2x+2$ について，
(1) 点 $(0,\ 1)$ を通る接線の方程式を求めよ．
(2) (1) の接線と曲線とによって囲まれた部分の面積を求めよ．

【1977 静岡大学　人文・教育学部】

解説　$f(x)=x^3-x^2-2x+2$ とすると，

$$f'(x)=3x^2-2x-2.$$

(1) 点 $\bigl(t,\ f(t)\bigr)$ における曲線 $y=f(x)$ の接線は

$$\begin{aligned} y&=f'(t)(x-t)+f(t)\\ &=(3t^2-2t-2)(x-t)+(t^3-t^2-2t+2)\\ &=(3t^2-2t-2)x-2t^3+t^2+2. \end{aligned}$$

これが点 $(0,\ 1)$ を通る条件は，

$$1=-2t^3+t^2+2.$$

$$2t^3-t^2-1=0.$$

$$(t-1)(2t^2+t+1)=0.$$

$2t^2+t+1=2\left(t+\frac{1}{4}\right)^2+\frac{7}{8}>0.$

これを満たす実数 t は

$$t=1.$$

よって，求める接線の方程式は

$$\boldsymbol{y=-x+1}.$$

(2) $g(x)=f(x)-(-x+1)$ とおくと，

$$\begin{aligned} g(x)&=(x^3-x^2-2x+2)-(-x+1)\\ &=x^3-x^2-x+1\\ &=(x^2-2x+1)(x+1)\\ &=(x-1)^2(x+1) \end{aligned}$$

であり，(1) の接線と曲線とによって囲まれた部分の面積は $y=g(x)$ のグラフと x 軸で囲まれた次の部分の面積と等しい．

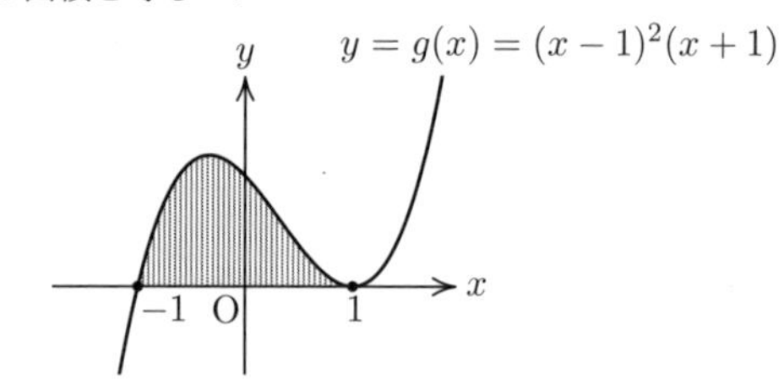

よって，求める面積は

$$\begin{aligned} \int_{-1}^{1}g(x)\,dx&=\int_{-1}^{1}\left(x^3-x^2-x+1\right)dx\\ &=2\int_{0}^{1}\left(-x^2+1\right)dx\\ &=2\left[x-\frac{x^3}{3}\right]_0^1=\mathbf{\frac{4}{3}}. \end{aligned}$$

参考　接線は多項式の除法によって求めることもできる．

$$\begin{array}{r|llll} & x & +(2t-1) & & \\ \hline x^2-2tx+t^2 & x^3 & -x^2 & -2x & +2 \\ & x^3 & -2tx^2 & +t^2x & \\ \hline & & (2t-1)x^2 & +(-2-t^2)x & +2 \\ & & (2t-1)x^2 & -(4t^2-2t)x & +(2t^3-t^2) \\ \hline & & & (3t^2-2t-2)x & -2t^3+t^2+2 \end{array}$$

この計算により，曲線と接線との接点以外の交点の x 座標が

$$x+(2t-1)=0\quad より\quad x=1-2t$$

ということもわかる (#1−6 参照)．

注意　積分区間が原点対称ゆえ，偶関数，奇関数の性質を活用して計算したが，そうでない場合には次の要領で計算してもよい．

$$\begin{aligned}
&\int_{-1}^{1} g(x)\,dx \\
&= \int_{-1}^{1} (x-1)^2(x+1)\,dx \\
&= \int_{-1}^{1} (x-1)^2\{(x-1)+2\}\,dx \\
&= \int_{-1}^{1} \{(x-1)^3+2(x-1)^2\}\,dx \\
&= \left[\frac{1}{4}(x-1)^4+\frac{2}{3}(x-1)^3\right]_{-1}^{1} \\
&= \frac{16}{3}-4=\mathbf{\frac{4}{3}}.
\end{aligned}$$

参考図

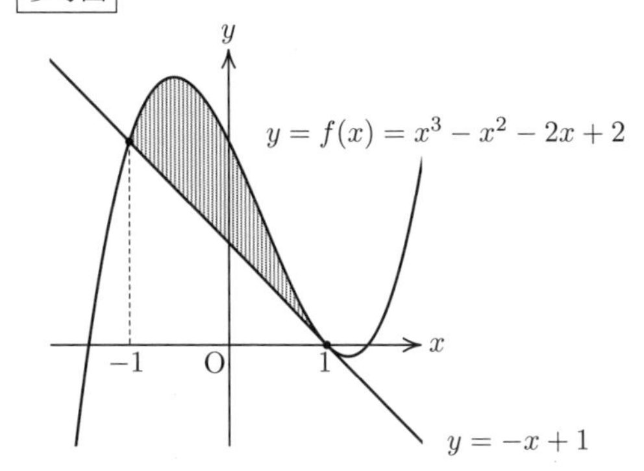

#1−9

(1) 不等式 $(\log_2 x)^2 - 4\log_2 x + 3 \leqq 0$ を解け．

(2) x が (1) で求めた範囲にあるとき，

$$f(x) = \left(\log_{\frac{1}{2}} \frac{x}{3}\right)\left(\log_{\frac{1}{2}} \frac{x}{4}\right)$$

の最大値と最小値，およびそのときの x の値を求めよ．

【2019 奈良女子大学 (前期) 生活環境学部】

解説

(1)

$$\begin{aligned}
&(\log_2 x)^2 - 4\log_2 x + 3 \leqq 0 \\
\iff\ &(\log_2 x - 1)(\log_2 x - 3) \leqq 0 \\
\iff\ &1 \leqq \log_2 x \leqq 3 \\
\iff\ &\log_2(2^1) \leqq \log_2 x \leqq \log_2(2^3) \\
\iff\ &2^1 \leqq x \leqq 2^3 \\
\iff\ &\mathbf{2 \leqq x \leqq 8}.
\end{aligned}$$

(2)

$$\begin{aligned}
f(x) &= \left(\log_{\frac{1}{2}} \frac{x}{3}\right)\left(\log_{\frac{1}{2}} \frac{x}{4}\right) \\
&= \frac{\log_2 \frac{x}{3}}{\log_2 \frac{1}{2}} \cdot \frac{\log_2 \frac{x}{4}}{\log_2 \frac{1}{2}} = \frac{\log_2 \frac{x}{3}}{-1} \cdot \frac{\log_2 \frac{x}{4}}{-1} \\
&= \left(\log_2 \frac{x}{3}\right)\left(\log_2 \frac{x}{4}\right) \\
&= (\log_2 x - \log_2 3)(\log_2 x - \log_2 4).
\end{aligned}$$

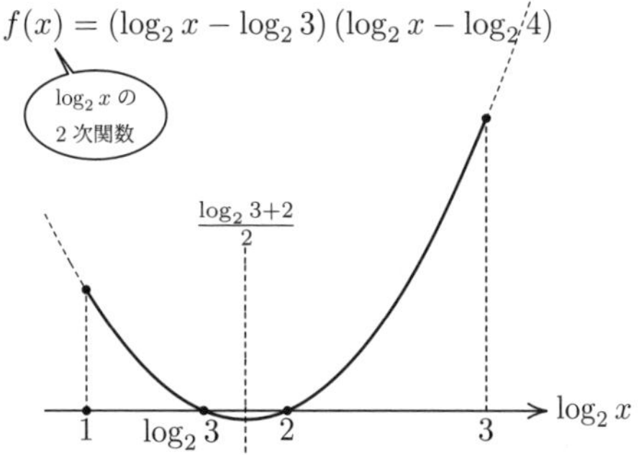

$2 \leqq x \leqq 8$ において，$\log_2 x = 3$ つまり $x = \mathbf{8}$ のとき，$f(x)$ は最大値 $\mathbf{3 - \log_2 3}$ をとる．

また，$\log_2 x = \dfrac{\log_2 3 + 2}{2}$ つまり $x = \mathbf{2\sqrt{3}}$ のとき，$f(x)$ は最小値 $\mathbf{-(1 - \log_2 \sqrt{3})^2}$ をとる．

注意　最大値は $\log_2 \dfrac{8}{3}$ という表記でもよい．

また，最小値は $-\dfrac{1}{4}(2 - \log_2 3)^2$ あるいは

$$-\frac{1}{4}(\log_2 3)^2 + \log_2 3 - 1$$

という表記でもよい．また，

$$\frac{\log_2 3 + 2}{2} = \frac{\log_2 3 + \log_2 4}{2} = \frac{1}{2}\log_2 12 = \log_2 \sqrt{12}$$

より，

$$\log_2 x = \frac{\log_2 3 + 2}{2} \iff x = \sqrt{12}.$$

対数法則

$M,\ N,\ a,\ c$ は正の数，$a \neq 1,\ c \neq 1,\ r$ は実数とする．

- $\log_a(MN) = \log_a M + \log_a N.$
  (積のログはログの和)
- $\log_a\left(\dfrac{M}{N}\right) = \log_a M - \log_a N.$
  (商のログはログの差)
- $\log_a(M^r) = r\log_a M.$
  (r 乗のログはログの r 倍)
- $\log_a M = \dfrac{\log_c M}{\log_c a}.$　(底の変換公式)
  特に，$\log_a c \times \log_c a = 1.$
  (底と真数を入れ替えた値は互いに逆数)

#2- 1

a を 1 でない正の定数，x，y を $5^x = 2^y = a$ を満たす実数とする．

(1) $\dfrac{1}{x} + \dfrac{1}{y} = \dfrac{1}{2}$ とするとき，a の値を求めよ．

(2) $\dfrac{1}{x} + \dfrac{1}{y} = b$ とするとき，a^b の値を求めよ．

(3) $\dfrac{1}{x} - \dfrac{1}{y} = 2$ とするとき，a の値を求めよ．

【2019 大分大学 (前期) 理工・経済・教育学部】

解説　$a \neq 1$ より，$x \neq 0$，$y \neq 0$ であり，

$$x = \log_5 a, \quad y = \log_2 a$$

である．これより，

$$\frac{1}{x} = \frac{\log_5 5}{\log_5 a} = \log_a 5, \quad \frac{1}{y} = \frac{\log_2 2}{\log_2 a} = \log_a 2.$$

(1)
$$\frac{1}{x} + \frac{1}{y} = \log_a 5 + \log_a 2 = \log_a (5 \times 2) = \log_a 10$$

であり，これが $\dfrac{1}{2}$ であるとき，

$$a^{\frac{1}{2}} = 10 \quad \text{より} \quad a = 10^2 = \mathbf{100}.$$

(2) $\dfrac{1}{x} + \dfrac{1}{y} = \log_a 10$ であり，これが b であるとき，

$$a^b = \mathbf{10}.$$

(3)
$$\frac{1}{x} - \frac{1}{y} = \log_a 5 - \log_a 2 = \log_a \frac{5}{2}$$

であり，これが 2 であるとき，

$$a^2 = \frac{5}{2} \quad \text{より} \quad a = \sqrt{\frac{5}{2}} = \frac{\boldsymbol{\sqrt{10}}}{\mathbf{2}}.$$

#2- 2

数列 $\{a_n\}$ に対し，S_n を $S_n = \displaystyle\sum_{k=1}^{n} a_k$ で定める．$n = 1, 2, 3, \cdots$ に対し $S_n = 2a_n + n$ が成り立つとき，次の問に答えよ．

(1) a_1 および a_2 を求めよ．

(2) a_{n+1} を a_n の式で表せ．

(3) a_n を n の式で表せ．

【2019 小樽商科大学 (前期) 商学部】

解説

(1) $a_1 = S_1 = 2a_1 + 1$ より，$a_1 = \mathbf{-1}$．

また，

$$a_1 + a_2 = S_2 = 2a_2 + 2$$

より，

$$a_2 = a_1 - 2 = \mathbf{-3}.$$

(2) $n = 1, 2, 3, \cdots$ に対して，

$$\begin{aligned} a_{n+1} &= S_{n+1} - S_n \\ &= 2a_{n+1} + (n+1) - (2a_n + n) \\ &= 2a_{n+1} - 2a_n + 1 \end{aligned}$$

が成り立つので，

$$a_{n+1} = \boldsymbol{2a_n - 1}.$$

(3) (2) で得た漸化式 $a_{n+1} = 2a_n - 1$ は

$$a_{n+1} - 1 = 2(a_n - 1)$$

と変形できることから，数列 $\{a_n - 1\}$ は公比 2 の等比数列をなすことがわかるので，

$$\begin{aligned} a_n - 1 &= (a_1 - 1) \cdot 2^{n-1} \\ &= (-1 - 1) \cdot 2^{n-1} \\ &= -2^n. \end{aligned}$$

$$\therefore \quad a_n = \boldsymbol{1 - 2^n}.$$

#2- 3

三角形 ABC と点 P が

$$4\overrightarrow{\mathrm{AP}} - 6\overrightarrow{\mathrm{BP}} + \overrightarrow{\mathrm{CP}} = \vec{0}$$

を満たしているとき，次の問に答えよ．

(1) 直線 AB と直線 PC の交点を Q とするとき，$\overrightarrow{\mathrm{AQ}}$ を $\overrightarrow{\mathrm{AB}}$ を用いて表せ．

(2) 三角形の面積比 $\triangle$PBC : $\triangle$PCA : $\triangle$PAB を求めよ．

(3) 直線 AB と直線 PC が直交し，かつ直線 AC と直線 PB が直交するとき，$\cos\angle$BAC を求めよ．

【2019 大阪教育大学 (前期) 教育学部】

解説

(1) $4\overrightarrow{\mathrm{AP}} - 6\overrightarrow{\mathrm{BP}} + \overrightarrow{\mathrm{CP}} = \vec{0}$ より，

$$4\overrightarrow{\mathrm{AP}} - 6\left(\overrightarrow{\mathrm{AP}} - \overrightarrow{\mathrm{AB}}\right) + \left(\overrightarrow{\mathrm{AP}} - \overrightarrow{\mathrm{AC}}\right) = \vec{0}.$$

$$\therefore \quad \overrightarrow{\mathrm{AP}} = 6\overrightarrow{\mathrm{AB}} - \overrightarrow{\mathrm{AC}}.$$

これは

$$\overrightarrow{\mathrm{AP}} = 5\left(\frac{6\overrightarrow{\mathrm{AB}} - \overrightarrow{\mathrm{AC}}}{6 - 1}\right)$$

と変形できることから，$\overrightarrow{\mathrm{AD}} = \dfrac{6\overrightarrow{\mathrm{AB}} - \overrightarrow{\mathrm{AC}}}{6 - 1}$ によって，点 D を定めると，D は線分 BC を 1 : 6 に外分する点であり，

$$\overrightarrow{\mathrm{AP}} = 5\overrightarrow{\mathrm{AD}}$$

であるから，次の図の位置関係にあることがわかる．

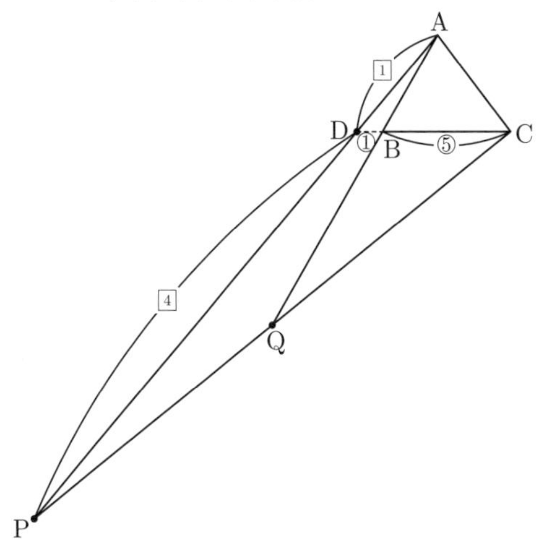

直線 AB と直線 PC の交点を Q とするとき，三角形 DPC と直線 AQ について，Menelaus の定理により，

$$\frac{\mathrm{CQ}}{\mathrm{QP}}\times\frac{5}{1}\times\frac{1}{5}=1$$

であるので，

$$\mathrm{PQ}=\mathrm{QC}$$

とわかる．すると，三角形 APQ と直線 DC について，Menelaus の定理により，

$$\frac{1}{4}\times\frac{2}{1}\times\frac{\mathrm{QB}}{\mathrm{BA}}=1$$

であるので，

$$\mathrm{AB}:\mathrm{BQ}=1:2$$

とわかる．したがって，

$$\overrightarrow{\mathrm{AQ}}=\mathbf{3}\,\overrightarrow{\mathbf{AB}}.$$

(2) $\triangle\mathrm{PAB}=S$ とおくと，

$$\triangle\mathrm{PCA}=\frac{\mathrm{CD}}{\mathrm{BD}}\times\triangle\mathrm{PAB}=6S$$

と表され，

$$\triangle\mathrm{PBC}=\overbrace{\frac{\mathrm{BC}}{\mathrm{DB}}\times\frac{\mathrm{DP}}{\mathrm{AP}}}^{\triangle\mathrm{PBD}}\times\triangle\mathrm{PAB}=(5\times4)\times S=20S$$

より，

$$\triangle\mathrm{PBC}:\triangle\mathrm{PCA}:\triangle\mathrm{PAB}=\mathbf{4:6:1}.$$

(3) $\overrightarrow{\mathrm{AB}}=\vec{b}$，$\overrightarrow{\mathrm{AC}}=\vec{c}$，$\angle\mathrm{BAC}=\theta$ とおくと，$\overrightarrow{\mathrm{AB}}\perp\overrightarrow{\mathrm{PC}}$ より，$\overrightarrow{\mathrm{AB}}\cdot\overrightarrow{\mathrm{PC}}=0$ であることから，

$$\vec{b}\cdot\left(\vec{c}-\overrightarrow{\mathrm{AP}}\right)=0.$$

これより，

$$\vec{b}\cdot\vec{c}=\vec{b}\cdot\overrightarrow{\mathrm{AP}}.$$

$$\vec{b}\cdot\vec{c}=\vec{b}\cdot\left(6\vec{b}-\vec{c}\right).$$

$$\therefore\ \vec{b}\cdot\vec{c}=3\left|\vec{b}\right|^2.\qquad\cdots①$$

$\vec{b}\cdot\vec{c}=\left|\vec{b}\right|\left|\vec{c}\right|\cos\theta$ であることと①により，

$$\left|\vec{c}\right|\cos\theta=3\left|\vec{b}\right|.\qquad\cdots①'$$

$\overrightarrow{\mathrm{AC}}\perp\overrightarrow{\mathrm{PB}}$ より，$\overrightarrow{\mathrm{AC}}\cdot\overrightarrow{\mathrm{PB}}=0$ であることから，

$$\vec{c}\cdot\left(\vec{b}-\overrightarrow{\mathrm{AP}}\right)=0.$$

これより，

$$\vec{b}\cdot\vec{c}=\vec{c}\cdot\overrightarrow{\mathrm{AP}}.$$

$$\vec{b}\cdot\vec{c}=\vec{c}\cdot\left(6\vec{b}-\vec{c}\right).$$

$$\therefore\ \vec{b}\cdot\vec{c}=\frac{1}{5}\left|\vec{c}\right|^2.\qquad\cdots②$$

$\vec{b}\cdot\vec{c}=\left|\vec{b}\right|\left|\vec{c}\right|\cos\theta$ であることと②により，

$$\left|\vec{b}\right|\cos\theta=\frac{1}{5}\left|\vec{c}\right|.\qquad\cdots②'$$

①′，②′から，（①′ × ②′ から得られる!）

$$\cos^2\theta=\frac{3}{5},\quad \cos\theta>0.$$

$$\therefore\ \cos\angle\mathrm{BAC}=\cos\theta=\sqrt{\frac{\mathbf{3}}{\mathbf{5}}}.$$

注意　(1) は次のようにみることもできる．与式により，

$$3\overrightarrow{\mathrm{AB}}=\frac{\overrightarrow{\mathrm{AP}}+\overrightarrow{\mathrm{AC}}}{2}$$

であり，Q は直線 AB と PC の交点なので，

$$\overrightarrow{\mathrm{AQ}}=\frac{\overrightarrow{\mathrm{AP}}+\overrightarrow{\mathrm{AC}}}{2}=3\overrightarrow{\mathrm{AB}}.$$

(3) では，B が三角形 APC の垂心になることと，Q が PC の中点であることから，三角形 APC が $\mathrm{AP}=\mathrm{AC}$ の二等辺三角形であることに注目してもよい．実際，$\angle\mathrm{BAC}=\theta$ とし，直線 PB と AC との交点を R とすると，

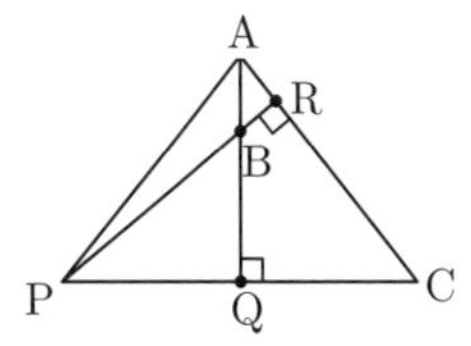

$\mathrm{AR}:\mathrm{RC}=1:4$ であることから，直角三角形 APR に着目すると，

$$2\cos^2\theta-1=\cos2\theta=\frac{\mathrm{AR}}{\mathrm{PA}}=\frac{1}{5}$$

より，

$$\cos\theta=\sqrt{\frac{\mathbf{3}}{\mathbf{5}}}.$$

参考 P，Q の位置がわかった後，(1)，(2) は三角形 APC に対して，点 B を加重重心 (巻末付録 1 を参照) とみることで必要な比を知ることができる．実際，AD : DP = 1 : 4 であることから，

$$(\text{A の加重}) : (\text{P の加重}) = 4 : 1$$

とすればよいことがわかり，DB : BC = 1 : 5 であることから，

$$(\text{A の加重} + \text{P の加重}) : (\text{C の加重}) = 5 : 1$$

とすればよいことがわかるので，結局，

$$(\text{A の加重}) : (\text{P の加重}) : (\text{C の加重}) = 4 : 1 : 1$$

とすればよい．これより，

$$\text{AB} : \text{BQ} = (\text{P の加重} + \text{C の加重}) : (\text{A の加重}) = 1 : 2$$

とわかるし，

$$\begin{aligned}&\triangle\text{PBC} : \triangle\text{BCA} : \triangle\text{PAB}\\&= (\text{A の加重}) : (\text{P の加重}) : (\text{C の加重})\\&= 4 : 1 : 1\end{aligned}$$

であることもわかる．

#2− 4

$\dfrac{\pi}{4} \leqq \theta \leqq \dfrac{\pi}{2}$ の範囲にある θ に対して，

$$16\cos^4\theta + 16\sin^2\theta = 15$$

が成り立っている．

(1) $\cos 2\theta$ の値を求めよ．

(2) $\sin^3\theta + \cos^3\theta$ の値を求めよ．

(3) $\dfrac{\sin 5\theta + \sin 7\theta}{\cos\theta}$ の値を求めよ．

【2017 早稲田大学 社会科学部】

解説

(1) $\cos^2\theta = C$ とおくと，与式は

$$16C^2 + 16(1 - C) = 15$$

と表せる．これより，

$$16C^2 - 16C + 1 = 0.$$

$$C = \frac{8 \pm \sqrt{48}}{16} = \frac{2 \pm \sqrt{3}}{4}.$$

ここで，$\dfrac{\pi}{4} \leqq \theta \leqq \dfrac{\pi}{2}$ であることから，

$$0 \leqq \cos\theta \leqq \frac{1}{\sqrt{2}}$$

より，

$$0 \leqq \cos^2\theta = C \leqq \frac{1}{2}$$

なので，

$$\cos^2\theta = C = \frac{2 - \sqrt{3}}{4}.$$

したがって，

$$\cos 2\theta = 2\cos^2\theta - 1 = 2 \cdot \frac{2 - \sqrt{3}}{4} - 1 = \boldsymbol{-\frac{\sqrt{3}}{2}}.$$

(2) $\dfrac{\pi}{4} \leqq \theta \leqq \dfrac{\pi}{2}$，$\cos 2\theta = -\dfrac{\sqrt{3}}{2}$ より，

$$2\theta = \frac{5}{6}\pi.$$

$$\therefore\ \ \theta = \frac{5}{12}\pi.$$

このとき，

$$\begin{aligned}\sin\theta + \cos\theta &= \sqrt{2}\left(\sin\theta \cdot \frac{1}{\sqrt{2}} + \cos\theta \cdot \frac{1}{\sqrt{2}}\right)\\&= \sqrt{2}\left(\sin\theta\cos\frac{\pi}{4} + \cos\theta\sin\frac{\pi}{4}\right)\\&= \sqrt{2}\sin\left(\theta + \frac{\pi}{4}\right) = \sqrt{2}\sin\left(\frac{5}{12}\pi + \frac{\pi}{4}\right)\\&= \sqrt{2}\sin\frac{2}{3}\pi = \frac{\sqrt{6}}{2}\end{aligned}$$

合成

であり，

$$\sin\theta\cos\theta = \frac{1}{2}\sin 2\theta = \frac{1}{2}\sin\frac{5}{6}\pi = \frac{1}{4}$$

であるから，

$$\begin{aligned}&\sin^3\theta + \cos^3\theta\\&= (\sin\theta + \cos\theta)(\sin^2\theta - \sin\theta\cos\theta + \cos^2\theta)\\&= \frac{\sqrt{6}}{2} \cdot \left(1 - \frac{1}{4}\right) = \boldsymbol{\frac{3\sqrt{6}}{8}}.\end{aligned}$$

(3) $\theta = \dfrac{5}{12}\pi = 75^\circ$ より，

$$5\theta = \frac{25}{12}\pi = 375^\circ,\quad 7\theta = \frac{35}{12}\pi = 525^\circ$$

であるから，

$$\sin 5\theta = \sin 375^\circ = \sin 15^\circ,$$

$$\sin 7\theta = \sin 525^\circ = \sin 165^\circ = \sin 15^\circ,$$

$$\cos\theta = \cos 75^\circ = \sin 15^\circ$$

より，

$$\frac{\sin 5\theta + \sin 7\theta}{\cos\theta} = \frac{\sin 15^\circ + \sin 15^\circ}{\sin 15^\circ} = \mathbf{2}.$$

余角・補角についての正弦・余弦の公式

$$\alpha+\beta=90^\circ \implies \sin\alpha=\cos\beta.$$

$$\alpha+\beta=180^\circ \implies \begin{cases}\sin\alpha=\sin\beta,\\ \cos\alpha=-\cos\beta.\end{cases}$$

#2− 5

放物線 $C: y=2x-x^2$ と直線 $\ell: y=ax$ について，定数 a が $0<a<2$ の範囲にあるとき，次の問いに答えよ．

(1) 放物線 C と直線 ℓ で囲まれた部分の面積を a を用いて表せ．

(2) 直線 ℓ が，放物線 C と x 軸とで囲まれた部分の面積を二等分するときの a の値を求めよ．

【2019 岩手大学 農学部】

解説

(1) C と ℓ との共有点について，

$$\begin{aligned}&2x-x^2=ax\\ \iff& x\{x-(2-a)\}=0\\ \iff& x=0,\ 2-a.\end{aligned}$$

これより，放物線 C と直線 ℓ で囲まれた部分は次のとおりである．

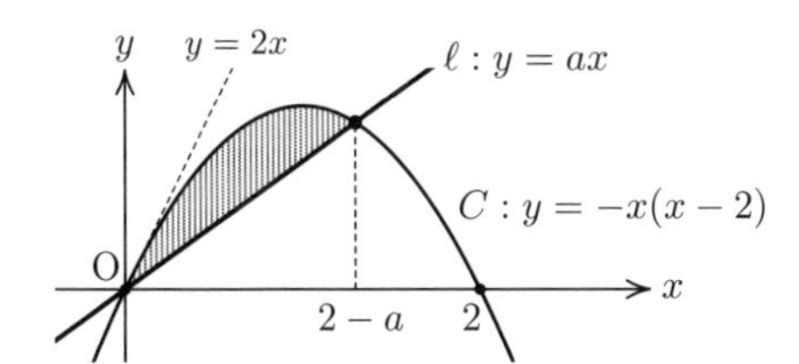

放物線 C と直線 ℓ で囲まれた部分の面積は

$$\int_0^{2-a} -x\{x-(2-a)\}dx$$

$$=\frac{1}{6}\{(2-a)-0\}^3=\boldsymbol{\frac{(2-a)^3}{6}}.$$

(2) 放物線 C と x 軸とで囲まれた部分の面積は

$$\int_0^2 -x(x-2)dx$$

$$=\frac{1}{6}(2-0)^3=\frac{8}{6}$$

であるから，直線 ℓ が，放物線 C と x 軸とで囲まれた部分の面積を二等分する条件は，

$$\frac{(2-a)^3}{6}=\frac{1}{2}\times\frac{8}{6}$$

より

$$a=\boldsymbol{2-\sqrt[3]{4}}.$$

#2− 6

1 次不定方程式 $275x+61y=1$ のすべての整数解を求めよ．

【2017 愛媛大学 (前期) 教育・農・工学部】

解説　$275\times2+61\times(-9)=1$ であることに着目すると，$275x+61y=1$ は

$$275(x-2)=61(-y-9)$$

と変形できる．したがって，この式を満たす整数 $x,\ y$ は，整数 k を用いて

$$x-2=61k,\quad -y-9=275k$$

と表せ，それゆえ，

$$(x,\ y)=\boldsymbol{(2+61k,\ -9-275k)}\ \ (\boldsymbol{k}\ \textbf{は整数}).$$

注意　1 次不定方程式の (整数) 解の一つ (“特殊解” という) として，$x=2,\ y=-9$ を見つけて考えた．特殊解をどのようにしてみつけたのかまで解答に丁寧に書く必要はないが，見つけ方は知っておいてほしい．ここでは，Euclid の互除法での計算を余りに着目し逆に辿(たど)る方法について説明する．

まずは，Euclid の互除法についての解説からはじめよう．$\gcd(x,\ y)$ を整数 $x,\ y$ の最大公約数を表す記号とする．Euclid の互除法は，2 つの整数の最大公約数を求めるアルゴリズム (計算手順) であるが，それは次の原理に基づく．

Euclid の互除法の原理

$a=bq+r$ を満たす整数 $a,\ b,\ q,\ r$ に対し，

$$\gcd(a,\ b)=\gcd(b,\ r)$$

が成り立つ．

特に，正の整数 $a,\ b$ に対し，a を b で割った商を q，余りを r とすると，$0\leqq r<b$ であるから，より小さな数との最大公約数の話に帰着できることがポイントである．

実際に，$\gcd(275,\ 61)$ を互除法で計算してみよう．

$$275=61\times4+31 \ \text{より}\ \gcd(275,\ 61)=\gcd(61,\ 31).$$

$$61=31\times1+30 \ \text{より}\ \gcd(61,\ 31)=\gcd(31,\ 30).$$

$$31=30\times1+1 \ \text{より}\ \gcd(31,\ 30)=\gcd(30,\ 1).$$

これらより，

$$\gcd(275,\ 61)=\gcd(30,\ 1)=1.$$

この互除法の計算を振り返り，余りに着目して逆に辿(たど)ることで，$\gcd(275,\ 61)$ である 1 を 275 の倍数と 61 の倍数

の和 (や差) で表すことができる．実際,

$$\begin{aligned}1 &= 31-30 = 31-\overbrace{(61-31)}^{30} = 31\times 2-61\\ &= \overbrace{(275-61\times 4)}^{31}\times 2-61 = 275\times 2-61\times 9\\ &= 275\times 2+61\times(-9).\end{aligned}$$

ところで，Euclid の互除法の原理における r として，a を b で割ったときの余りではなく，絶対値が最小になるものとしてとれば，ステップ数は次のように少なくできる (これを "加速互除法" という).

$275=61\times 4+31$ より $\gcd(275,\ 61)=\gcd(61,\ 30)$.

$61=31\times 2+(-1)$ より $\gcd(61,\ 31)=\gcd(31,\ -1)$.

さらに，"加速互除法" の計算を振り返り，"余り" に着目して逆に辿(たど)ることで,

$$\begin{aligned}1 &= 31\times 2-61 = \overbrace{(275-61\times 4)}^{31}\times 2-61\\ &= 275\times 2-61\times 9 = 275\times 2+61\times(-9)\end{aligned}$$

が得られる.

#2- 7

整式 $P(x)=x^4+x^3+x-1$ について，次の問いに答えよ.

(1) i を虚数単位とするとき，$P(i)$，$P(-i)$ の値を求めよ.

(2) 方程式 $P(x)=0$ の実数解を求めよ.

(3) $Q(x)$ を 3 次以下の整式とする．次の条件

$$Q(1)=P(1),\quad Q(-1)=P(-1),$$
$$Q(2)=P(2),\quad Q(-2)=P(-2)$$

をすべて満たす $Q(x)$ を求めよ.

【2016 新潟大学 (前期) 理・医・歯・工学部】

解説

(1) $$P(i)=i^4+i^3+i-1=1-i+i-1=\mathbf{0},$$
$$P(-i)=(-i)^4+(-i)^3+(-i)-1=1+i-i-1=\mathbf{0}.$$

参考　一般に，「実数係数の n 次多項式 $f(x)$ と虚数 α に対して，$f(\alpha)=0$ ならば，$f(\overline{\alpha})=0$ である」ことが知られている．この知識があれば，$P(i)=0$ となった時点で，$P(-i)$ も 0 であることがわかる.

(2) (1) より，$P(x)$ は $(x-i)$ および $(x+i)$ で割り切れることがわかるので，$P(x)$ は $(x-i)(x+i)=x^2+1$ を因数にもつことがわかり，実際,

$$P(x)=(x^2+1)(x^2+x-1)$$

と因数分解できる．これより，方程式 $P(x)=0$ の実数解は $x^2+x-1=0$ の実数解

$$x=\frac{\mathbf{-1\pm\sqrt{5}}}{\mathbf{2}}.$$

(3) $R(x)$ を

$$R(x)=P(x)-Q(x)$$

で定める．$P(x)$ は x の 4 次式で，最高次 (4 次) の係数が 1 であること，および，$Q(x)$ は 3 次以下の整式であることから，$R(x)$ は x の 4 次式で，最高次 (4 次) の係数が 1 である．さらに,

$$Q(k)=P(k)\quad (k=\pm 1,\ \pm 2)$$

より,

$$R(1)=R(-1)=R(2)=R(-2)=0$$

であるから,

$$R(x)=1\cdot(x-1)(x+1)(x-2)(x+2)$$

つまり

$$R(x)=x^4-5x^2+4$$

とわかる．したがって,

$$\begin{aligned}Q(x)&=P(x)-R(x)\\ &=\left(x^4+x^3+x-1\right)-\left(x^4-5x^2+4\right)\\ &=\boldsymbol{x^3+5x^2+x-5}.\end{aligned}$$

#2- 8

3 つの直線 $x+2y-4=0$，$2x-y-2=0$，$x-y+5=0$ によって作られる三角形を考える.

(1) 三角形の各頂点からの距離の 2 乗和が最小となる点の座標を求めよ.

(2) 三角形の各辺を含む 3 直線までの距離の 2 乗和が最小となる点の座標を求めよ.

【2016 慶應義塾大学 総合政策学部】

解説　三角形の 3 頂点の座標は

$$\left(\frac{8}{5},\ \frac{6}{5}\right),\quad (7,\ 12),\quad (-2,\ 3).$$

(1) 点 $(p,\ q)$ と三角形の各頂点からの距離の 2 乗和を $d_{p,q}$ とすると，

$$\begin{aligned} d_{p,q} &= \left\{\left(p-\frac{8}{5}\right)^2+\left(q-\frac{6}{5}\right)^2\right\}+\left\{(p-7)^2\right.\\ &\qquad \left.+(q-12)^2\right\}+\left\{(p+2)^2+(q-3)^2\right\}\\ &= 3p^2-\frac{66}{5}p+3q^2-\frac{162}{5}q+210\\ &= 3\left(p-\frac{11}{5}\right)^2+3\left(q-\frac{27}{5}\right)^2+C \end{aligned}$$

(C は定数)

より，これを最小とする点 $(p,\ q)$ は

$$\left(\mathbf{\frac{11}{5}},\ \mathbf{\frac{27}{5}}\right).$$

(2) 点 $(p,\ q)$ から三角形の各辺を含む 3 直線までの距離の 2 乗和を $D_{p,q}$ とすると，

$$\begin{aligned} D_{p,q} &= \left(\frac{|p+2q-4|}{\sqrt{5}}\right)^2+\left(\frac{|2p-q-2|}{\sqrt{5}}\right)^2\\ &\qquad +\left(\frac{|p-q+5|}{\sqrt{2}}\right)^2\\ &= \frac{3}{2}p^2+\frac{3}{2}q^2-pq+\frac{9}{5}p-\frac{37}{5}q+\frac{33}{2}\\ &= \frac{3}{2}p^2-\left(q-\frac{9}{5}\right)p+\frac{3}{2}q^2-\frac{37}{5}q+C_1\\ &= \frac{3}{2}\left(p-\frac{q}{3}+\frac{3}{5}\right)^2+\frac{4}{3}q^2-\frac{34}{5}q+C_2\\ &= \frac{3}{2}\left(p-\frac{q}{3}+\frac{3}{5}\right)^2+\frac{4}{3}\left(q-\frac{51}{20}\right)^2+C_3 \end{aligned}$$

(C_1, C_2, C_3 は定数)

具体的な値は不要

より，これを最小とする点 $(p,\ q)$ は，

$$p-\frac{q}{3}+\frac{3}{5}=0,\quad q-\frac{51}{20}=0$$

を解いて，

$$\left(\mathbf{\frac{1}{4}},\ \mathbf{\frac{51}{20}}\right).$$

#2-9

$\displaystyle\sum_{n=0}^{100} 2^n$ の桁数を求めよ．ただし，$\log_{10} 2=0.3010$ とする．

【2016 富山大学 経済・人間発達学部】

解説

$$I=\sum_{n=0}^{100} 2^n = 1+2+2^2+\cdots+2^{100}$$

とおくと，$I=2^{101}-1$ であり，2^{101} は 5 の倍数でないことから，2^{101} の一の位の数は 0 ではなく，それゆえ，$I=2^{101}-1$ の一の位の数は 9 でなく，$I=2^{101}-1$ と 2^{101} は同じ桁数の数であることがわかる．

$$\begin{aligned} 2^{101} &= 10^{\log_{10}\left(2^{101}\right)} = 10^{101\log_{10}2} = 10^{101\times 0.3010}\\ &= 10^{30.401} = \underbrace{10^{0.401}}_{1\text{ 以上 }10\text{ 未満}}\times 10^{30} \end{aligned}$$

は 31 桁の数であるから，$I=2^{101}-1$ も 31 桁の数である．

参考　等比数列の和は，公比 $\neq 1$ のとき，

$$\frac{\textbf{(末項)}\cdot\textbf{(公比)}-\textbf{(初項)}}{\textbf{(公比)}-\mathbf{1}}$$

あるいは

$$\frac{\textbf{(初項)}\left(\textbf{(公比)}^{\textbf{(項数)}}-\mathbf{1}\right)}{\textbf{(公比)}-\mathbf{1}}$$

で求めることができるが，さらに，整数での N 進表示との関連性を知っておくとよい．そのことを説明しよう．

例 1　$A=1+2+2^2+2^3+2^4+2^5+2^6$.

この A は 2 進表示で $1111111_{(2)}$ と表された数とみなすことができる．これに 1 を足してみてほしい．どうなるだろうか？ 普段我々が慣れ親しんでいる 10 進表示の 9999999 に相当する状況 (各桁の数がマックス) であり，この 9999999 に 1 を足すと，すべての桁で繰り上がりが起きて 10000000 となるように，

$$1111111_{(2)}+1=10000000_{(2)}$$

となる．この右辺の正体は 2^7 であるから，

$$1111111_{(2)}+1=2^7 \quad \text{より} \quad A=1111111_{(2)}=2^7-1$$

とわかる．

例 2　$B=1+3+3^2+3^3+3^4+3^5+3^6$.

この B は 3 進表示で $1111111_{(3)}$ と表された数とみなすことができる．これにそのまま 1 を足してもダメ．各桁の数をマックスにしてから 1 を足して，雪崩(なだ)れ式に繰り上がりを起こさせたい! 3 進表示で使える数で最大のものが 2 であるから，B に対して，$2B$ を考える．$2B=2222222_{(3)}$ に 1 を加えて，$2B+1=10000000_{(3)}=3^7$ が得られるので，$B=\dfrac{3^7-1}{2}$ である．

このように，N 進表示をイメージすることで等比数列の和をすぐに求めることができる場合がある．

#3-[1]

x, y を自然数とするとき，

$$2x^2+xy-5x-y^2+y-30=0$$

であるような組 $(x,\ y)$ をすべて求めよ．

【2017 京都府立大学 生命環境学部】

解説

$$\begin{aligned}&2x^2+xy-5x-y^2+y-30=0\\ \iff\ &(2x-y-1)(x+y-2)-2-30=0\\ \iff\ &(2x-y-1)(x+y-2)=32\end{aligned}$$

であり，$x \geqq 1$, $y \geqq 1$ より，$x+y-2 \geqq 0$ であることから，候補 (必要条件) は，

$2x-y-1$	32	16	8	4	2	1
$x+y-2$	1	2	4	8	16	32

に絞られる．このうち x, y がともに自然数である組を求めて，

$$(x,\ y)=\mathbf{(12,\ 22)},\ \mathbf{(7,\ 11)},\ \mathbf{(5,\ 5)},\ \mathbf{(5,\ 1)}.$$

参考 式変形

$$\begin{aligned}&2x^2+xy-5x-y^2+y-30=0\\ \iff\ &(2x-y-1)(x+y-2)=32\end{aligned}$$

により，32 の約数として候補を絞り込むことができたことが解決に大きく寄与している．この式変形をどのように行ったのかを説明しておこう．

まず，定数項 -30 は無視して $2x^2+xy-5x-y^2+y$ の部分を考える (定数項は後でいくらでも調整できる!)．これを

$$(x,y\text{ の 1 次式})\times(x,y\text{ の 1 次式})$$

の形，つまり，

$$(a_1x+b_1y+c_1)(a_2x+b_2y+c_2)$$

に変形することを考えた．x^2 の係数が 2 であることから，

$$(2x+b_1y+c_1)(x+b_2y+c_2)$$

としてよく，y^2 の係数が -1 であることから，

$$(2x+y+c_1)(x-y+c_2)$$

か

$$(2x-y+c_1)(x+y+c_2)$$

の 2 つのパターンを想定するが，xy の係数が 1 であることも踏まえると，

$$(2x-y+c_1)(x+y+c_2)$$

の形でないといけないことがわかる．すると，x の係数 c_1+2c_2 が -5 であることと y の係数 c_1-c_2 が 1 であることから，$c_1=-1$, $c_2=-2$ とすればよいことがわかる．これより，$(2x-y-1)(x+y-2)$ の展開によって，$2x^2+xy-5x-y^2+y$ が現れることがわかる．実際，

$$(2x-y-1)(x+y-2)=2x^2+xy-5x-y^2+y+2$$

より，

$$\begin{aligned}&2x^2+xy-5x-y^2+y-30=0\\ \iff\ &(2x-y-1)(x+y-2)-32=0\\ \iff\ &(2x-y-1)(x+y-2)=32\end{aligned}$$

と変形できる．

#3-[2]

座標平面上に 2 点 A$(-2,\ 4)$, B$(4,\ 2)$ および 2 つの直線 $l: x+y=1$, $m: x-y=3$ が与えられている．

(1) 点 P が直線 l 上を動くとき，AP + PB が最小となる P の座標を求めよ．

(2) 点 P が直線 l 上を，点 Q が直線 m 上をそれぞれ動くとき，AP + PQ + QB が最小となる P, Q の座標を求めよ．

【2016 慶應義塾大学 環境情報学部】

解説

(1) 点 A$'(p,\ q)$ を l に関する点 A の対称点とすると，線分 AA$'$ の垂直二等分線が l である，すなわち，AA$'\perp l$ であり，かつ，線分 AA$'$ の中点が l 上にあるので，

$$\begin{cases}\dfrac{q-4}{p+2}\times(-1)=-1,\\ \dfrac{q+4}{2}=-\dfrac{p-2}{2}+1\end{cases}\quad\text{より}\quad\begin{cases}p=-3,\\ q=3.\end{cases}$$

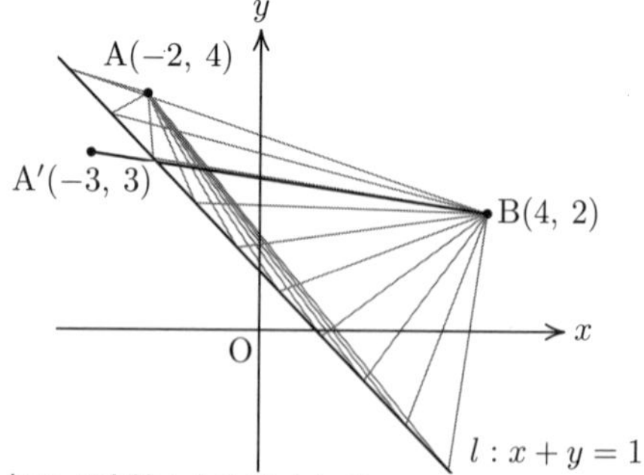

点 P が直線 l 上を動くとき，

$$\text{AP}+\text{PB}=\text{A}'\text{P}+\text{PB}\geqq \text{A}'\text{B}$$

であり，AP + PB = A$'$B となるのは，P が直線 l と線分 A$'$B の交点のときである．

直線 A′B の式は $y=-\frac{1}{7}x+\frac{18}{7}$ であり，これと直線 l との交点は $\left(\boldsymbol{-\frac{11}{6}},\ \boldsymbol{\frac{17}{6}}\right)$ であり，これが求める P の座標である．

注意　直線 l に対して，2 点 A，B が同じ側 (上側) にあることが問題を難しくしている．そこで，l に関して A と対称な所に点 A′ をとることで，P までの距離を保ったまま，l に関して B と反対側に A の代わりとなる点をもってくることができる．

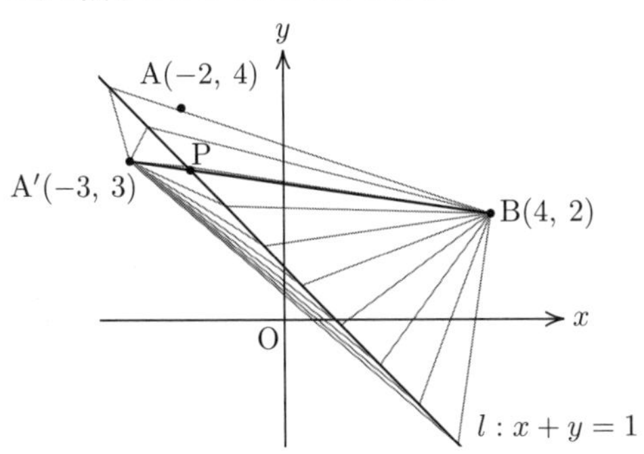

結局，A′P + PB が最小となるのは，“折れ曲がらない” とき，すなわち，A′，P，B がこの順で一直線上に並ぶときであることがわかる．

(2) 点 B′$(u,\ v)$ を m に関する点 B の対称点とすると，

$$\begin{cases}\dfrac{v-4}{u+2}\times(-1)=-1,\\ \dfrac{v+4}{2}=-\dfrac{u-2}{2}+1\end{cases} \quad \text{より} \quad \begin{cases}u=-3,\\ v=3.\end{cases}$$

点 P が直線 l 上を動き，点 Q が直線 m 上を動くとき，

$$\mathrm{AP}+\mathrm{PQ}+\mathrm{QB}=\mathrm{A'P}+\mathrm{PQ}+\mathrm{QB'}\geqq \mathrm{A'B'}$$

であり，AP + PQ + QB = A′B′ となるのは，P が直線 l と線分 A′B′ の交点でかつ Q が直線 m と線分 A′B′ の交点のときである．

直線 A′B′ の式は $y=-\frac{1}{4}x+\frac{9}{4}$ であり，これと直線 l との交点は $\left(\boldsymbol{-\frac{5}{3}},\ \boldsymbol{\frac{8}{3}}\right)$ であり，これが求める P の座標である．また，直線 m との交点は $\left(\boldsymbol{\frac{21}{5}},\ \boldsymbol{\frac{6}{5}}\right)$ であり，これが求める Q の座標である．

#3− 3

a を実数の定数とする．連立不等式

$$\begin{cases}|x-1|\leqq 2,\\ x^2-(2a+3)x+a^2+3a-10\leqq 0\end{cases}$$

を満たす実数 x が存在するような a の値の範囲を求めよ．

【2018 山形大学 (前期) 工学部】

解説

$$|x-1|\leqq 2 \iff -1\leqq x\leqq 3 \qquad \cdots ①$$

であり，一方，

$$\begin{aligned}&x^2-(2a+3)x+a^2+3a-10\leqq 0\\ \iff& x^2-(2a+3)x+(a-2)(a+5)\leqq 0\\ \iff& \{x-(a-2)\}\{x-(a+5)\}\leqq 0\\ \iff& a-2\leqq x\leqq a+5. \qquad \cdots ②\end{aligned}$$

①と②が共通部分をもつ最小の a は

$a+5=-1$ のときの　$a=-6$

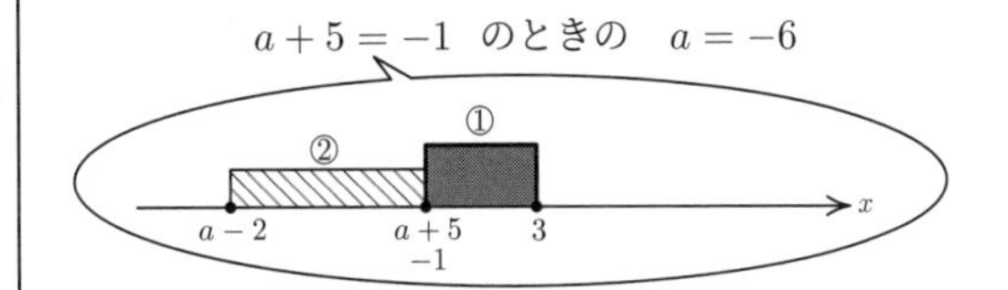

であり，最大の a は

$a-2=3$ のときの　$a=5$.

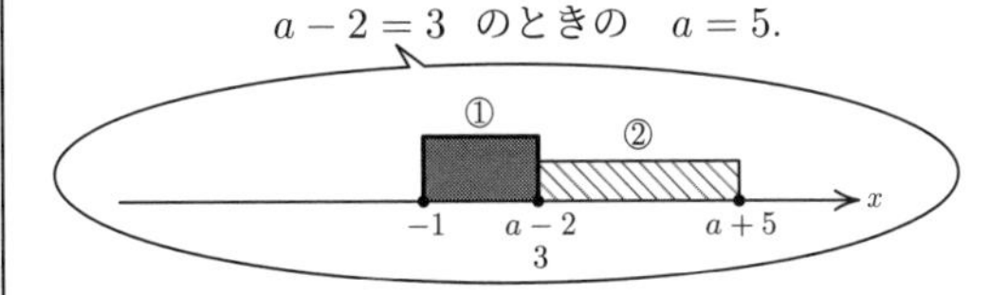

また，$-6<a<5$ のとき，①と②は共通部分をもつので，求める a の値の範囲は，

$$\boldsymbol{-6\leqq a\leqq 5}.$$

余談　a の値が大きくなるにつれ，②の電車 (長さ 7) が①のトンネルを通過していくようなイメージ!

#3− 4

x を正の実数とする．三角形 ABC において，AB $=x$，BC $=x+1$，CA $=x+2$ とする．

(1) x のとり得る値の範囲を求めよ．

(2) $\cos\angle$ABC を x を用いて表せ．

(3) 三角形 ABC が鈍角三角形となる x の値の範囲を求めよ．

【2012 奈良女子大学 理学部】

解説

(1) 最大辺 CA に着目し，三角形の成立条件により，

$$x+2<x+(x+1).$$

$$\therefore\ \boldsymbol{x>1}.$$

(2) 余弦定理により，

$$\begin{aligned}\cos\angle\mathrm{ABC}&=\frac{x^2+(x+1)^2-(x+2)^2}{2x(x+1)}\\&=\frac{x^2-2x-3}{2x(x+1)}=\frac{(x-3)(x+1)}{2x(x+1)}=\boldsymbol{\frac{x-3}{2x}}.\end{aligned}$$

(3) $x>1$ のもとで，三角形 ABC が鈍角三角形となるための x の条件は，最大辺 CA の対角である最大角 $\angle\mathrm{ABC}$ が鈍角であること，つまり，$\cos B<0$.

$$\cos B=\frac{x-3}{2x}<0\quad \text{より，}\quad \boldsymbol{1<x<3}.$$

参考 (1) を解く際に用いた“三角形の成立条件”をここできちんと述べておく．

三角形の成立条件

a，b，c を三辺の長さとするような三角形が存在するための必要十分条件は

$$a+b>c,\quad b+c>a,\quad c+a>b \qquad \cdots(*)$$

である．これが成り立つとき，

$$a>0,\quad b>0,\quad c>0$$

は満たされる．というのも，$a+b>c$ と $b+c>a$ があれば，辺々足し合わせた

$$a+2b+c>a+c$$

が成り立つことから $2b>0$，つまり，$b>0$ が導かれ，同様に，$a+b>c$ と $c+a>b$ から $a>0$ が，$b+c>a$ と $c+a>b$ から $c>0$ が導かれる．
なお，

$$(*)\iff |a-b|<c<a+b$$

$$\iff |b-c|<a<b+c\iff |c-a|<b<c+a$$

である．また，最大辺の長さが確定している場合には，その最大辺に関する条件のみでよい．つまり，たとえば，c が最大辺の長さであることが確定していれば，$\begin{cases}b+c>a,\\c+a>b\end{cases}$ が成り立つことは保証されているので，本質的な条件は $a+b>c$ のみとなる．

#3－5

数列 $\{a_n\}$ を

$$a_n=\frac{2n+1}{n(n+1)(n+2)}\quad (n=1,\ 2,\ 3,\ \cdots)$$

と定める．

(1) 定数 p，q を用いて

$$a_n=p\left(\frac{1}{n}-\frac{1}{n+1}\right)+q\left(\frac{1}{n+1}-\frac{1}{n+2}\right)$$

と表すとき，p，q の値を求めよ．

(2) 数列 $\{a_n\}$ の初項から第 n 項までの和 S_n を求めよ．

【2012 室蘭工業大学 工学部】

解説

(1)

$$\begin{aligned}&p\left(\frac{1}{n}-\frac{1}{n+1}\right)+q\left(\frac{1}{n+1}-\frac{1}{n+2}\right)\\&=\frac{p}{n(n+1)}+\frac{q}{(n+1)(n+2)}\\&=\frac{p(n+2)+qn}{n(n+1)(n+2)}=\frac{(p+q)n+2p}{n(n+1)(n+2)}\end{aligned}$$

が $a_n=\dfrac{2n+1}{n(n+1)(n+2)}$ と等しい条件は，

$$p+q=2,\quad 2p=1$$

より，

$$p=\boldsymbol{\frac{1}{2}},\quad q=\boldsymbol{\frac{3}{2}}.$$

(2) (1) より，

$$\begin{aligned}S_n&=\sum_{k=1}^{n}a_k\\&=\sum_{k=1}^{n}\left\{p\left(\frac{1}{k}-\frac{1}{k+1}\right)+q\left(\frac{1}{k+1}-\frac{1}{k+2}\right)\right\}\\&=p\sum_{k=1}^{n}\left(\frac{1}{k}-\frac{1}{k+1}\right)+q\sum_{k=1}^{n}\left(\frac{1}{k+1}-\frac{1}{k+2}\right)\\&=p\left(\frac{1}{1}-\frac{1}{n+1}\right)+q\left(\frac{1}{2}-\frac{1}{n+2}\right)\\&=\frac{1}{2}\cdot\frac{n}{n+1}+\frac{3}{2}\cdot\frac{n}{2(n+2)}\\&=\boldsymbol{\frac{n(5n+7)}{4(n+1)(n+2)}}.\end{aligned}$$

注意 (1) は部分分数分解 (partial fraction decomposition)，(2) は望遠鏡の和 (telescoping sum)による和の計算がテーマである．

#3- 6

$f(x) = -6 - \int_0^1 (6xt-4)f(t)dt$ を満たす関数 $f(x)$ を求めよ．

【2022 三重大学 (前期) 人文学部】

解説

$$f(x) = -6 - \int_0^1 (6xt-4)f(t)dt$$

$$\iff f(x) = -6 - 6x\int_0^1 tf(t)dt + 4\int_0^1 f(t)dt.$$

ここで，$\int_0^1 tf(t)dt = A$, $\int_0^1 f(t)dt = B$ とおくと，A, B は定数であり，

$$f(x) = -6 - 6xA + 4B = -6Ax + (4B-6).$$

すると，

$$\begin{aligned} A &= \int_0^1 tf(t)dt = \int_0^1 t\{-6At + (4B-6)\}dt \\ &= -6A\int_0^1 t^2dt + (4B-6)\int_0^1 t\,dt \\ &= -6A\left[\frac{t^3}{3}\right]_0^1 + (4B-6)\left[\frac{t^2}{2}\right]_0^1 \\ &= -2A + 2B - 3 \end{aligned}$$

より，

$$3A - 2B = -3. \qquad \cdots ①$$

一方で，

$$\begin{aligned} B &= \int_0^1 f(t)dt = \int_0^1 \{-6At + (4B-6)\}dt \\ &= -6A\int_0^1 t\,dt + (4B-6)\int_0^1 dt \\ &= -6A\left[\frac{t^2}{2}\right]_0^1 + (4B-6) \\ &= -3A + 4B - 6 \end{aligned}$$

$\int_0^1 dt = \int_0^1 1\,dt = 1.$

より，

$$A - B = -2. \qquad \cdots ②$$

①，②より，

$$A = 1, \quad B = 3.$$

$$\therefore\ f(x) = \boldsymbol{-6x+6}.$$

参考 積分を含む等式を満たす未知関数を求める問題のことを "積分方程式" の問題という．積分方程式は積分区間の種類によって大まかに 2 つのタイプに分類される．一つ目は $\int_{\text{定数}}^{\text{定数}}$ で構成されるもので，専門的には "Fredholm(フレドホルム) 型" と呼ばれる．二つ目は $\int_{\text{定数}}^{\text{変数}}$ で構成されるもので，専門的には "Volterra(ヴォルテラ) 型" と呼ばれる．それぞれのタイプの解法を整理しておく．

フレドホルム (Fredholm) 型の解き方

(手順 0) 積分の際に無関係な文字を積分の外へ出す．

(手順 1) $\int_{\text{定数}}^{\text{定数}} f(t)\,dt$ を定数 k などと名付ける．

(手順 2) 未知関数の形が決まるので，それをもとに k を定義した積分を計算する．

(手順 3) 未知数 k の方程式が得られ，それを解くことで未知数 k の値がわかり，未知関数 $f(x)$ が求まる．

ヴォルテラ (Volterra) 型の解き方

上の (手順 0) を行った後，

$$F(x) = \int_a^x f(t)\,dt \quad \iff \quad \begin{cases} F(a) = 0, \\ \dfrac{d}{dx}F(x) = f(x) \end{cases}$$

を利用する．

#3- 7

$\tan\alpha = 5$ のとき $\sin 2\alpha$ の値を求めよ．

【2021 琉球大学 (前期) 農・教育学部】

解説

$$\begin{aligned} \sin 2\alpha = 2\sin\alpha\cos\alpha &= \frac{2\sin\alpha\cos\alpha}{1} = \frac{2\sin\alpha\cos\alpha}{\cos^2\alpha + \sin^2\alpha} \\ &= \frac{2\tan\alpha}{1+\tan^2\alpha} = \frac{2\times 5}{1+5^2} = \frac{10}{26} = \boldsymbol{\frac{5}{13}}. \end{aligned}$$

注意 正弦 (sin)，余弦 (cos) を半角の正接 (tan) で表した次の "ワイエルシュトラス置換" と呼ばれる式はよく出てくるので，知識として知っておこう．

ワイエルシュトラス置換

$\tan\dfrac{\theta}{2} = t$ とおくと，

$$\cos\theta = \frac{1-t^2}{1+t^2}, \quad \sin\theta = \frac{2t}{1+t^2}.$$

証明

$$\begin{aligned} \cos\theta &= \cos\left(2\times\frac{\theta}{2}\right) = \cos^2\frac{\theta}{2} - \sin^2\frac{\theta}{2} \\ &= \frac{\cos^2\frac{\theta}{2} - \sin^2\frac{\theta}{2}}{1} = \frac{\cos^2\frac{\theta}{2} - \sin^2\frac{\theta}{2}}{\cos^2\frac{\theta}{2} + \sin^2\frac{\theta}{2}} \\ &= \frac{1-\tan^2\frac{\theta}{2}}{1+\tan^2\frac{\theta}{2}} = \frac{1-t^2}{1+t^2}. \end{aligned}$$

$$\sin\theta = \sin\left(2\times\frac{\theta}{2}\right) = 2\sin\frac{\theta}{2}\cos\frac{\theta}{2}$$
$$= \frac{2\sin\frac{\theta}{2}\cos\frac{\theta}{2}}{1} = \frac{2\sin\frac{\theta}{2}\cos\frac{\theta}{2}}{\cos^2\frac{\theta}{2}+\sin^2\frac{\theta}{2}}$$
$$= \frac{2\tan\frac{\theta}{2}}{1+\tan^2\frac{\theta}{2}} = \frac{2t}{1+t^2}.$$

注意　次のように解いてもよい．

別解　$\tan\alpha = 5$ のとき，

$$(\cos\alpha,\ \sin\alpha) = \left(\frac{1}{\sqrt{26}},\ \frac{5}{\sqrt{26}}\right) \text{ または } \left(\frac{-1}{\sqrt{26}},\ \frac{-5}{\sqrt{26}}\right)$$

であり，いずれの場合でも，

$$\sin 2\alpha = 2\sin\alpha\cos\alpha = \boldsymbol{\frac{5}{13}}.$$

#3-8

座標空間の原点を O とし，3 点 $A(2,\ 2,\ -2)$, $B(2,\ -2,\ 2)$, $C(-2,\ 2,\ 2)$ をとる．線分 AB を $3:1$ に内分する点を D，線分 AC を $3:1$ に外分する点を E とするとき，次の問いに答えよ．

(1) 2 点 D，E の座標をそれぞれ求めよ．

(2) 点 F を直線 DE 上の点とし，$\overrightarrow{\mathrm{OF}}$ と $\overrightarrow{\mathrm{BC}}$ のなす角 θ が $\cos\theta = \frac{3\sqrt{7}}{14}$ を満たすとき，点 F の座標を求めよ．

【2022 新潟大学 (前期) 理・医・歯・工学部】

解説

(1) $\overrightarrow{\mathrm{OD}} = \frac{\overrightarrow{\mathrm{OA}}+3\overrightarrow{\mathrm{OB}}}{3+1} = (2,\ -1,\ 1)$ より，$\mathrm{D}\boldsymbol{(2,\ -1,\ 1)}$.

$\overrightarrow{\mathrm{OE}} = \frac{-\overrightarrow{\mathrm{OA}}+3\overrightarrow{\mathrm{OC}}}{3-1} = (-4,\ 2,\ 4)$ より，$\mathrm{E}\boldsymbol{(-4,\ 2,\ 4)}$.

(2) 点 F は直線 DE 上の点であるから，実数 k を用いて

$$\overrightarrow{\mathrm{DF}} = k\overrightarrow{\mathrm{DE}}$$

と表せる．それゆえ，

$$\overrightarrow{\mathrm{OF}} = \overrightarrow{\mathrm{OD}} + k\overrightarrow{\mathrm{DE}}$$
$$= (2,\ -1,\ 1) + k(-6,\ 3,\ 3)$$

であり，$3k = t$ とおくと，（計算上の工夫）

$$\overrightarrow{\mathrm{OF}} = (2,\ -1,\ 1) + t(-2,\ 1,\ 1)$$
$$= (2-2t,\ -1+t,\ 1+t)$$

と表せる．

一方，$\overrightarrow{\mathrm{BC}} = (-4,\ 4,\ 0) = 4(-1,\ 1,\ 0)$ より，$\vec{v} = (-1,\ 1,\ 0)$ とおくと，$\overrightarrow{\mathrm{OF}}$ と $\overrightarrow{\mathrm{BC}}$ のなす角 θ は $\overrightarrow{\mathrm{OF}}$ と $\vec{v}$ のなす角と等しく，その余弦 $\cos\theta$ は

$$\cos\theta = \frac{\overrightarrow{\mathrm{OF}}\cdot\vec{v}}{|\overrightarrow{\mathrm{OF}}||\vec{v}|} = \frac{3t-3}{\sqrt{6t^2-8t+6}\cdot\sqrt{2}}.$$

$\cos\theta = \frac{3\sqrt{7}}{14}$ より，

$$\frac{3t-3}{\sqrt{6t^2-8t+6}\cdot\sqrt{2}} = \frac{3\sqrt{7}}{14}.$$
$$\sqrt{7}(t-1) = \sqrt{3t^2-4t+3}.$$
$$t \geqq 1,\quad 7(t-1)^2 = 3t^2-4t+3.$$
$$t \geqq 1,\quad (2t-1)(t-2) = 0.$$
$$\therefore\quad t = 2.$$

よって，求める点 F の座標は

$$\mathrm{F}\boldsymbol{(-2,\ 1,\ 3)}.$$

注意　一般に，実数 A と非負の実数 B に対して，

$$A = B \iff A \geqq 0,\ A^2 = B^2$$

である．(2) ではこのことを利用して，同値性を保ったまま処理を行なった．

#3-9

曲線 $y = |x^2-1| + 2x$ と x 軸とで囲まれる部分の面積を求めよ．

【2022 奈良女子大学 (前期) 生活環境・工学部】

解説

$$|x^2-1| + 2x$$
$$= \begin{cases} (x^2-1)+2x & (x^2-1 \geqq 0 \text{ のとき}), \\ -(x^2-1)+2x & (x^2-1 \leqq 0 \text{ のとき}) \end{cases}$$
$$= \begin{cases} x^2+2x-1 & (x \leqq -1,\ 1 \leqq x \text{ のとき}), \\ -x^2+2x+1 & (-1 \leqq x \leqq 1 \text{ のとき}) \end{cases}$$
$$= \begin{cases} (x+1)^2-2 & (x \leqq -1,\ 1 \leqq x \text{ のとき}), \\ -(x-1)^2+2 & (-1 \leqq x \leqq 1 \text{ のとき}). \end{cases}$$

$(x+1)^2-2=0$ の小さい方の解 $-1-\sqrt{2}$ を α，$-(x-1)^2+2=0$ の小さい方の解 $1-\sqrt{2}$ を β とする．曲線 $y = |x^2-1| + 2x$ と x 軸とで囲まれる部分は次の図のとおりである．

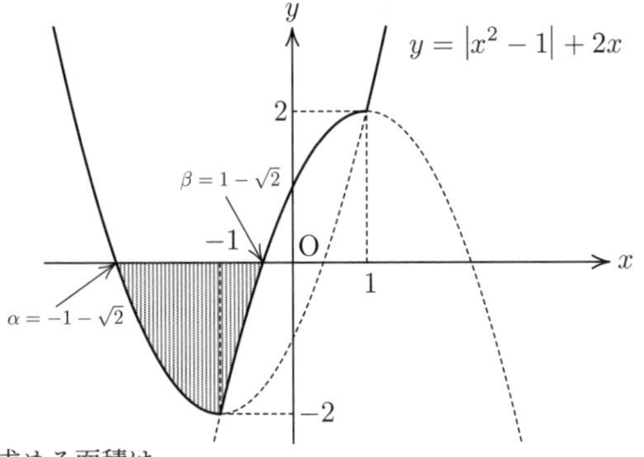

求める面積は

$$\int_{\alpha}^{-1} -\left\{(x+1)^2-2\right\}dx+\int_{-1}^{\beta} -\left\{-(x-1)^2+2\right\}dx$$

$$=\left[-\frac{(x+1)^3}{3}+2x\right]_{-1-\sqrt{2}}^{-1}+\left[\frac{(x-1)^3}{3}-2x\right]_{-1}^{1-\sqrt{2}}$$

$$=\boldsymbol{\frac{8\sqrt{2}-4}{3}}.$$

注意 **平方完成した形で積分計算を実行すると，3 乗の計算が容易にできる**という有名な計算テクニックを是非習得してもらいたい! 有名な “6 分の 1 公式” もこのアイデアで次のように証明することできる.

“6 分の 1 公式” の証明 (2022 大阪大など出題歴多数)

$\dfrac{\alpha+\beta}{2}=p$, $\dfrac{\beta-\alpha}{2}=q$ とすると，$\alpha=p-q$, $\beta=p+q$ であり，

$$\int_{\alpha}^{\beta}(x-\alpha)(x-\beta)\,dx$$

$$=\int_{\alpha}^{\beta}\left\{(x-p)+q\right\}\left\{(x-p)-q\right\}dx$$

$$=\int_{\alpha}^{\beta}\left\{(x-p)^2-q^2\right\}dx$$

$$=\left[\frac{1}{3}(x-p)^3\right]_{p-q}^{p+q}-q^2\times 2q=\frac{q^3-(-q)^3}{3}-2q^3$$

$$=-\frac{4}{3}q^3=-\frac{4}{3}\left(\frac{\beta-\alpha}{2}\right)^3=-\frac{1}{6}(\beta-\alpha)^3.\quad ■$$

#3- 10

1 個のさいころを投げ，奇数の目が出たときはその目の数を X とし，偶数の目が出たときはもう 1 回さいころを投げ，出た目の数を X とする．さらに，1 枚の硬貨を X 回投げ，表が出た回数を Y とする．

(1) $X=5$ のとき，1 回目のさいころの目が奇数であった確率を求めよ．

(2) $Y=4$ となる確率を求めよ．

(3) $Y=4$ のとき，$X=6$ であった確率を求めよ．

【2019 早稲田大学 社会科学部】

解説

$$P(X=1)=P(X=3)=P(X=5)=\frac{1}{6}+\frac{3}{6}\cdot\frac{1}{6}=\frac{1}{4},$$

$$P(X=2)=P(X=4)=P(X=6)=\frac{3}{6}\cdot\frac{1}{6}=\frac{1}{12}.$$

(1) 1 回目のさいころの目が奇数であるという事象を E とすると，求める確率は条件付き確率

$$P_{X=5}(E)=\frac{P(X=5\cap E)}{P(X=5)}$$

であり，

$$P(X=5\cap E)=\frac{1}{6}$$

この事象は，1 回目のさいころの目が奇数であり，かつ，$X=5$ であるという事象である．1 回目のさいころの目が奇数の場合には，その奇数の目が X の値となるので，この事象は，1 回目のさいころを投げたときに，5 の目が出るという事象を意味している．

であるから，求める確率は

$$P_{X=5}(E)=\frac{P(X=5\cap E)}{P(X=5)}=\frac{\frac{1}{6}}{\frac{1}{4}}=\boldsymbol{\frac{2}{3}}.$$

(2) $Y=4$ となるのは，
$X=4$ で，硬貨 4 枚のすべてが表となる場合，
$X=5$ で，硬貨 5 枚のうち 4 枚が表となる場合，
$X=6$ で，硬貨 6 枚のうち 4 枚が表となる場合
の 3 つのパターンがある．

$$P(X=4\cap Y=4)=\frac{1}{12}\times\left(\frac{1}{2}\right)^4=\frac{1}{2^6}\cdot\frac{1}{3},$$

$$P(X=5\cap Y=4)=\frac{1}{4}\times{}_5\mathrm{C}_4\left(\frac{1}{2}\right)^5=\frac{1}{2^6}\cdot\frac{5}{2},$$

$$P(X=6\cap Y=4)=\frac{1}{12}\times{}_6\mathrm{C}_4\left(\frac{1}{2}\right)^6=\frac{1}{2^6}\cdot\frac{5}{4}$$

より，

$$P(Y=4)=\frac{1}{2^6}\cdot\frac{1}{3}+\frac{1}{2^6}\cdot\frac{5}{2}+\frac{1}{2^6}\cdot\frac{5}{4}=\frac{1}{2^6}\cdot\frac{49}{12}=\boldsymbol{\frac{49}{768}}.$$

(3) $Y=4$ のとき $X=6$ であった条件付き確率は

$$P_{Y=4}(X=6)=\frac{P(Y=4\cap X=6)}{P(Y=4)}=\frac{\frac{1}{2^6}\cdot\frac{5}{4}}{\frac{1}{2^6}\cdot\frac{49}{12}}=\boldsymbol{\frac{15}{49}}.$$

#4-1

三角形 ABC は各辺の長さが 1 の正三角形であるとする．辺 AB 上に点 D, 辺 BC 上に点 E, 辺 CA 上に点 F を $AD = BE = CF = x$ となるようにとる．ただし $0 < x < 1$ とする．次の問いに答えよ．

(1) 三角形 ABC の内接円の半径を求めよ．

(2) 三角形 DEF の外接円の半径 R を x を用いて表せ．

(3) (2) で求めた R を最小にする x の値を求めよ．

【2012 奈良女子大学 生活環境学部】

解説

(1) 三角形 ABC の内接円の半径を r とすると，三角形 ABC の面積に着目し，

$$\triangle ABC = \frac{r}{2}(AB + BC + CA)$$

より，

$$\frac{1}{2}\cdot 1\cdot 1\cdot \sin 60^\circ = \frac{r}{2}(1+1+1).$$

$$\therefore\ r = \frac{\sin 60^\circ}{3} = \boldsymbol{\frac{\sqrt{3}}{6}}.$$

(2)

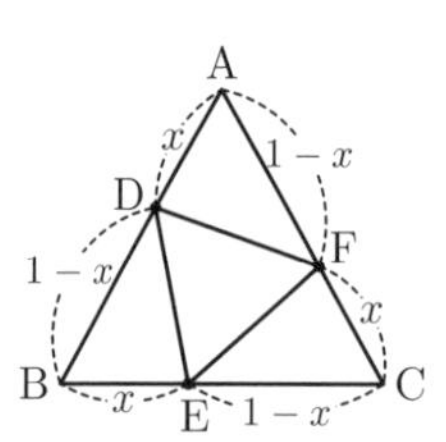

三角形 ADF で余弦定理より，

$$\begin{aligned} DF^2 &= x^2 + (1-x)^2 - 2\cdot x\cdot(1-x)\cos 60^\circ \\ &= 3x^2 - 3x + 1. \end{aligned}$$

$$\therefore\ DF = \sqrt{3x^2 - 3x + 1}.$$

三角形 DEF は正三角形であり，三角形 DEF で正弦定理により，

$$\frac{DF}{\sin 60^\circ} = 2R$$

であるから，

$$R = \frac{DF}{2\sin 60^\circ} = \boldsymbol{\sqrt{x^2 - x + \frac{1}{3}}}.$$

(3)

$$R = \sqrt{x^2 - x + \frac{1}{3}} = \sqrt{\left(x - \frac{1}{2}\right)^2 + \frac{1}{12}}$$

は $x = \boldsymbol{\frac{1}{2}}$ のとき最小になる．

注意　R が最小となるのは三角形 DEF の外接円が三角形 ABC の内接円となるときである．

#4-2

袋の中に 1 から 10 までの自然数が 1 つずつ書かれたボールが 10 個入っている．次の問いに答えよ．

(1) 袋から 3 個のボールを同時に取り出すとき，3 個のボールに書かれた数の和が 8 になる確率を求めよ．

(2) 袋から 1 個のボールを取り出して，書かれている数字を記録し袋に戻す．これを 3 回繰り返すとき，記録された 3 つの数字のうち，ちょうど 2 つが同じ数字になる確率を求めよ．

【2012 鳥取大学 (前期) 地域学部】

解説

(1) $\{①, ③, ⑦\}$ や $\{③, ⑤, ⑨\}$ や $\{②, ⑥, ⑨\}$ など全部で ${}_{10}C_3 = \frac{10\cdot 9\cdot 8}{3\cdot 2\cdot 1} = 120$ 通りの組合せが可能性として考えられ，これらが同様に確からしい．そのうち条件を満たすのは，$\{①, ②, ⑤\}$ と $\{①, ③, ④\}$ の 2 つの場合のみであるから，求める確率は $\frac{2}{120} = \boldsymbol{\frac{1}{60}}$.

(2) $(⑦, ③, ⑦)$ や $(⑨, ⑤, ②)$ や $(①, ⑧, ⑤)$ など全部で $10^3 = 1000$ 通りの順列 (記録) が可能性として考えられ，これらが同様に確からしい．その中で条件を満たすのは，取り出される 2 数の選び方が ${}_{10}C_2$ 通りあり，どちらの数を 2 度用いるかの決め方が 2 通りあり，それぞれに対して，順列は $\frac{3!}{2!} = {}_3C_1 = 3$ 通りあるので，求める確率は $\frac{{}_{10}C_2 \times 2 \times 3}{10^3} = \boldsymbol{\frac{27}{100}}$.

参考　何番目と何番目が同じ番号になっているかで，$(★, ★, ■)$ 型，$(★, ■, ★)$ 型，$(■, ★, ★)$ 型の 3 つに分けて調べると，条件を満たす順列が $(10 \times 9) \times 3$ 通りあることが理解できるであろう．

#4-3

三角形 ABC において，$\angle ACB = \frac{\pi}{2}$, $\angle ABC = 2\theta$, $BC = 1$ とする．また，$\angle ABC$ の二等分線と辺 AC との交点を D とする．さらに，三角形 ABC の面積を S_1，三角形 BCD の面積を S_2 とする．

(1) S_1 と S_2 を θ を用いてそれぞれ表せ．

(2) $S_2 = \frac{a}{2}$ とするとき，S_1 を a を用いて表せ．

(3) $\frac{S_1}{S_2} = 3$ のとき，S_1 の値を求めよ．

【2021 名城大学 法・都市情報学部】

解説

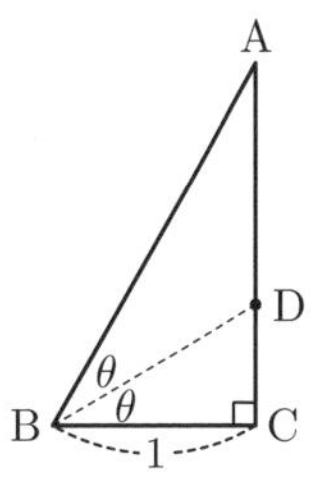

(1) $\mathrm{AC} = \tan 2\theta$, $\mathrm{DC} = \tan\theta$ より,

$$S_1 = \frac{1}{2}\cdot 1\cdot \tan 2\theta = \boldsymbol{\frac{\tan 2\theta}{2}},\quad S_2 = \frac{1}{2}\cdot 1\cdot\tan\theta = \boldsymbol{\frac{\tan\theta}{2}}.$$

(2) $S_2 = \dfrac{a}{2}$ とするとき,

$$\frac{\tan\theta}{2} = \frac{a}{2} \quad \text{より} \quad \tan\theta = a.$$

このとき,

$$\tan 2\theta = \frac{2\tan\theta}{1-\tan^2\theta} = \frac{2a}{1-a^2}$$

より,

$$S_1 = \frac{\tan 2\theta}{2} = \boldsymbol{\frac{a}{1-a^2}}.$$

(3) (2) の置換により,

$$\frac{S_1}{S_2} = \frac{\frac{a}{1-a^2}}{\frac{a}{2}} = \frac{2}{1-a^2}$$

であり, これが 3 であるとき, $\dfrac{2}{1-a^2} = 3$ を解くと,

$$a^2 = \frac{1}{3} \quad \text{より} \quad a = \frac{1}{\sqrt{3}}.$$

$$\therefore\ S_1 = \frac{a}{1-a^2} = \boldsymbol{\frac{\sqrt{3}}{2}}.$$

参考 (3) のとき, $\theta = \dfrac{\pi}{6}$ である.

#4-4

曲線 $C : y = |x(x-1)|$ と直線 $\ell : y = mx$ について, 次の問いに答えよ.

(1) C と ℓ が 3 つの共有点をもつような m の値の範囲を求めよ.

(2) (1) のとき, C と ℓ とで囲まれる 2 つの部分の面積の和が最小となる m の値を求めよ.

【2019 福岡大学 理学部】

解説

(1) $|x(x-1)| = \begin{cases} x(x-1) & (x \leqq 0,\ 1 \leqq x \text{ のとき}), \\ -x(x-1) & (0 \leqq x \leqq 1 \text{ のとき}) \end{cases}$

より, 曲線 C を図示すると, 次のようになる.

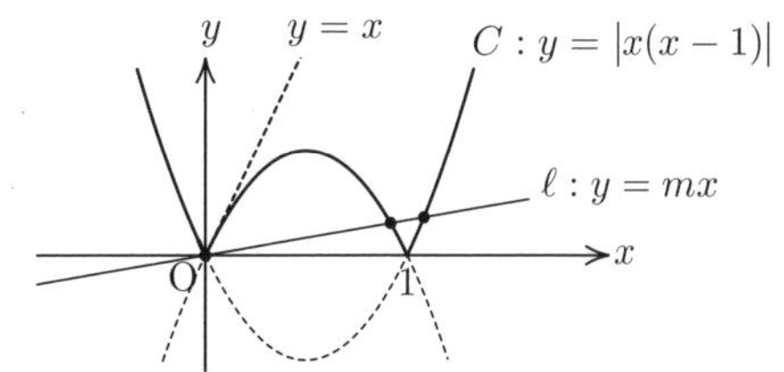

直線 l は原点を通る傾き m の直線であり, 放物線 $y = -x(x-1)$ の原点における接線の傾きが 1 であることから, 求める m の条件は,

$$\boldsymbol{0 < m < 1}.$$

($y = -x^2 + x$ の $x = 0$ における接線は 1 次以下の部分を取り出した $y = x$.)

(2) (1) のとき, C と ℓ とで囲まれる 2 つの部分の面積の和を S とおくと,

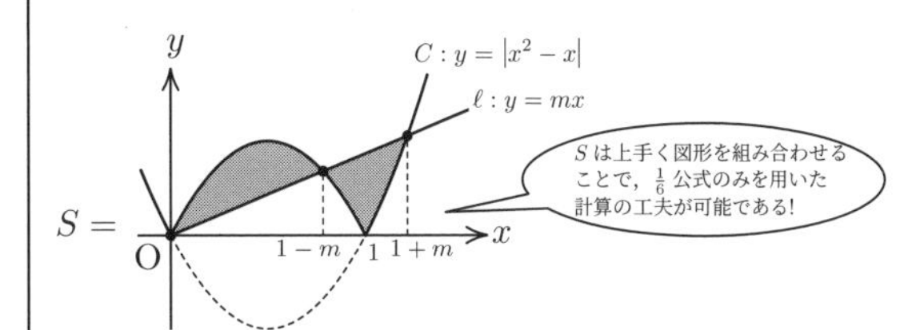

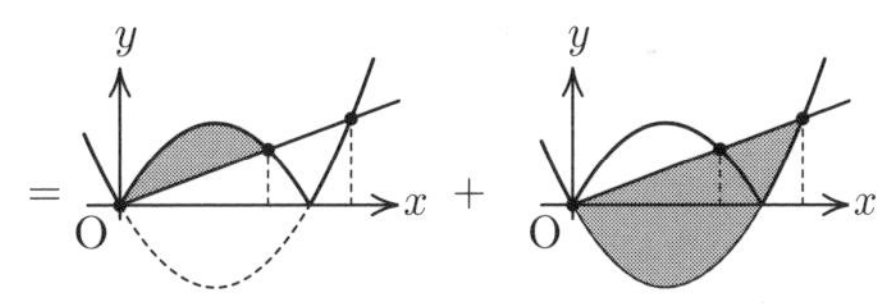

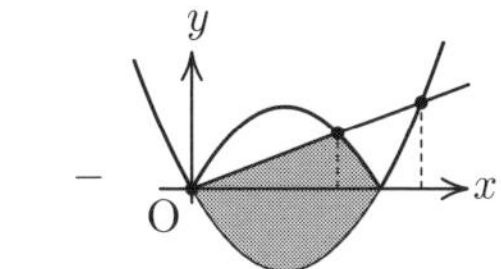

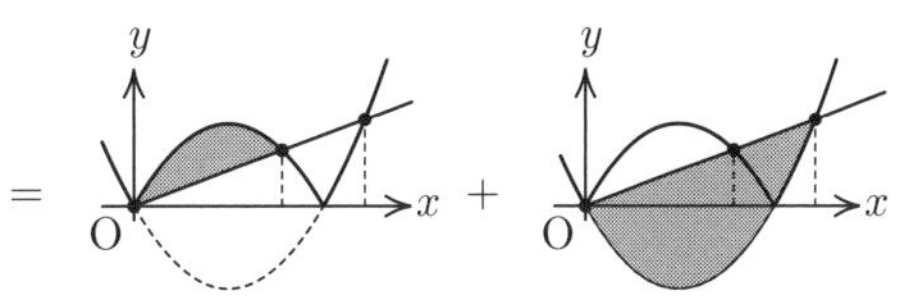

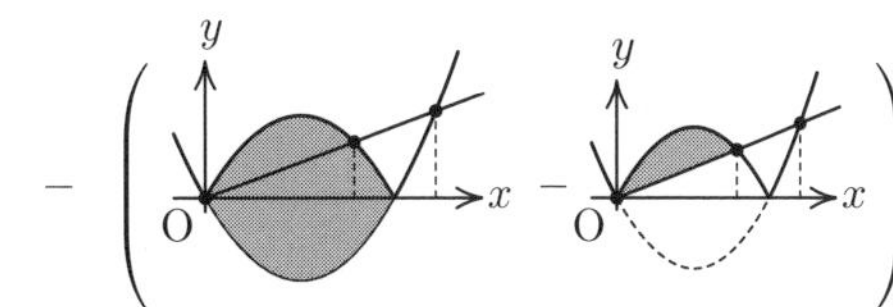

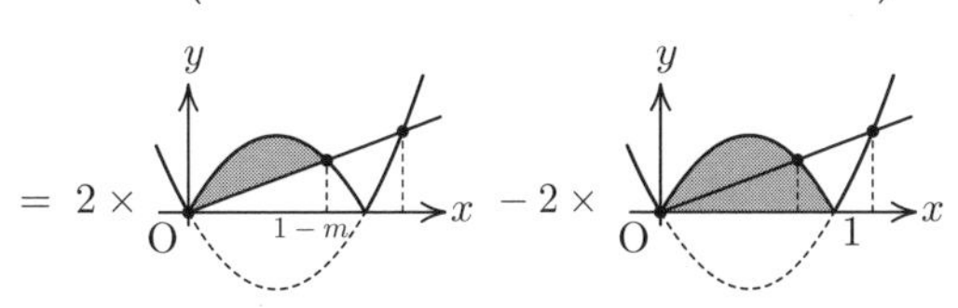

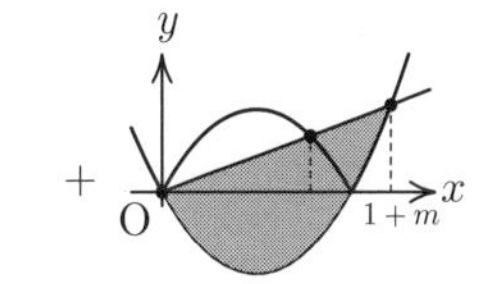

$$= 2 \times \int_0^{1-m} -x\{x-(1-m)\}\,dx - 2\int_0^1 -x(x-1)\,dx + \int_0^{1+m} -x\{x-(1+m)\}\,dx$$

$$= 2 \times \frac{(1-m)^3}{6} - 2 \times \frac{1^3}{6} + \frac{(1+m)^3}{6}$$

$$= \frac{2}{6} \times (-m) \cdot \{(1-m)^2 + (1-m)\cdot 1 + 1^2\} + \frac{(1+m)^3}{6}$$

$$= \left(-\frac{2m}{6}\right) \cdot (m^2 - 3m + 3) + \frac{m^3 + 3m^2 + 3m + 1}{6}$$

$$= -\frac{1}{6}m^3 + \frac{3}{2}m^2 - \frac{1}{2}m + \frac{1}{6}.$$

これを m で微分して，

$$S' = -\frac{1}{2}m^2 + 3m - \frac{1}{2} = -\frac{1}{2}\left(m^2 - 6m + 1\right).$$

$0 < m < 1$ における S の増減は次のようになる．

m	(0)	$\cdots$	$3-2\sqrt{2}$	$\cdots$	(1)
S'		$-$	0	$+$	
S		↘	極小	↗	

したがって，$0 < m < 1$ において，S を最小とする m の値は，

$$m = \mathbf{3 - 2\sqrt{2}}.$$

#4−5

$0 \leqq \theta < 2\pi$ のとき，方程式

$$2\sin 2\theta = \tan\theta + \frac{1}{\cos\theta}$$

を解け． 【2011 弘前大学】

解説 右辺に $\tan\theta$ や $\dfrac{1}{\cos\theta}$ が含まれているので，$\theta \neq \dfrac{\pi}{2},\ \dfrac{3}{2}\pi$ が前提．つまり，

$$0 \leqq \theta < 2\pi,\ \theta \neq \frac{\pi}{2},\ \frac{3}{2}\pi$$

のもとで考える．このもとで，

$$2\sin 2\theta = \tan\theta + \frac{1}{\cos\theta}$$

$$\iff 2\cdot 2\sin\theta\cos\theta = \frac{\sin\theta + 1}{\cos\theta}$$

$$\iff 4\sin\theta\cos^2\theta = \sin\theta + 1$$

$$\iff 4\sin\theta(1-\sin^2\theta) = \sin\theta + 1$$

$$\iff 4\sin^3\theta - 3\sin\theta + 1 = 0$$

$$\iff (\sin\theta + 1)(4\sin^2\theta - 4\sin\theta + 1) = 0$$

$$\iff (\sin\theta + 1)(2\sin\theta - 1)^2 = 0$$

$$\iff \sin\theta = -1,\ \frac{1}{2}$$

$$\iff \sin\theta = \frac{1}{2}.$$

よって，求める θ $\left(0 \leqq \theta < 2\pi,\ \theta \neq \dfrac{\pi}{2},\ \dfrac{3}{2}\pi\right)$ は

$$\theta = \boldsymbol{\frac{\pi}{6},\ \frac{5}{6}\pi}.$$

注意 $4\sin^3\theta - 3\sin\theta + 1 = 0$ を導いた後，正弦の 3 倍角公式

$$\sin(3\theta) = 3\sin\theta - 4\sin^3\theta$$

を連想できれば，次のように処理することもできる．

$$3\sin\theta - 4\sin^3\theta = 1.$$

$$\sin(3\theta) = 1.$$

$0 \leqq \theta < 2\pi,\ \theta \neq \dfrac{\pi}{2},\ \dfrac{3}{2}\pi$ より，

$$0 \leqq 3\theta < 6\pi, \quad 3\theta \neq \frac{3}{2}\pi,\ \frac{9}{2}\pi$$

であるから，

$$3\theta = \frac{\pi}{2},\ \frac{5}{2}\pi.$$

$$\therefore\ \theta = \boldsymbol{\frac{\pi}{6},\ \frac{5}{6}\pi}.$$

参考 3 倍角公式の導出を記載しておく．

$$\begin{aligned}\sin 3\theta &= \sin(2\theta + \theta)\\ &= \sin 2\theta\cos\theta + \cos 2\theta\sin\theta\\ &= (2\sin\theta\cos\theta)\cos\theta + (1 - 2\sin^2\theta)\sin\theta\\ &= 2\sin\theta(1-\sin^2\theta) + \sin\theta - 2\sin^3\theta\\ &= 3\sin\theta - 4\sin^3\theta.\end{aligned}$$

$$\begin{aligned}\cos 3\theta &= \cos(2\theta + \theta)\\ &= \cos 2\theta\cos\theta - \sin 2\theta\sin\theta\\ &= (2\cos^2\theta - 1)\cos\theta - (2\sin\theta\cos\theta)\sin\theta\\ &= 2\cos^3\theta - \cos\theta - 2\cos\theta(1-\cos^2\theta)\\ &= 4\cos^3\theta - 3\cos\theta.\end{aligned}$$

#4−6

3 直線 $x+2y-5=0$, $2x+y-7=0$, $x-y+1=0$ によってつくられた三角形の面積と外接円の方程式を求めよ．

【1979 東邦大学 薬学部】

解説

直線 $x+2y-5=0$ と直線 $2x+y-7=0$ の交点は A$(3,\ 1)$．

直線 $2x+y-7=0$ と直線 $x-y+1=0$ の交点は B$(2,\ 3)$．

直線 $x+2y-5=0$ と直線 $x-y+1=0$ の交点は C$(1,\ 2)$．

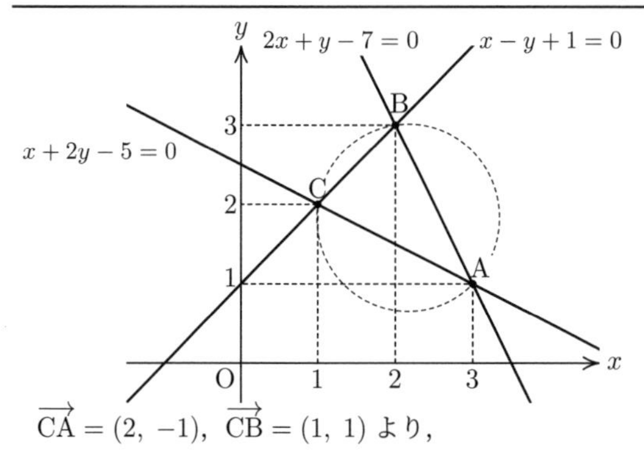

$\overrightarrow{\mathrm{CA}} = (2,\ -1)$, $\overrightarrow{\mathrm{CB}} = (1,\ 1)$ より,

$$\triangle \mathrm{ABC} = \frac{1}{2}|2 \cdot 1 - (-1) \cdot 1| = \boldsymbol{\frac{3}{2}}.$$

また，三角形 ABC の外接円の式を

$$x^2 + y^2 + Ax + By + C = 0 \quad (A,\ B,\ C \text{ は定数})$$

とおくと，3 点 A，B，C を通ることから,

$$\begin{cases} 3^2 + 1^2 + A \cdot 3 + B \cdot 1 + C = 0, \\ 2^2 + 3^2 + A \cdot 2 + B \cdot 3 + C = 0, \\ 1^2 + 2^2 + A \cdot 1 + B \cdot 2 + C = 0 \end{cases}$$

が成り立つので,

$$A = -\frac{13}{3}, \quad B = -\frac{11}{3}, \quad C = \frac{20}{3}.$$

ゆえに，求める外接円の式は

$$\boldsymbol{x^2 + y^2 - \frac{13}{3}x - \frac{11}{3}y + \frac{20}{3} = 0}.$$

参考　図形の交点を通る図形を式で構成する “束(そく) **(pencil)**” の考え方を利用して，交点を求めずに外接円の方程式を求める方法を紹介しよう．この方法で計算するのは，本問を解く上では (計算の手間がかかるので) 有効ではないが，観賞用として眺めてもらいたい．

若干，天下(あまくだ)り的ではあるが，s，t を定数として,

$$(x+2y-5)(2x+y-7)+s(2x+y-7)(x-y+1)+t(x+2y-5)(x-y+1)=0$$

で定められる図形を考える．すると，式の構成の仕方から，この図形は直線 $x + 2y - 5 = 0$ と直線 $2x + y - 7 = 0$ の交点 A，直線 $2x + y - 7 = 0$ と直線 $x - y + 1 = 0$ の交点 B，直線 $x + 2y - 5 = 0$ と直線 $x - y + 1 = 0$ の交点 C をすべて通ることがわかる．そこで，上手く s と t の値を定めて，この図形が円となるようにできないかと考える．それがもしできたら，3 点 A，B，C を通る円の式を与えることになり，求めたい式がわかるということになる．

そこで，左辺が

$$(x^2 \text{の係数}) = (y^2 \text{の係数}), \quad (xy \text{ の係数}) = 0$$

を満たすように s，t の値を調整することを考える．

$$\underbrace{2 + 2s + t}_{x^2\text{の係数}} = \underbrace{2 - s - 2t}_{y^2\text{の係数}}, \quad \underbrace{5 - s + t}_{xy\text{ の係数}} = 0$$

より,

$$s = \frac{5}{2}, \quad t = -\frac{5}{2}.$$

求める式は,

$$(x+2y-5)(2x+y-7)+\frac{5}{2}(2x+y-7)(x-y+1)-\frac{5}{2}(x+2y-5)(x-y+1)=0$$

つまり,

$$2(x+2y-5)(2x+y-7)+5(2x+y-7)(x-y+1)-5(x+2y-5)(x-y+1)=0$$

であり，これを整理して,

$$\boldsymbol{x^2 + y^2 - \frac{13}{3}x - \frac{11}{3}y + \frac{20}{3} = 0}$$

が得られる．

#4−7

次の条件によって定められる数列 $\{a_n\}$ がある．

$$\begin{cases} a_1 = \dfrac{19}{3}, \\ a_{n+1} = 2a_n - n \cdot 2^{n+1} + \dfrac{13}{3} \cdot 2^n \quad (n = 1,\ 2,\ 3,\ \cdots). \end{cases}$$

(1) $b_n = \dfrac{a_n}{2^n}$ とおくとき，数列 $\{b_n\}$ の一般項を求めよ．

(2) a_n が最大となる n と，そのときの a_n の値を求めよ．

【2015 静岡大学 (後期) 情報・工学部】

解説

(1) $b_n = \dfrac{a_n}{2^n}$ とおくと，$n = 1,\ 2,\ 3,\ \cdots$ に対して,

$$\begin{aligned} b_{n+1} &= \frac{a_{n+1}}{2^{n+1}} = \frac{2a_n - n \cdot 2^{n+1} + \frac{13}{3} \cdot 2^n}{2^{n+1}} \\ &= \frac{a_n}{2^n} - n + \frac{13}{6} = b_n - n + \frac{13}{6} \end{aligned}$$

が成り立つことから，数列 $\{b_n\}$ の階差数列が $\left\{-n + \dfrac{13}{6}\right\}$ ということがわかる．したがって，$n = 2,\ 3,\ 4,\ \cdots$ に対して,

$$\begin{aligned} b_n &= b_1 + \sum_{k=1}^{n-1} \left(-k + \frac{13}{6}\right) \\ &= b_1 - \frac{(n-1)n}{2} + \frac{13}{6}(n-1) \end{aligned}$$

であり，この結果は $n = 1$ でも成立する．

ゆえに，

$$\begin{aligned} b_n &= b_1 - \frac{(n-1)n}{2} + \frac{13}{6}(n-1) \\ &= \frac{a_1}{2^1} - \frac{(n-1)n}{2} + \frac{13}{6}(n-1) \\ &= \boldsymbol{-\frac{1}{2}n^2 + \frac{8}{3}n + 1} \quad (n = 1,\ 2,\ 3,\ \cdots). \end{aligned}$$

(2) (1) より，

$$a_n = 2^n b_n = 2^n \left(-\frac{1}{2}n^2 + \frac{8}{3}n + 1\right).$$

ここで，$\{a_n\}$ の階差数列を $\{A_n\}$ とすると，

$$\begin{aligned} A_n &= a_{n+1} - a_n = 2^{n+1}b_{n+1} - 2^n b_n \\ &= 2^n (2b_{n+1} - b_n) \\ &= 2^n \left\{2\left(b_n - n + \frac{13}{6}\right) - b_n\right\} \\ &= 2^n \left(b_n - 2n + \frac{13}{3}\right) \\ &= 2^n \left(-\frac{1}{2}n^2 + \frac{2}{3}n + \frac{16}{3}\right) \\ &= \underbrace{\frac{3}{2}(3n+8)\cdot 2^n}_{\oplus} \cdot (4-n). \end{aligned}$$

これより，$\{a_n\}$ の階差数列の符号について，

$$\begin{cases} n = 1,\ 2,\ 3 & \Longrightarrow A_n > 0, \\ n = 4 & \Longrightarrow A_n = 0, \\ n = 5,\ 6,\ 7, \cdots & \Longrightarrow A_n < 0 \end{cases}$$

であることがわかり，それゆえ，

$$a_1 < a_2 < a_3 < a_4 = a_5 > a_6 > a_7 > \cdots$$

が成り立つことがわかる．
ゆえに，a_n が最大となる n は $n = \mathbf{4,\ 5}$ であり，a_n は最大値 $\boldsymbol{\frac{176}{3}}$ をとる．

#4− 8

(1) $-\pi < \theta < \pi$ とし，xy 平面上の円 $x^2 + y^2 = 1$ 上の点 $\mathrm{P}(\cos\theta,\ \sin\theta)$ と $\mathrm{A}(-1,\ 0)$ を考える．直線 AP の傾きを t としたとき，$\cos\theta$ と $\sin\theta$ を t を用いて表せ．

(2) $f(\theta) = \dfrac{1 + \cos\theta}{3\cos\theta - 2\sin\theta + 5}$ の $-\pi < \theta \leqq \pi$ における最大値と最小値，またそのときの θ の値を求めよ．

【2012 大阪歯科大学】

解説

(1)

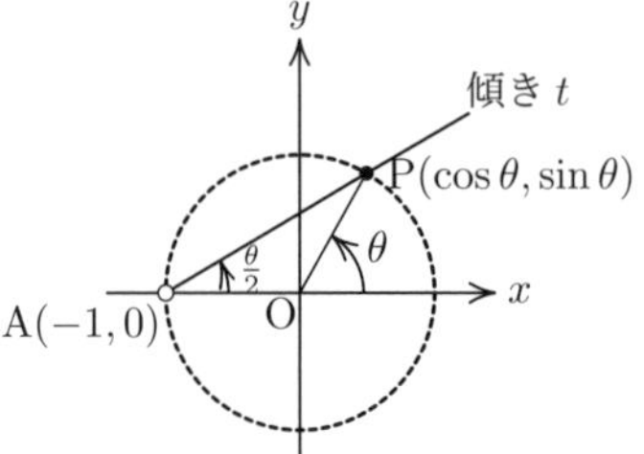

点 P は単位円 $x^2 + y^2 = 1$ と直線 $y = t(x+1)$ との A でない方の交点である．
この 2 式を連立し，y を消去すると，

$$x^2 + \{t(x+1)\}^2 = 1.$$
$$(x+1)(x-1) + t^2(x+1)^2 = 0.$$
$$(x+1)\{(x-1) + t^2(x+1)\} = 0.$$
$$(x+1)\{(1+t^2)x - 1 + t^2\} = 0.$$
$$x = -1, \quad \frac{1-t^2}{1+t^2}.$$

これより，点 P の x 座標 $\cos\theta$ は t を用いて

$$\cos\theta = \boldsymbol{\frac{1-t^2}{1+t^2}}$$

と表される．さらに，これより，直線 $y = t(x+1)$ 上にある点 P の y 座標 $\sin\theta$ は

(1) を用いることができる範囲に限定

$$\sin\theta = t\left(\frac{1-t^2}{1+t^2} + 1\right) = \boldsymbol{\frac{2t}{1+t^2}}.$$

(2) $-\pi < \theta < \pi$ の範囲の任意の θ に対して，(1) により t を定めると

$$\cos\theta = \frac{1-t^2}{1+t^2}, \quad \sin\theta = \frac{2t}{1+t^2}$$

と表せるから，この t を用いて，$f(\theta)$ は

$$\begin{aligned} f(\theta) &= \frac{1 + \cos\theta}{3\cos\theta - 2\sin\theta + 5} \\ &= \frac{1 + \dfrac{1-t^2}{1+t^2}}{3\cdot\dfrac{1-t^2}{1+t^2} - 2\cdot\dfrac{2t}{1+t^2} + 5} \\ &= \frac{(1+t^2) + (1-t^2)}{3(1-t^2) - 2\cdot 2t + 5(1+t^2)} \\ &= \frac{1}{t^2 - 2t + 4} = \frac{1}{(t-1)^2 + 3} \end{aligned}$$

となる．t が実数全体を変化するとき，$(t-1)^2 + 3$ は 3 以上のすべての実数値をとり得るので，$-\pi < \theta < \pi$ において，$f(\theta) = \dfrac{1}{(t-1)^2 + 3}$ のとり得る値の範囲は

$$0 < f(\theta) = \frac{1}{(t-1)^2 + 3} \leqq \frac{1}{3}.$$

また，

($\theta=\pi$のとき の状況を確認)

$$f(\pi)=\frac{1+\cos\pi}{3\cos\pi-2\sin\pi+5}=0$$

であるから，$-\pi<\theta\leqq\pi$ において $f(\theta)$ がとり得る値の範囲は

$$0\leqq f(\theta)\leqq\frac{1}{3}.$$

これより，$f(\theta)$ の最大値は $\boldsymbol{\frac{1}{3}}$ であり，最小値は $\mathbf{0}$ である．また，$f(\theta)$ を最大とする θ は $t=1$ のときの θ であり，その値は $\theta=\boldsymbol{\frac{\pi}{2}}$ で，$f(\theta)$ を最小とする θ は $\theta=\boldsymbol{\pi}$ である．

参考　(1) は (2) の誘導になっている．(1) の置換によって，(2) の $f(\theta)$ は t の分数式としてよりシンプルな式に書き換えることができ，それゆえ，最大や最小などの解析が可能となった．(1) の置換は “ワイエルシュトラス置換” と呼ばれるもので，これを図形的な解釈のもとで導出したのが (1) である (#3−7 参照).

#4−9

$14520_{(7)}\div110_{(7)}$ の計算の結果を七進法で表せ．

【2019 福島大学 (前期) 理工学部】

解説

$$\begin{array}{r|l}
 & 1\cdot7^2\ +3\cdot7+2\cdot7^0 \\
1\cdot7^2+1\cdot7+0\cdot7^0 & 1\cdot7^4+4\cdot7^3+5\cdot7^2\ +2\cdot7^1+0\cdot7^0 \\
 & 1\cdot7^4\ +1\cdot7^3+0\cdot7^2 \\ \hline
 & \quad 3\cdot7^3+5\cdot7^2\ +2\cdot7^1+0\cdot7^0 \\
 & \quad 3\cdot7^3+3\cdot7^2\ +0\cdot7^1 \\ \hline
 & \qquad 2\cdot7^2\ +2\cdot7^1+0\cdot7^0 \\
 & \qquad 2\cdot7^2\ +2\cdot7^1+0\cdot7^0 \\ \hline
 & \qquad\qquad 0
\end{array}$$

係数だけ取り出す

```
        132
110 ) 14520
      110
       352
       330
        220
        220
          0
```

$$14520_{(7)}\div110_{(7)}=\mathbf{132_{(7)}}.$$

注意　“7” の多項式とみなして割り算を行った．係数のみを取り出して筆算した場合と対応している．

#4−10

2 次方程式 $x^2-2x+a=0$ (a は 0 でない実数の定数) の 2 つの解を α，β とする．α，β が虚数で，$\frac{\beta^2}{\alpha}$，$\frac{\alpha^2}{\beta}$ が実数のとき，a の値を求めよ．

【1995 広島文教女子大学】

解説　$a\neq0$ より，2 次方程式 $x^2-2x+a=0$ は $x=0$ を解にもつことはなく，$\alpha\neq0$，$\beta\neq0$ である．

α，β がともに虚数であることから，$x^2-2x+a=0$ の判別式 D は負である．

$$\frac{D}{4}=1-a<0$$

より，

$$1<a.$$

さらに，$\frac{\beta^2}{\alpha}$，$\frac{\alpha^2}{\beta}$ を 2 解とする x の 2 次方程式で最高次の係数が 1 であるものは，

$$\left(x-\frac{\beta^2}{\alpha}\right)\left(x-\frac{\alpha^2}{\beta}\right)=0$$

すなわち

$$x^2-\left(\frac{\beta^2}{\alpha}+\frac{\alpha^2}{\beta}\right)x+\alpha\beta=0 \qquad \cdots(*)$$

である．ここで，2 次方程式 $x^2-2x+a=0$ の 2 解が α，β であることから，解と係数の関係から，

$$\alpha+\beta=-\frac{-2}{1}=2,\quad \alpha\beta=\frac{a}{1}=a$$

より，

$$\begin{aligned}\frac{\beta^2}{\alpha}+\frac{\alpha^2}{\beta}&=\frac{\alpha^3+\beta^3}{\alpha\beta}\\&=\frac{(\alpha+\beta)^3-3\alpha\beta(\alpha+\beta)}{\alpha\beta}\\&=\frac{8-6a}{a}.\end{aligned}$$

したがって，$(*)$ は

$$x^2-\frac{8-6a}{a}x+a=0 \qquad \cdots(\dagger)$$

と表せ，この 2 解 $\frac{\beta^2}{\alpha}$，$\frac{\alpha^2}{\beta}$ がともに実数であることから，$(\dagger)$ の判別式 $d\geqq0$ である．

$$\frac{d}{4}=\left(\frac{4-3a}{a}\right)^2-a\geqq0.$$

$$(4-3a)^2-a^3\geqq0.$$

$$a^3-9a^2+24a-16\leqq0.$$

$$(a-1)(a^2-8a+16)\leqq0.$$

$$(a-1)(a-4)^2\leqq0.$$

$a>1$ より $a-1>0$ だから

$$(a-4)^2\leqq0.$$

これを満たす a $(1<a)$ は，

$$a=\mathbf{4}.$$

注意　2 数 $\frac{\beta^2}{\alpha}$，$\frac{\alpha^2}{\beta}$ を解にもつ 2 次方程式を自分で作るところがポイント!!

#5−[1]

三角形OABにおいて，$\angle AOB = 60°$，$OA = 4$，$OB = 5$である．辺OA，OBの中点をそれぞれC，Dとし，点Cを通り辺OAに垂直な直線と点Dを通り辺OBに垂直な直線の交点をEとする．

(1) 辺ABの長さを求めよ．

(2) $\overrightarrow{BC}$と$\overrightarrow{OE}$を$\overrightarrow{OA}$，$\overrightarrow{OB}$を用いて表せ．

(3) 四角形OCEDの面積を求めよ．

【2013 東京歯科大学】

解説　Eは三角形OABの外心である．

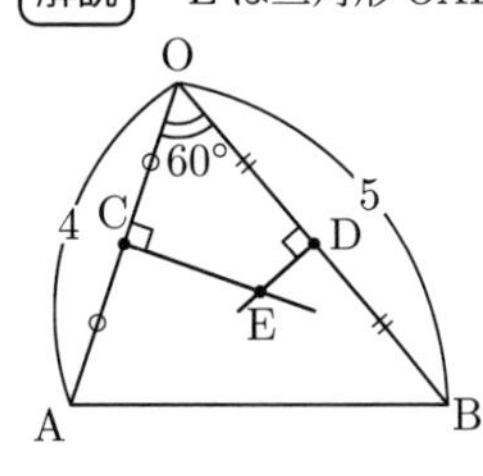

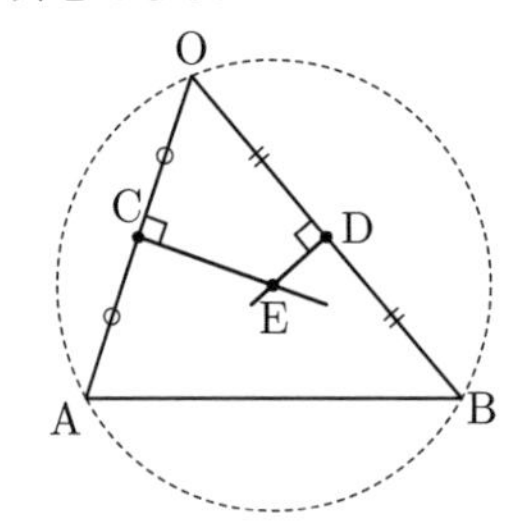

(1) $\overrightarrow{OA}\cdot\overrightarrow{OB} = 4\cdot 5\cdot\cos 60° = 10$であり，余弦定理から，

$$AB^2 = 4^2 + 5^2 - 2\cdot 10 = 21.$$

$$\therefore\ AB = \boldsymbol{\sqrt{21}}.$$

(2) $\overrightarrow{OC} = \dfrac{1}{2}\overrightarrow{OA}$，$\overrightarrow{OD} = \dfrac{1}{2}\overrightarrow{OB}$であり，

$$\overrightarrow{BC} = \overrightarrow{OC} - \overrightarrow{OB} = \boldsymbol{\frac{1}{2}\overrightarrow{OA} - \overrightarrow{OB}}.$$

$\overrightarrow{OA}$，$\overrightarrow{OB}$は一次独立であるから，

$$\overrightarrow{OE} = s\,\overrightarrow{OA} + t\,\overrightarrow{OB}\quad (s,\ t:\text{実数})$$

と唯一(ただひと)通りに表される．ここで，Eは（CE⊥OA）

$$\begin{cases}\overrightarrow{OE}\cdot\overrightarrow{OA} = (\overrightarrow{OC} + \overrightarrow{CE})\cdot\overrightarrow{OA} = \dfrac{1}{2}\left|\overrightarrow{OA}\right|^2, \\ \overrightarrow{OE}\cdot\overrightarrow{OB} = (\overrightarrow{OD} + \overrightarrow{DE})\cdot\overrightarrow{OB} = \dfrac{1}{2}\left|\overrightarrow{OB}\right|^2\end{cases}$$

（DE⊥OB）

を満たすことから，

$$\begin{cases}(s\,\overrightarrow{OA} + t\,\overrightarrow{OB})\cdot\overrightarrow{OA} = \dfrac{1}{2}\left|\overrightarrow{OA}\right|^2, \\ (s\,\overrightarrow{OA} + t\,\overrightarrow{OB})\cdot\overrightarrow{OB} = \dfrac{1}{2}\left|\overrightarrow{OB}\right|^2\end{cases}$$

つまり

$$16s + 10t = 8,\quad 10s + 25t = \frac{25}{2}$$

が成り立つ．これより，

$$s = \frac{1}{4},\quad t = \frac{2}{5}.$$

$$\therefore\ \overrightarrow{OE} = \boldsymbol{\frac{1}{4}\overrightarrow{OA} + \frac{2}{5}\overrightarrow{OB}}.$$

(3) Eが三角形OABの外心であるから，三角形OABで正弦定理を用いて，

$$\frac{AB}{\sin 60°} = 2\cdot OE.$$

$$\therefore\ OE = \frac{\sqrt{21}}{2\cdot\dfrac{\sqrt{3}}{2}} = \sqrt{7}.$$

これより，三平方の定理から，

$$\begin{cases}CE = \sqrt{OE^2 - OC^2} = \sqrt{7 - 2^2} = \sqrt{3}, \\ DE = \sqrt{OE^2 - OD^2} = \sqrt{7 - \left(\dfrac{5}{2}\right)^2} = \dfrac{\sqrt{3}}{2}\end{cases}$$

であるから，

$$\begin{cases}\triangle OCE = \dfrac{1}{2}\cdot 2\cdot\sqrt{3} = \sqrt{3}, \\ \triangle ODE = \dfrac{1}{2}\cdot\dfrac{5}{2}\cdot\dfrac{\sqrt{3}}{2} = \dfrac{5}{8}\sqrt{3}.\end{cases}$$

したがって，これらをあわせて，四角形OCEDの面積は

$$\sqrt{3} + \frac{5}{8}\sqrt{3} = \boldsymbol{\frac{13\sqrt{3}}{8}}.$$

参考　CE，DEを求める別の方法

$$\begin{aligned}CE &= \left|\overrightarrow{CE}\right| = \left|-\frac{1}{4}\overrightarrow{OA} + \frac{2}{5}\overrightarrow{OB}\right| \\ &= \sqrt{\frac{1}{4^2}\cdot 4^2 - 2\cdot\frac{1}{4}\cdot\frac{2}{5}\cdot 10 + \frac{2^2}{5^2}\cdot 5^2} \\ &= \sqrt{3}, \\ DE &= \left|\overrightarrow{DE}\right| = \left|\frac{1}{4}\overrightarrow{OA} - \frac{1}{10}\overrightarrow{OB}\right| \\ &= \sqrt{\frac{1}{4^2}\cdot 4^2 - 2\cdot\frac{1}{4}\cdot\frac{1}{10}\cdot 10 + \frac{1}{10^2}\cdot 5^2} \\ &= \frac{\sqrt{3}}{2}\end{aligned}$$

と計算してもよい．

#5−[2]

aを正の定数とする．関数$f(x)$はすべてのxについて

$$f(x) = \int_0^x (6t + 2)\,dt + \int_0^a f(t)\,dt$$

をみたし，$f(0) = a$である．

(1) aの値を求めよ．

(2) 関数$f(x)$の極値を求めよ．

【2000 大分大学 (前期) 工学部】

解説

(1) すべての実数 x に対して

$$f(x)=\int_0^x(6t+2)\,dt+\int_0^a f(t)\,dt \qquad \cdots(*)$$

が成り立つことから，特に $x=0$ でも成立するので，

$$f(0)=\int_0^0(6t+2)\,dt+\int_0^a f(t)\,dt.$$

これと $f(0)=a$ より，

$$a=\int_0^a f(t)\,dt$$

が成り立ち，$(*)$ より，

$$\begin{aligned}f(x)&=\int_0^x(6t+2)\,dt+a\\&=\Big[3t^2+2t\Big]_0^x+a\\&=3x^2+2x+a.\end{aligned}$$

したがって，

$$\begin{aligned}a&=\int_0^a f(t)\,dt\\&=\int_0^a(3t^2+2t+a)\,dt\\&=\Big[t^3+t^2+at\Big]_0^a\\&=a^3+2a^2.\end{aligned}$$

これより，

$$a^3+2a^2-a=0.$$

$$a(a^2+2a-1)=0.$$

$a>0$ より，

$$a=\mathbf{-1+\sqrt{2}}.$$

(2) (1) より，

グラフは下に凸の放物線

$$f(x)=3x^2+2x+(-1+\sqrt{2})\ ,\quad f'(x)=6\left(x+\frac{1}{3}\right)$$

であるから，$f(x)$ は $x=-\dfrac{1}{3}$ で極小値

$$f\left(-\frac{1}{3}\right)=\mathbf{-\frac{4}{3}+\sqrt{2}}$$

をとる．

#5- 3

$\{a_n\}$ を $a_1=-15$ および

$$a_{n+1}=a_n+\frac{n}{5}-2 \quad (n=1,\ 2,\ 3,\ \cdots)$$

を満たす数列とする．

(1) a_n が最小となる自然数 n をすべて求めよ．

(2) $\{a_n\}$ の一般項を求めよ．

(3) $\displaystyle\sum_{k=1}^{n}a_k$ が最小となる自然数 n をすべて求めよ．

【2022 北海道大学 (前期) 文系学部】

解説　数列 $\left\{\dfrac{n}{5}-2\right\}$ が数列 $\{a_n\}$ の階差数列である．

(1)
$$\begin{cases}n=1,\ 2,\ \cdots,\ 9 \Longrightarrow \dfrac{n}{5}-2<0 \Longrightarrow a_n>a_{n+1},\\ n=10 \qquad\qquad \Longrightarrow \dfrac{n}{5}-2=0 \Longrightarrow a_n=a_{n+1},\\ n=11,\ 12,\ \cdots \ \Longrightarrow \dfrac{n}{5}-2>0 \Longrightarrow a_n<a_{n+1}\end{cases}$$

より，

$$a_1>a_2>\cdots>a_9>a_{10}=a_{11}<a_{12}<a_{13}<\cdots$$

となるので，a_n が最小となる自然数 n は，

$$n=\mathbf{10,\ 11}.$$

(2) $n=2,\ 3,\ 4,\ \cdots$ に対して，

$$\begin{aligned}a_n&=a_1+\sum_{k=1}^{n-1}\left(\frac{k}{5}-2\right)\\&=-15+\frac{1}{5}\cdot\frac{(n-1)n}{2}-2(n-1)\end{aligned}$$

であり，この結果は $n=1$ でも成り立つ．よって，

$$a_n=\mathbf{\frac{1}{10}n^2-\frac{21}{10}n-13} \quad (n=1,\ 2,\ 3,\ \cdots).$$

(3)

$$a_n=\frac{n^2-21n-130}{10}=\frac{(n+5)(n-26)}{10}$$

より，

$$\begin{cases}n=1,\ 2,\ \cdots,\ 25 \Longrightarrow a_n<0,\\ n=26 \qquad\qquad \Longrightarrow a_n=0,\\ n=27,\ 28,\ \cdots \ \Longrightarrow a_n>0\end{cases}$$

であるから，

$$\sum_{k=1}^{1}a_k>\sum_{k=1}^{2}a_k>\cdots>\sum_{k=1}^{25}a_k=\sum_{k=1}^{26}a_k<\sum_{k=1}^{27}a_k<\cdots$$

となるので，$\displaystyle\sum_{k=1}^{n}a_k$ が最小となる自然数 n は，

$$n=\mathbf{25,\ 26}.$$

#5-4

a は実数の定数であり，直線 $\ell_a : y = ax$ と放物線 $C : y = x^2 - 2x + 2$ が異なる 2 点で交わるとする．このとき，ℓ_a と C の 2 交点と点 $(1,\ 0)$ を頂点とする三角形の重心の軌跡を求めよ．

【2001 日本女子大学】

解説　ℓ_a と C が異なる 2 点で交わることから，

$$x^2 - 2x + 2 = ax$$

が異なる 2 つの実数解をもつ．すなわち，

$$x^2 - (a+2)x + 2 = 0 \qquad \cdots①$$

の判別式 $D > 0$ である．

$$D = (a+2)^2 - 4 \cdot 2 = a^2 + 4a - 4 > 0$$

より，

$$a < -2 - 2\sqrt{2}, \quad -2 + 2\sqrt{2} < a. \qquad \cdots②$$

②のとき，①は異なる 2 つの実数解をもち，これらを $\alpha,\ \beta\ (\alpha < \beta)$ とするとき，ℓ_a と C の 2 交点の座標は

$$(\alpha,\ a\alpha), \quad (\beta,\ a\beta)$$

であり，これらと点 $(1,\ 0)$ を 3 頂点とする三角形の重心は

$$\left(\frac{\alpha + \beta + 1}{3},\ \frac{a\alpha + a\beta}{3} \right)$$

と表される．ここで，解と係数の関係から，

$$\alpha + \beta = -\frac{-(a+2)}{1} = a + 2$$

であるので，この重心の座標は，

$$\left(\frac{(a+2)+1}{3},\ \frac{a(a+2)}{3} \right) \text{ つまり } \left(\frac{a+3}{3},\ \frac{a(a+2)}{3} \right)$$

と表される．実数 a が②の範囲を変化するとき，この点の軌跡を求めればよい．

点 $(X,\ Y)$ が軌跡に含まれる条件は $\begin{cases} X = \dfrac{a+3}{3}, \\ Y = \dfrac{a(a+2)}{3} \end{cases}$ を満たす実数 a が②に存在することである．

すなわち，$a = 3X - 3$ が②の範囲に存在し，かつ $Y = \dfrac{a(a+2)}{3}$ を満たすことであり，

$$\begin{cases} 3X - 3 < -2 - 2\sqrt{2}, \quad -2 + 2\sqrt{2} < 3X - 3, \\ Y = \dfrac{(3X-3)\{(3X-3)+2\}}{3}. \end{cases}$$

$$\therefore \begin{cases} X < \dfrac{1 - 2\sqrt{2}}{3}, \quad \dfrac{1 + 2\sqrt{2}}{3} < X, \\ Y = (X-1)(3X-1). \end{cases}$$

ゆえに，求める軌跡は**放物線 $y = (x-1)(3x-1)$ の $x < \dfrac{1-2\sqrt{2}}{3},\ \dfrac{1+2\sqrt{2}}{3} < x$ の部分**である．

参考　軌跡の考え方については巻末付録 3 を参照せよ．

#5-5

$0° \leqq x \leqq 180°$ のとき，

$$1 + \sin 2x = \sqrt{3} \sin (x + 45°)$$

を満たす角 x を求めよ．

【2001 関西大学 経済学部】

解説　$0° \leqq x \leqq 180°$ のもとで，

$$1 + \sin 2x = \sqrt{3} \sin (x + 45°)$$

$$\iff 1 + 2 \sin x \cos x = \sqrt{3} \left(\sin x \cdot \frac{1}{\sqrt{2}} + \cos x \cdot \frac{1}{\sqrt{2}} \right)$$

$$\iff 1 + 2 \sin x \cos x = \frac{\sqrt{3}}{\sqrt{2}} (\sin x + \cos x)$$

であり，$\sin x + \cos x = t$ とおくと，

$$t^2 = (\sin x + \cos x)^2 = 1 + 2 \sin x \cos x$$

より，与方程式は t の方程式

$$t^2 = \frac{\sqrt{3}}{\sqrt{2}} t$$

に書き換えられる．これより，

$$t = 0,\ \frac{\sqrt{3}}{\sqrt{2}}.$$

ここで，

$$t = \sin x + \cos x = \sqrt{2} \sin (x + 45°) \quad (\text{合成})$$

であるから，

$$\sin (x + 45°) = 0,\ \frac{\sqrt{3}}{2}.$$

$0° \leqq x \leqq 180°$ のとき，$45° \leqq x + 45° \leqq 225°$ より，

$$x + 45° = 60°,\ 120°,\ 180°.$$

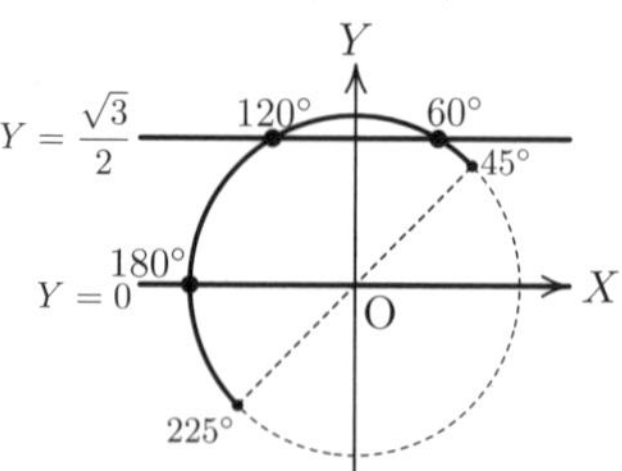

$$\therefore\ x = \mathbf{15°,\ 75°,\ 135°}.$$

#5− 6

a を実数とする．方程式 $4^x-2^{x+1}a+8a-15=0$ について，次の問いに答えよ．

(1) この方程式が実数解をただ 1 つもつような a の値の範囲を求めよ．

(2) この方程式が異なる 2 つの実数解 α，β をもち，$\alpha \geqq 1$，$\beta \geqq 1$ を満たすような a の値の範囲を求めよ．

【2019 弘前大学 (前期) 文系学部】

解説　x の方程式

$$4^x-2^{x+1}a+8a-15=0 \qquad \cdots ①$$

は $2^x=t$ とおくと，

$$t^2-2at+8a-15=0 \qquad \cdots ②$$

と t の方程式に書き換えられる．②の左辺を $f(t)$ とおく．

$$f(t)=(t-a)^2-a^2+8a-15.$$

(1) $2^x=t$ により正の実数 t と実数 x が一対一に対応するので，x の方程式①がただ 1 つの実数解をもつ条件は，t の方程式②が正の実数解をただ 1 つもつことである．それは，次の 2 つの場合 (i)，(ii) が考えられる．

(i) ②が正の実数を重解にもつ場合．

この条件は，

$$\begin{cases} a>0, \\ -a^2+8a-15=0 \end{cases}$$

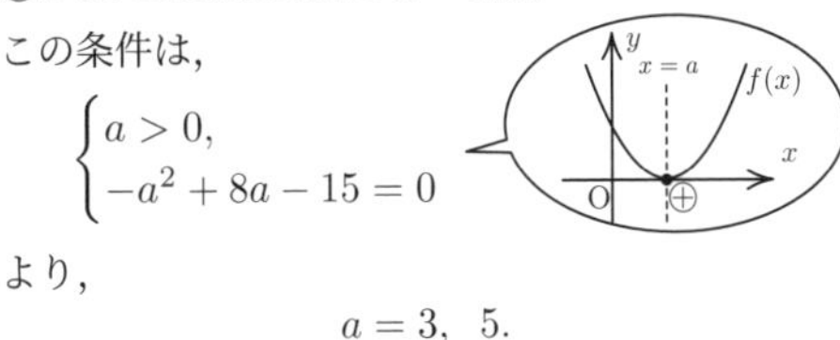

より，

$$a=3,\ 5.$$

(ii) ②が正の実数と 0 以下の実数を解にもつ場合．

この条件は，

$$f(0)<0 \quad \text{または} \quad \begin{cases} f(0)=0, \\ a>0 \end{cases}$$

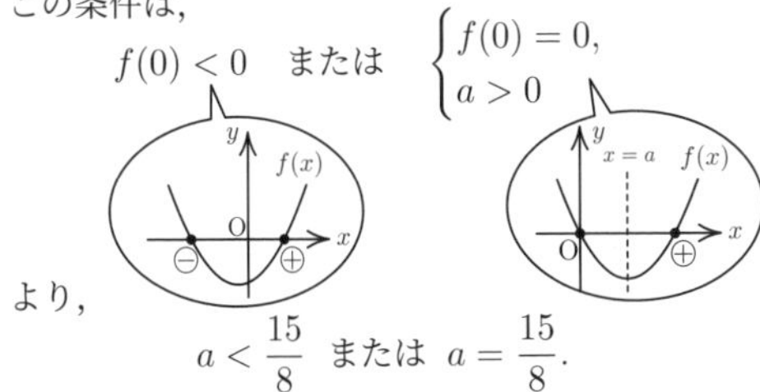

より，

$$a<\frac{15}{8} \quad \text{または} \quad a=\frac{15}{8}.$$

(i)，(ii) より，求める a の値の範囲は

$$\boldsymbol{a \leqq \frac{15}{8},\quad a=3,\ \ a=5}.$$

(2) x の方程式①が 1 以上の異なる 2 つの実数解をもつ条件は，t の方程式②が 2^1 以上の異なる 2 つの実数解をもつことである．この条件は，

$$\begin{cases} -a^2+8a-15<0, \\ f(2) \geqq 0, \\ a>2 \end{cases}$$

より，

$$\boldsymbol{\frac{11}{4} \leqq a<3 \quad \text{または} \quad 5<a}.$$

注意　本問のように，置き換えた文字に関する方程式の条件を考える問題を “解の対応” の問題という．

#5− 7

5 人の男性と 5 人の女性が円卓のまわりに座るとき，次の問に答えよ．

(1) 座り方は何通りあるか．

(2) 男女が交互に座る場合，座り方は何通りあるか．

(3) 男女は交互に座るが，特定の男女 1 組が隣り合うように座る場合，座り方は何通りあるか．

【2019 名城大学 法・経営学部】

解説

(1) 10 人の円順列として，座り方は全部で

$$(10-1)!=9!=\mathbf{362880}\ \text{通り}.$$

(2) 特定の男性「男*」を固定する．

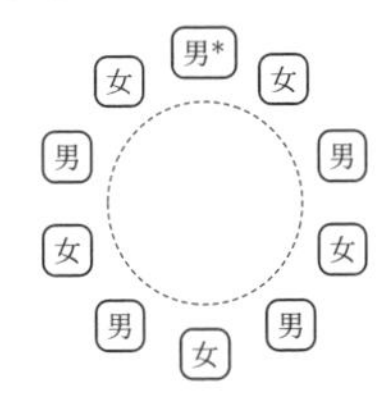

座り方は「男*」からみた眺め (残り 9 人の座り方) のパターン数だけあり，男女が交互に座る場合，男性のみに着目した並びが 4! 通りあり，そのそれぞれに対し，女性のみに着目した並びが 5! 通りずつあるので，男女が交互に座る座り方は全部で

$$4! \times 5! = \mathbf{2880}\ \text{通り}.$$

注意　問題文に記述がなくとも，「人」は互いに区別ができるものという暗黙の了解がある．また，円形に並ぶ順列 (円順列) では，互いの位置関係だけが問題となる．つまり，回転で重なる座り方は “同じ” 座り方と捉えなければならない．そこで，誰でもよいが，ある「特定の人」の位置を決めておき (これを「固定する」と表現する)，その特定の人から見える眺めによって円順列を区別すればよい．「特定の ∼」という表現は，(3) の問題文でも登場するが，これはもう既に決められており，この「特定の ∼」が誰になるのか . . . というようなことは考えない．特定の ∼ は決まっているので，そのパターン数を考えることはない．

(3) 男女は交互に座るが，特定の男女１組が隣り合うように座る場合，特定の男女１組「C」を固定する．固定した C が

　(i) 女の右手側に男が座る場合

と

　(ii) 女の左手側に男が座る場合

の２通りある．

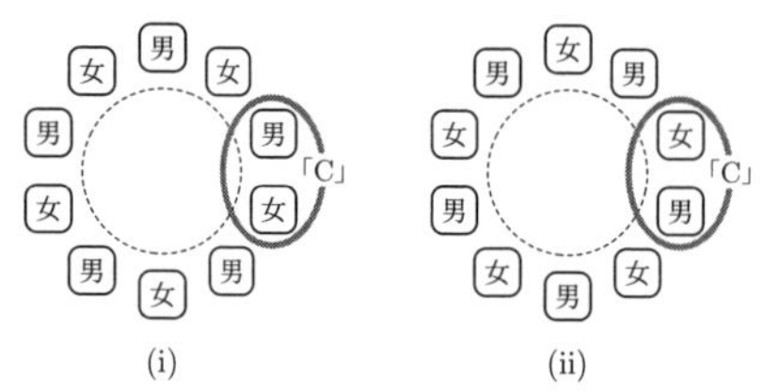

(i)　　　(ii)

(i)，(ii) ともに座り方は組「C」からみた眺めのパターン数だけあり，男性のみに着目した並びが 4! 通りあり，そのそれぞれに対し，女性のみに着目した並びが 4! 通りずつあるので，座り方は全部で

$$\underbrace{4!\times 4!}_{\text{(i)}}+\underbrace{4!\times 4!}_{\text{(ii)}}=2\times(4!\times 4!)=\mathbf{1152}\text{ 通り.}$$

#5−8

a，b を定数とする．関数 $f(x)=x^3+ax^2+bx-1$ は，$x=1$ と $x=\dfrac{5}{3}$ で極値をとる．

(1) a，b の値を求めよ．

(2) 曲線 $y=f(x)$ の接線のうち，傾きが 1 で y 切片が負であるものを l とする．接線 l の方程式を求めよ．

(3) (2) で求めた接線 l と曲線 $y=f(x)$ で囲まれた図形の面積 S を求めよ．

【2022 室蘭工業大学 (前期) 工学部】

解説

(1) $f'(x)=3x^2+2ax+b$ であり，条件より，$f'(x)=0$ が $x=1,\ \dfrac{5}{3}$ を解にもつことから，解と係数の関係より，

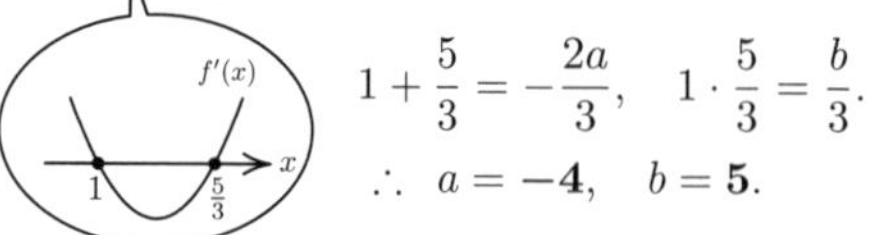

$$1+\frac{5}{3}=-\frac{2a}{3},\quad 1\cdot\frac{5}{3}=\frac{b}{3}.$$

$$\therefore\ a=\mathbf{-4},\quad b=\mathbf{5}.$$

(2) (1) より，$f(x)=x^3-4x^2+5x-1$ であり，これを $(x-t)^2$ で割ると

$$\begin{array}{r|rrrr}
 & x & +(2t-4) & & \\ \hline
x^2-2tx+t^2 & x^3 & -4x^2 & +5x & -1 \\
 & x^3 & -2tx^2 & +t^2x & \\ \hline
 & & (2t-4)x^2 & +(5-t^2)x & -1 \\
 & & (2t-4)x^2 & -(4t^2-8t)x & +(2t^3-4t^2) \\ \hline
 & & & (3t^2-8t+5)x & -2t^3+4t^2-1
\end{array}$$

余りは

$$(3t^2-8t+5)x-2t^3+4t^2-1$$

より，曲線 $y=f(x)$ の点 $(t,\ f(t))$ における接線は

$$y=(3t^2-8t+5)x-2t^3+4t^2-1.$$

これが l と一致する条件は，

$$3t^2-8t+5=1\quad\cdots①,\quad -2t^3+4t^2-1<0.\quad\cdots②$$

①より，$t=\dfrac{2}{3}$，2 であり，このうち②を満たすものは

$$t=2.$$

したがって，l の式は

$$\boldsymbol{y=x-1}.$$

参考　多項式の除法による接線の方程式の導出については，#1−6 を参照せよ．

(3) (2) の計算より，

$$f(x)-(x-1)=(x-2)^2\cdot x.$$

これより，(2) で求めた接線 l と曲線 $y=f(x)$ は y 軸上で交わることがわかり，囲まれる図形は次の図のとおりである．

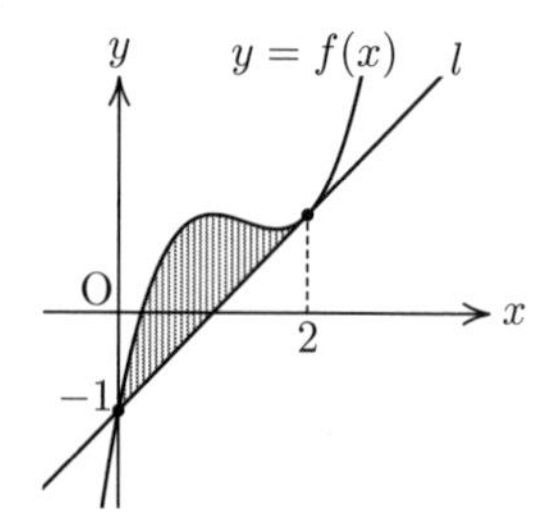

$$\begin{aligned}
S&=\int_0^2\{f(x)-(x-1)\}dx=\int_0^2(x-2)^2x\,dx\\
&=\int_0^2(x^3-4x^2+4x)\,dx\\
&=\left[\frac{x^4}{4}-\frac{4}{3}x^3+2x^2\right]_0^2=\mathbf{\frac{4}{3}}.
\end{aligned}$$

参考　次の計算の工夫も習得しておこう．

$$\begin{aligned}
S&=\int_0^2\{f(x)-(x-1)\}dx=\int_0^2(x-2)^2x\,dx\\
&=\int_0^2(x-2)^2\{(x-2)+2\}\,dx\\
&=\int_0^2\{(x-2)^3+2(x-2)^2\}\,dx\\
&=\left[\frac{(x-2)^4}{4}+\frac{2}{3}(x-2)^3\right]_0^2=\mathbf{\frac{4}{3}}.
\end{aligned}$$

#5- 9

$(1+x+x^2)^{10}$ の x^{16} の係数を求めよ.

【2022 上智大学 理工学部】

解説 $(1+x+x^2)^{10}$ を展開した式は, $0 \leqq a+b \leqq 10$ を満たす整数の組 $(a,\ b)$ に対する ${}_{10}\mathrm{C}_a \times {}_{10-a}\mathrm{C}_b \left(x^2\right)^a x^b$ の総和の形で表される.

x^{16} の項を与えるのは, $2a+b=16$ を満たす

$$(a,\ b)=(6,\ 4),\ (7,\ 2),\ (8,\ 0)$$

であり, x^{16} の係数は

$${}_{10}\mathrm{C}_6 \times {}_4\mathrm{C}_4 + {}_{10}\mathrm{C}_7 \times {}_3\mathrm{C}_2 + {}_{10}\mathrm{C}_8 \times {}_2\mathrm{C}_0 = \mathbf{615}.$$

参考 $(1+x+x^2)^{10} = \displaystyle\sum_{0 \leqq a+b \leqq 10} {}_{10}\mathrm{C}_a \times {}_{10-a}\mathrm{C}_b \left(x^2\right)^a x^b$

と表すことがある.

#5- 10

i を虚数単位, $a,\ b$ を実数の定数とする. 4 次方程式

$$x^4-2x^3+ax^2+10x+b=0$$

が, $x=1-\sqrt{6}\,i$ を解にもつとき, $a,\ b$ の値を求めよ.

【2022 茨城大学 工学部】

解説 ここでは 2 通りの解法を掲載しておく.

解法 1 $x=1-\sqrt{6}\,i$ が解であることから,

$$\left(1-\sqrt{6}\,i\right)^4 - 2\left(1-\sqrt{6}\,i\right)^3 + a\left(1-\sqrt{6}\,i\right)^2 + 10\left(1-\sqrt{6}\,i\right) + b = 0.$$

$\left(1-\sqrt{6}\,i\right)^2 = -5-2\sqrt{6}\,i$, $\left(1-\sqrt{6}\,i\right)^3 = -17+3\sqrt{6}\,i$, $\left(1-\sqrt{6}\,i\right)^4 = 1+20\sqrt{6}\,i$ に注意して, これを整理すると,

$$(45-5a+b)+(4-2a)\sqrt{6}i=0.$$

$a,\ b$ は実数より, $45-5a+b$, $4-2a$ も実数だから,

$$45-5a+b=0,\quad (4-2a)\sqrt{6}=0.$$

$$\therefore\ a=\mathbf{2},\quad b=\mathbf{-35}.$$

解法 2 与方程式は実数係数の方程式であるので, $1-\sqrt{6}\,i$ が解であることから, $\overline{1-\sqrt{6}\,i} = 1+\sqrt{6}\,i$ も解であり, それゆえ, 与方程式の左辺は

複素共役(きょうやく)

$$\left\{x-\left(1-\sqrt{6}\,i\right)\right\}\left\{x-\left(1+\sqrt{6}\,i\right)\right\} = x^2-2x+7$$

で割り切れる.

$$\begin{array}{r|l}
 & x^2 \quad +(a-7) \\ \hline
x^2-2x+7 & x^4 - 2x^3 + ax^2 + 10x + b \\
 & x^4 - 2x^3 + 7x^2 \\ \hline
 & (a-7)x^2 + 10x + b \\
 & (a-7)x^2 - 2(a-7)x + 7(a-7) \\ \hline
 & (2a-4)x + (b-7a+49)
\end{array}$$

$2a-4=0$, $b-7a+49=0$ より, $a=\mathbf{2}$, $b=\mathbf{-35}$.

#5- 11

$\log_3(5-x^2)+\log_{\frac{1}{3}}(5-x) \geqq \log_9(x^2-2x+1)-1$ を解け.

【2021 福島県立医科大学】

解説 真数条件から,

$$5-x^2>0,\quad 5-x>0,\quad x^2-2x+1>0$$

つまり

$$-\sqrt{5}<x<\sqrt{5},\quad x \neq 1$$

が前提 (必要). このもとで,

$$\begin{aligned}
& \log_3(5-x^2)+\log_{\frac{1}{3}}(5-x) \geqq \log_9(x^2-2x+1)-1 \\
\iff & \log_3(5-x^2)+\frac{\log_3(5-x)}{\log_3\dfrac{1}{3}} \geqq \frac{\log_3|x-1|^2}{\log_3 9}-1 \\
\iff & \log_3(5-x^2)-\log_3(5-x) \geqq \log_3|x-1|-1 \\
\iff & \log_3(5-x^2)+1 \geqq \log_3|x-1|+\log_3(5-x) \\
\iff & \log_3\left\{3(5-x^2)\right\} \geqq \log_3\left\{|x-1|(5-x)\right\} \\
\iff & \underbrace{3(5-x^2) \geqq |x-1|(5-x)}_{(*)}.
\end{aligned}$$

$-\sqrt{5}<x<1$ において, $(*)$ は,

$$3(5-x^2) \geqq -(x-1)(5-x).$$
$$2x^2-3x-5 \leqq 0.$$
$$(x+1)(2x-5) \leqq 0.$$
$$-1 \leqq x \leqq \frac{5}{2}.$$

したがって, $-\sqrt{5}<x<1$ において, $(*)$ を満たす x は

$$-1 \leqq x < 1.$$

$1<x<\sqrt{5}$ において, $(*)$ は,

$$3(5-x^2) \geqq (x-1)(5-x).$$
$$x^2+3x-10 \leqq 0.$$
$$(x+5)(x-2) \leqq 0.$$
$$-5 \leqq x \leqq 2.$$

したがって, $1<x<\sqrt{5}$ において, $(*)$ を満たす x は

$$1<x \leqq 2.$$

ゆえに, 求める解 x は,

$$\boldsymbol{-1 \leqq x < 1,\quad 1 < x \leqq 2}.$$

注意 最終的な答えは,「$-1 \leqq x \leqq 2,\ x \neq 1$」と表記してもよい.

#6−[1]

xy 座標平面上の 3 本の直線 $l_1 : x - y + 2 = 0$, $l_2 : x + y - 14 = 0$, $l_3 : 7x - y - 10 = 0$ で囲まれる三角形に内接する円の方程式を求めよ．

【1998 東京都立大学 (前期) 理・工学部】

解説　内接円の中心を $\mathrm{I}(p,\ q)$，半径を r とする．

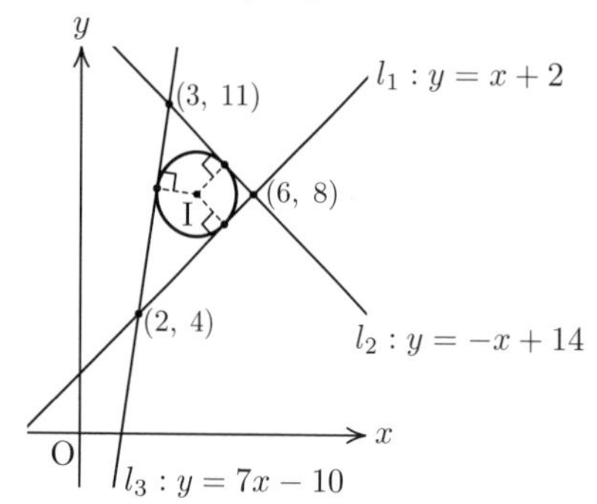

I と 3 直線との距離がすべて半径 r と等しいので，

$$r = \frac{|p - q + 2|}{\sqrt{2}} = \frac{|p + q - 14|}{\sqrt{2}} = \frac{|7p - q - 10|}{\sqrt{50}} \quad \cdots (*)$$

が成り立つ．

ここで，I は l_1 より上側，l_2，l_3 より下側の領域

$$\begin{cases} y > x + 2, \\ y < -x + 14, \\ y < 7x - 10 \end{cases} \quad つまり \quad \begin{cases} x - y + 2 < 0, \\ x - y - 14 < 0, \\ 7x - y - 10 > 0 \end{cases}$$

にあることに注目すると，

$$\begin{cases} p - q + 2 < 0, \\ p - q - 14 < 0, \\ 7p - q - 10 > 0 \end{cases}$$

が成り立つことがわかるので，$(*)$ は，

$$r = \frac{-(p - q + 2)}{\sqrt{2}} = \frac{-(p + q - 14)}{\sqrt{2}} = \frac{7p - q - 10}{5\sqrt{2}}.$$

$$\therefore \quad p = 4, \quad q = 8, \quad r = \sqrt{2}.$$

よって，求める内接円の方程式は

$$\boldsymbol{(x - 4)^2 + (y - 8)^2 = 2}.$$

注意　本問は，座標平面上で内接円の方程式を求める問題であり，“点と直線との距離公式” について深く理解する絶好のテーマである．“点と直線との距離公式” は点が直線からどのくらい離れた位置にあるかを計算してくれる公式であるが，その際，点が直線に対して上側にあるのか下側にあるのかという情報は教えてくれない．どちら側にあっても，その距離を教えてくれる便利な公式だが，本問を解く際には，それだけに頼ると，計算が大変である．というのも，$(*)$ を満たすのは，内接円だけでなく，傍接円もあるからである．

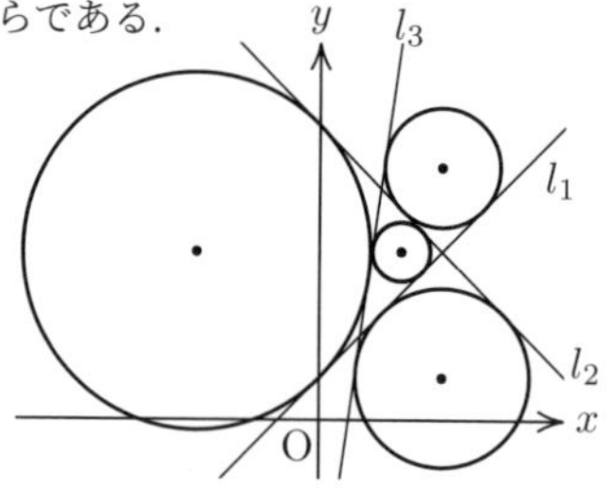

実は，点と直線との距離公式の分子の絶対値記号の内側部分の符号は，点が直線より上側にあるのか下側にあるのかによって決定できる．そこが本問のポイントであった．

#6−[2]

$\sin 1$，$\sin 2$，$\sin 3$，$\cos 1$ という 4 つの数値を小さい方から順に並べよ．

【2021 鹿児島大学】

解説　$\dfrac{\pi}{4} < 1 < \dfrac{\pi}{3}$ より，

$$\frac{1}{2} < \cos 1 < \frac{\sqrt{2}}{2} < \sin 1 < \frac{\sqrt{3}}{2}. \quad \cdots ①$$

$\dfrac{\pi}{2} < 2 < \dfrac{2}{3}\pi$ より，

$$\frac{\sqrt{3}}{2} < \sin 2 < 1. \quad \cdots ②$$

$\dfrac{5}{6}\pi < 3 < \pi$ より，

$$0 < \sin 3 < \frac{1}{2}. \quad \cdots ③$$

①，②，③より，

$$\boldsymbol{\sin 3 < \cos 1 < \sin 1 < \sin 2}.$$

参考図

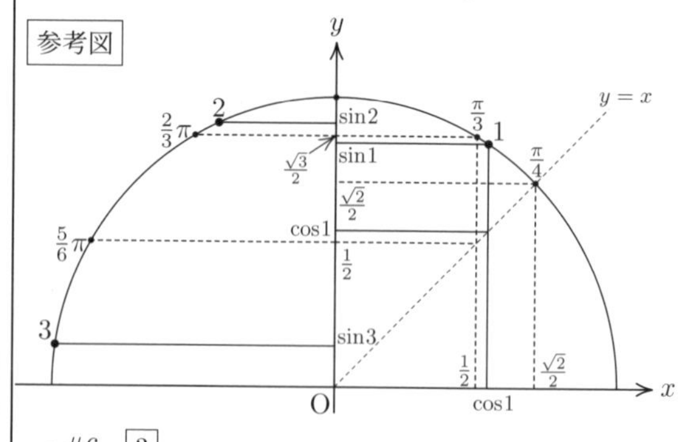

#6−[3]

$a_1 = 2$，$a_{n+1} = \dfrac{n+2}{n}a_n + 1 \ (n = 1,\ 2,\ 3,\ \cdots)$

によって定義される数列 $\{a_n\}$ の一般項 a_n を求めよ．

【1994 弘前大学 (前期)】

解説　$a_{n+1}=\dfrac{n+2}{n}a_n+1$ の両辺を $(n+1)(n+2)$ で割ると,

$$\frac{a_{n+1}}{(n+1)(n+2)}=\frac{a_n}{n(n+1)}+\frac{1}{(n+1)(n+2)}.$$

これより，$b_n=\dfrac{a_n}{n(n+1)}$ とおくと,

$$b_{n+1}=b_n+\frac{1}{(n+1)(n+2)}$$

が成り立つので，$\{b_n\}$ の階差数列が $\left\{\dfrac{1}{(n+1)(n+2)}\right\}$ となっている．したがって，$n=2,\ 3,\ 4,\ \cdots$ に対して,

$$\begin{aligned}b_n&=b_1+\sum_{k=1}^{n-1}\frac{1}{(k+1)(k+2)}\\&=\frac{a_1}{2\cdot1}+\sum_{k=1}^{n-1}\left(\frac{1}{k+1}-\frac{1}{k+2}\right)\\&=1+\left(\frac{1}{2}-\frac{1}{n+1}\right).\end{aligned}$$

$b_1=1$ より，この結果は $n=1$ でも成立する．
したがって,

$$b_n=\frac{3n+1}{2(n+1)}\quad(n=1,\ 2,\ 3,\ \cdots).$$

ゆえに,

$$a_n=n(n+1)b_n=\boldsymbol{\frac{n(3n+1)}{2}}\ (n=1,\ 2,\ 3,\ \cdots).$$

#6−4

整式 $f(x)$，$g(x)$ が次の関係式を満たしている．

$$f(x)=x^2+\int_0^1 tg(t)\,dt,\quad g(x)=2x+\int_0^1 f(t)\,dt.$$

(1) $f(x)$，$g(x)$ を求めよ．
(2) 曲線 $y=f(x)$ と直線 $y=g(x)$ で囲まれた図形の面積を求めよ．

【1995 山梨大学 (前期) 教育学部】

解説

(1) $\displaystyle\int_0^1 tg(t)\,dt=A$，$\displaystyle\int_0^1 f(t)\,dt=B$ とおくと，A，B は定数であり,

$$f(x)=x^2+A,\quad g(x)=2x+B.$$

すると,

$$\begin{aligned}A&=\int_0^1 t(2t+B)\,dt\\&=\left[\frac{2}{3}t^3+\frac{B}{2}t^2\right]_0^1\\&=\frac{2}{3}+\frac{B}{2}.\end{aligned}\qquad\cdots①$$

一方,

$$\begin{aligned}B&=\int_0^1(t^2+A)\,dt\\&=\left[\frac{1}{3}t^3+At\right]_0^1\\&=\frac{1}{3}+A.\end{aligned}\qquad\cdots②$$

①，②を A，B の連立方程式とみて解くと,

$$A=\frac{5}{3},\quad B=2.$$

$$\therefore\ f(x)=\boldsymbol{x^2+\frac{5}{3}},\quad g(x)=\boldsymbol{2x+2}.$$

(2) 曲線 $y=f(x)=x^2+\dfrac{5}{3}$ と直線 $y=g(x)=2x+2$ との共有点について,

$$\begin{aligned}&x^2+\frac{5}{3}=2x+2\\\iff&x^2-2x-\frac{1}{3}=0\\\iff&x=1\pm\frac{2}{\sqrt3}\end{aligned}$$

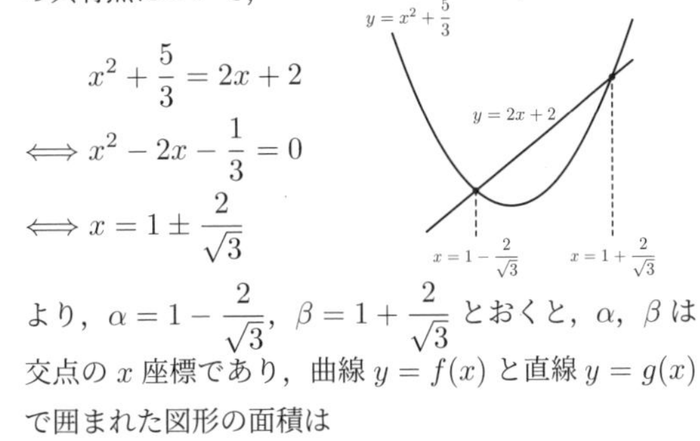

より，$\alpha=1-\dfrac{2}{\sqrt3}$，$\beta=1+\dfrac{2}{\sqrt3}$ とおくと，α，β は交点の x 座標であり，曲線 $y=f(x)$ と直線 $y=g(x)$ で囲まれた図形の面積は

$$\begin{aligned}&\int_\alpha^\beta-(x-\alpha)(x-\beta)\,dx\\=&\frac{1}{6}(\beta-\alpha)^3=\frac{1}{6}\left(\frac{4}{\sqrt3}\right)^3=\boldsymbol{\frac{32}{27}\sqrt3}.\end{aligned}$$

参考　本問は，2 つの関数の Fredholm 型連立積分方程式である．積分方程式については，#3−6 を参照せよ．

#6−5

半径 $\sqrt3$ の円に内接する四角形 ABCD において，BC = 2AB，∠ABC = 120° であり，対角線 BD は ∠ABC の二等分線である．対角線 BD, AC の交点を E とするとき，次の問いに答えよ．

(1) AC の長さと四角形 ABCD の面積を求めよ．
(2) BE : ED を最も簡単な整数の比で表せ．
(3) AE および ED の長さを求めよ．

【2008 法政大学 現代福祉学部】

解説 三角形 ACD は正三角形であることに注意.

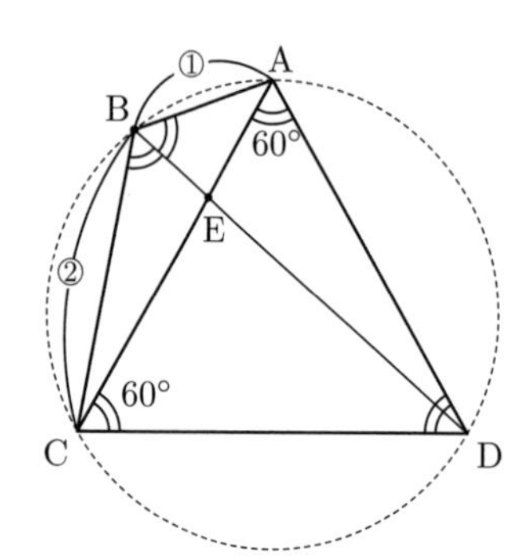

(1) 三角形 ABC で正弦定理により,

$$\frac{\mathrm{AC}}{\sin 120^\circ} = 2 \cdot \sqrt{3}.$$

$$\therefore\ \ \mathrm{AC} = 2\sqrt{3}\sin 120^\circ = 2\sqrt{3} \cdot \frac{\sqrt{3}}{2} = \mathbf{3}.$$

$\mathrm{AB} = x$ とおくと, $\mathrm{BC} = 2x$ となり, 三角形 ABC で余弦定理を用いると,

$$x^2 + (2x)^2 - 2 \cdot x \cdot 2x \cdot \cos 120^\circ = 3^2.$$

$$\therefore\ \ x^2 = \frac{9}{7}.$$

$x > 0$ より,

$$x = \mathrm{AB} = \frac{3}{\sqrt{7}}.$$

したがって, 四角形 ABCD の面積は

$$\begin{aligned}&\triangle\mathrm{ABC} + \triangle\mathrm{ACD}\\ &= \frac{1}{2} \cdot x \cdot 2x \cdot \sin 120^\circ + \frac{1}{2} \cdot 3 \cdot 3 \cdot \sin 60^\circ\\ &= \frac{\mathbf{81}}{\mathbf{28}}\boldsymbol{\sqrt{3}}.\end{aligned}$$

(2)

$$\begin{aligned}\mathrm{BE} : \mathrm{ED} &= \triangle\mathrm{ABC} : \triangle\mathrm{ACD}\\ &= \frac{1}{2} \cdot x \cdot 2x \cdot \sin 120^\circ : \frac{1}{2} \cdot 3 \cdot 3 \cdot \sin 60^\circ\\ &= 2x^2 : 3^2 = \frac{18}{7} : 9 = \mathbf{2 : 7}.\end{aligned}$$

(3) 角の二等分線の性質より,

$$\mathrm{AE} : \mathrm{EC} = \mathrm{AB} : \mathrm{AC} = 1 : 2.$$

これより,

$$\mathrm{AE} = \frac{1}{3}\mathrm{AC} = \mathbf{1}.$$

また, $\mathrm{EC} = 2$ であり, 三角形 ECD で余弦定理より,

$$\mathrm{ED}^2 = 2^2 + 3^2 - 2 \cdot 2 \cdot 3 \cdot \cos 60^\circ = 7.$$

$$\therefore\ \ \mathrm{ED} = \boldsymbol{\sqrt{7}}.$$

#6－6

x の方程式 $(\log_3 x)^2 - \left|\log_3 x^2\right| - \log_3 x = k$ (k は定数) が, 相異なる 4 個の実数解 α, β, γ, δ をもつとき, 次の各問いに答えよ.

(1) k の値の範囲を求めよ.

(2) 積 $\alpha\beta\gamma\delta$ の値を求めよ.

【1997 北海道教育大学 (前期)】

解説 真数条件より, $x > 0$ が前提.

(1)
$$\begin{aligned}&(\log_3 x)^2 - \left|\log_3 x^2\right| - \log_3 x = k \qquad \cdots ①\\ \iff\ &(\log_3 x)^2 - |2\log_3 x| - \log_3 x = k\\ \iff\ &(\log_3 x)^2 - 2|\log_3 x| - \log_3 x = k.\end{aligned}$$

ここで, $\log_3 x = t$ とおくと,

$$t^2 - 2|t| - t = k. \qquad \cdots ②$$

$$t^2 - 2|t| - t = \begin{cases} t^2 - 3t & (t \geqq 0 \text{ のとき}),\\ t^2 + t & (t < 0 \text{ のとき}) \end{cases}$$

より, $y = t^2 - 2|t| - t$ のグラフは次のようになる.

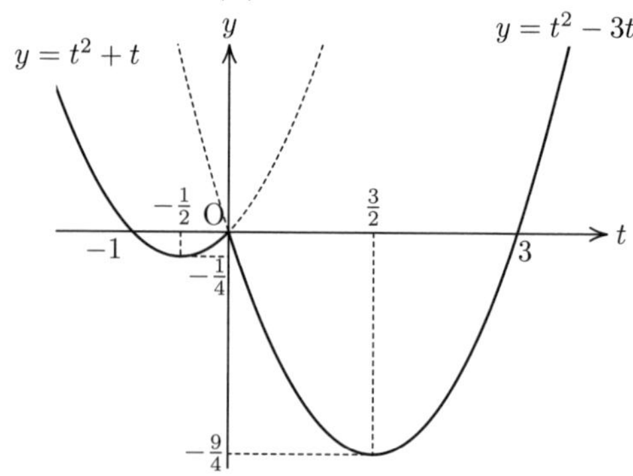

$\log_3 x = t$ により実数 t と正の実数 x が一対一に対応するので, ①が異なる 4 個の実数解をもつ条件は, ②が異なる 4 個の実数解をもつことであり, これより, 求める k の値の範囲は

$$\boldsymbol{-\frac{1}{4} < k < 0}.$$

(2) $-\dfrac{1}{4} < k < 0$ のとき, ①の 4 つの解 α, β, γ, δ を $\alpha < \beta < \gamma < \delta$ であるとする. このように仮定しても, 本問を解く上で一般性を欠くことはない.
すると, $\log_3 \alpha$, $\log_3 \beta$ は

$$t^2 + t = k$$

の 2 解であり, $\log_3 \gamma$, $\log_3 \delta$ は

$$t^2 - 3t = k$$

の 2 解であるから，解と係数の関係より，

$$\log_3\alpha+\log_3\beta=-\frac{1}{1},\ \log_3\gamma+\log_3\delta=-\frac{-3}{1}.$$

これより，

$$\log_3\alpha+\log_3\beta+\log_3\gamma+\log_3\delta=-1+3=2.$$

$$\therefore\ \alpha\beta\gamma\delta=3^2=\mathbf{9}.$$

注意 置き換えた文字に関する方程式の条件を考える問題を“解の対応”の問題という (#5− 6 参照).

#6− 7

一辺の長さが 1 の正八角形 ABCDEFGH において，$\overrightarrow{\mathrm{AB}}=\vec{a}$，$\overrightarrow{\mathrm{AH}}=\vec{b}$ とする．

(1) 内積 $\vec{a}\cdot\vec{b}$ を求めよ．

(2) 線分 AD と線分 BG の交点を I とするとき，$\overrightarrow{\mathrm{AI}}$ を $\vec{a}$，$\vec{b}$ を用いて表せ．

(3) $\overrightarrow{\mathrm{AE}}$ を $\vec{a}$，$\vec{b}$ を用いて表せ．

【1995 宮崎大学 (前期) 教育・農学部】

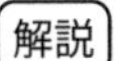

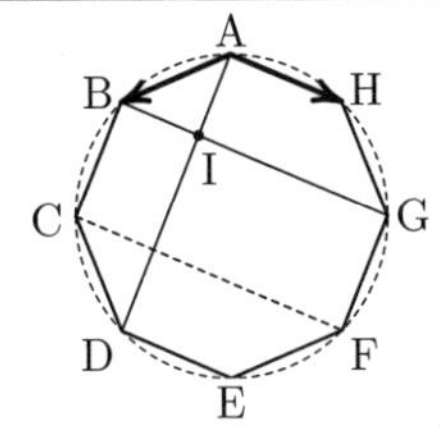

(1) 正八角形の 1 つの外角の大きさは $\dfrac{360^\circ}{8}=45^\circ$ より，正八角形の 1 つの内角の大きさは $180^\circ-45^\circ=135^\circ$ であるから，

$$\vec{a}\cdot\vec{b}=1\cdot1\cdot\cos135^\circ=-\boldsymbol{\frac{\sqrt{2}}{2}}.$$

(2) 三角形 ABI は ∠AIB = 90° の直角二等辺三角形であることと，AH と BG が平行であることに注意すると，

$$\overrightarrow{\mathrm{BI}}=\frac{1}{\sqrt{2}}\overrightarrow{\mathrm{AH}}$$

より，

$$\overrightarrow{\mathrm{AI}}=\overrightarrow{\mathrm{AB}}+\overrightarrow{\mathrm{BI}}=\boldsymbol{\vec{a}+\frac{1}{\sqrt{2}}\vec{b}}.$$

(3) 線分 AD と線分 CF の交点を J とすると，四角形 BCJI は長方形であり，三角形 CDJ は ∠CJD = 90° の直角二等辺三角形であることから，

$$\mathrm{AI}=\mathrm{JD}=\frac{1}{\sqrt{2}},\quad \mathrm{IJ}=1$$

より，

$$\overrightarrow{\mathrm{AD}}=\frac{\mathrm{AD}}{\mathrm{AI}}\overrightarrow{\mathrm{AI}}=\frac{2\cdot\frac{1}{\sqrt{2}}+1}{\frac{1}{\sqrt{2}}}\overrightarrow{\mathrm{AI}}=(2+\sqrt{2})\overrightarrow{\mathrm{AI}}.$$

よって，

$$\begin{aligned}\overrightarrow{\mathrm{AE}}&=\overrightarrow{\mathrm{AD}}+\overrightarrow{\mathrm{DE}}=(2+\sqrt{2})\overrightarrow{\mathrm{AI}}+\overrightarrow{\mathrm{AH}}\\&=(2+\sqrt{2})\left(\vec{a}+\frac{1}{\sqrt{2}}\vec{b}\right)+\vec{b}\\&=\boldsymbol{(2+\sqrt{2})(\vec{a}+\vec{b})}.\end{aligned}$$

#6− 8

整式 $P(x)$ を $(x-1)(x+2)$ で割ると余りが $2x-1$，$(x-2)(x-3)$ で割ると余りが $x+7$ であった．$P(x)$ を $(x+2)(x-3)$ で割ったときの余りを求めよ．

【2014 長崎大学 (前期) 工学部】

解説 条件より，多項式 $Q_1(x)$，$Q_2(x)$ を用いて，

$$f(x)=(x-1)(x+2)Q_1(x)+(2x-1),\qquad\cdots①$$

$$f(x)=(x-2)(x-3)Q_2(x)+(x+7)\qquad\cdots②$$

とかける．$f(x)$ を 2 次式 $(x+2)(x-3)$ で割った余りは $ax+b$ とおけ，商を $Q(x)$ とすれば，

$$f(x)=(x+2)(x-3)Q(x)+ax+b.\qquad\cdots③$$

①，③に $x=-2$ を代入することで，

$$-5=f(-2)=-2a+b\qquad\cdots④$$

が得られ，②，③に $x=3$ を代入することで，

$$10=f(3)=3a+b\qquad\cdots⑤$$

が得られる．④，⑤より，

$$a=3,\quad b=1.$$

よって，求める余りは

$$\boldsymbol{3x+1}.$$

参考 本問を幾何的に捉える視点を解説しておく．

α，β を相異なる実数とするとき，多項式 $P(x)$ を $(x-\alpha)(x-\beta)$ で割った余りを $\ell(x)$ とすると，直線 $y=\ell(x)$ は 2 点 $(\alpha,\ P(\alpha))$，$(\beta,\ P(\beta))$ を通る直線である．このことは，$P(x)=\ell(x)$ が $x=\alpha,\beta$ を解にもつことからわかる (#1− 6 参照).

このことから，本問は次のように捉えることができる．

xy 座標平面上で，$y=P(x)$ のグラフについて，整式 $P(x)$ を $(x-1)(x+2)$ で割ると余りが $2x-1$ であることから，直線 $y=2x-1$ が 2 点 $(1,\ P(1))$，$(-2,\ P(-2))$ を通ることが読み取れ，整式 $P(x)$ を $(x-2)(x-3)$ で割

ると余りが $x+7$ であることから，直線 $y=x+7$ が 2 点 $(2,\ P(2))$，$(3,\ P(3))$ を通ることが読み取れる．求める余りは，$P(x)$ を 2 次式 $(x+2)(x-3)$ で割ったときの余りであるから，高々 1 次式でこれを $\ell(x)$ とすると，直線 $y=\ell(x)$ は 2 点 $(-2,\ P(-2))$，$(3,\ P(3))$ を通る．

これより，

$$\begin{aligned}\ell(x)&=\frac{P(3)-P(-2)}{3-(-2)}(x-3)+P(3)\\&=\frac{10-(-5)}{3-(-2)}(x-3)+10=3x+1.\end{aligned}$$

ちょうど，連立方程式 ④，⑤を解く操作が，2 点 $(-2,\ -5)$，$(3,\ 10)$ を通る直線の式を求める操作に対応している．

#6−9

一般に，円に内接する四角形 ABCD について

$$\mathrm{AB}\cdot\mathrm{CD}+\mathrm{AD}\cdot\mathrm{BC}=\mathrm{AC}\cdot\mathrm{BD}$$

の成立が知られている．このことを利用して次の問いに答えよ．

(1) 1 辺の長さが 1 の正五角形 ABCDE の対角線 AC の長さを求めよ．

(2) 正七角形 ABCDEFG で $\mathrm{AB}=x$，$\mathrm{AC}=y$，$\mathrm{AD}=z$ とする．このとき，$\dfrac{1}{y}+\dfrac{1}{z}$ を x の式で表せ．

【2008 神戸薬科大】

解説

(1) 1 辺の長さが 1 の正五角形の対角線の長さを t とする．

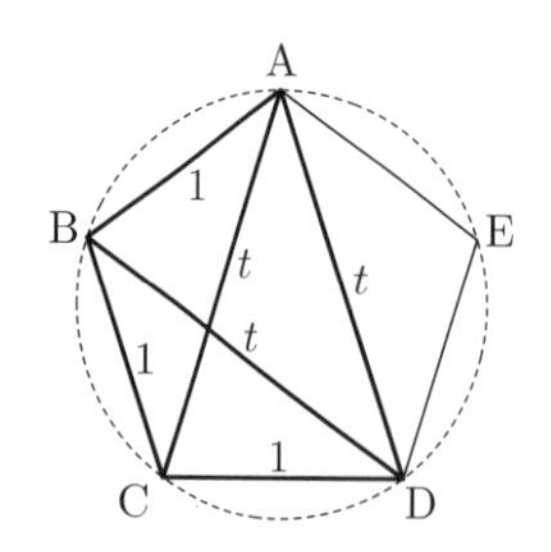

四角形 ABCD は円に内接する四角形であるから，

$$\mathrm{AB}\cdot\mathrm{CD}+\mathrm{AD}\cdot\mathrm{BC}=\mathrm{AC}\cdot\mathrm{BD}$$

が成り立つ．これより，

$$1\cdot1+t\cdot1=t\cdot t.$$

$$t^2-t-1=0.$$

$t>0$ より，

$$t=\mathrm{AC}=\boldsymbol{\frac{1+\sqrt{5}}{2}}.$$

(2)

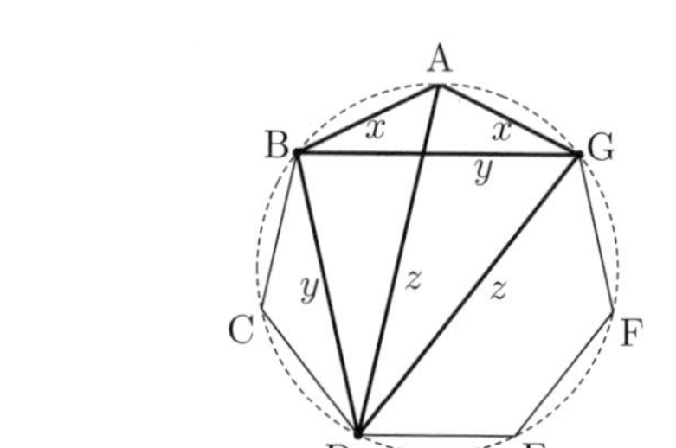

四角形 ABDG は円に内接する四角形であるから，

$$\mathrm{AB}\cdot\mathrm{DG}+\mathrm{AG}\cdot\mathrm{BD}=\mathrm{AD}\cdot\mathrm{BG}$$

が成り立つ．これより，

$$x\cdot z+x\cdot y=z\cdot y.$$

この両辺を $xyz\ (\neq 0)$ で割って，

$$\frac{1}{y}+\frac{1}{z}=\boldsymbol{\frac{1}{x}}$$

を得る．

参考　本問で認めて用いた円に内接する四角形についての主張は，**Ptolemy(トレミー) の定理**として知られている．ここでは，“面積” を用いたトレミーの定理の証明を紹介しよう (余弦定理で証明することもできる)．この証明を見れば，対辺同士の積がどこから出てくるのか，その由来が理解出来る．

補題

凸四角形 ABCD において，2 つの対角線の長さが $\mathrm{AC}=x$，$\mathrm{BD}=y$ で，そのなす角が θ であるとき，四角形 ABCD の面積 S は，$S=\dfrac{1}{2}xy\sin\theta$ で与えられる．

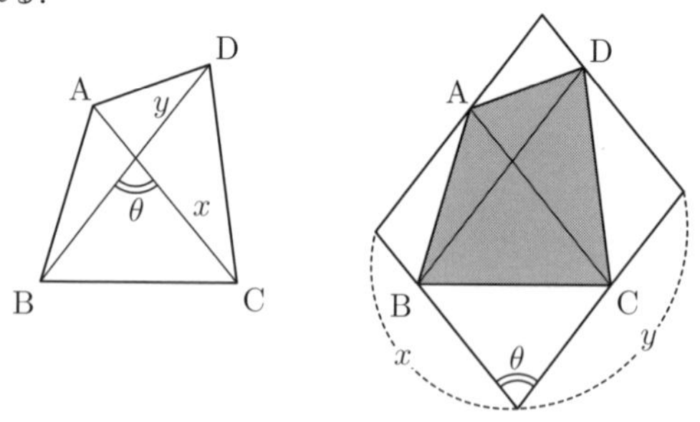

証明 (トレミーの定理)　$\angle\mathrm{BAC}=\mathrm{BDC}=\alpha$ とおき，$\angle\mathrm{ABD}=\beta$ とおくと，2 つの対角線のなす角は，$\alpha+\beta\ (=\theta$とおく$)$ であるから，補題から，四角形 ABCD の面積 S は，

$$S=\frac{1}{2}\underbrace{\mathrm{AC}\cdot\mathrm{DB}}\sin\theta.\qquad\cdots①$$

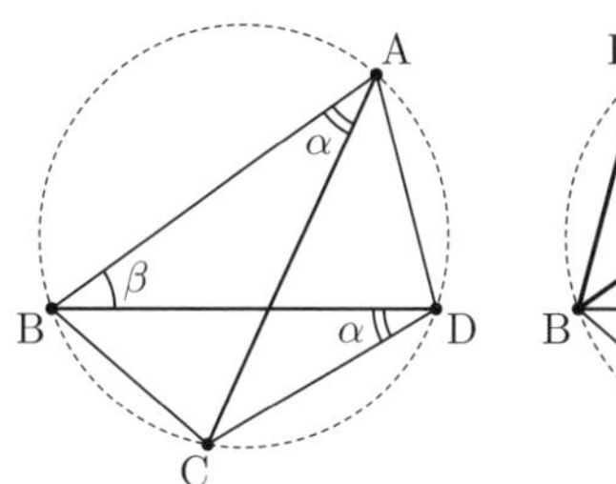

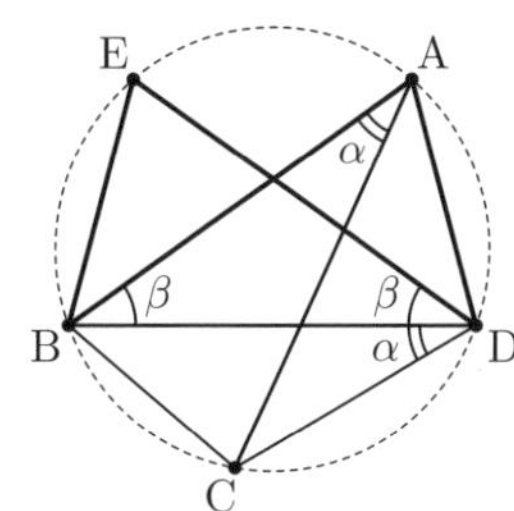

一方，BD の垂直二等分線に関して三角形 ABD を線対称移動して，A が移る点を E とすると，点 E は円 K 上にある．すると，

$$\begin{aligned} S &= \triangle\mathrm{ABD} + \triangle\mathrm{BCD} = \triangle\mathrm{EDB} + \triangle\mathrm{BCD} \\ &= (\text{四角形 DEBC の面積}) = \triangle\mathrm{DEC} + \triangle\mathrm{BCE} \\ &= \frac{1}{2}\,\mathrm{DE}\cdot\mathrm{DC}\sin\theta + \frac{1}{2}\,\mathrm{BE}\cdot\mathrm{BC}\sin(180^\circ - \theta) \\ &= \frac{1}{2}\underbrace{(\mathrm{AB}\cdot\mathrm{DC} + \mathrm{AD}\cdot\mathrm{BC})}\sin\theta. \qquad \cdots ② \end{aligned}$$

①，② および，$\sin\theta \neq 0$ であることから，

$$\mathrm{AC}\cdot\mathrm{DB} = \mathrm{AB}\cdot\mathrm{DC} + \mathrm{AD}\cdot\mathrm{BC}$$

が従う． ■

注意　(2) は，四角形 ABCE に対して Ptolemy の定理を適用してもよい．

#6− 10

$\dfrac{\pi}{6} \leqq x < \dfrac{\pi}{2}$ のとき，等式

$$(1+\sqrt{3})\sin x \tan x = 2\sqrt{3}\sin x + (1-\sqrt{3})\cos x$$

を満たす x の値を求めよ．

【2008 宮崎大学 (前期) 工学部】

解説　$\dfrac{\pi}{6} \leqq x < \dfrac{\pi}{2}$ のもとで，

$$\begin{aligned} & (1+\sqrt{3})\sin x \tan x = 2\sqrt{3}\sin x + (1-\sqrt{3})\cos x \\ \iff & (1+\sqrt{3})\sin x \cdot \frac{\sin x}{\cos x} = 2\sqrt{3}\sin x + (1-\sqrt{3})\cos x \\ \iff & (1+\sqrt{3})\sin^2 x = 2\sqrt{3}\sin x\cos x + (1-\sqrt{3})\cos^2 x \\ \iff & (1+\sqrt{3})\cdot\frac{1-\cos 2x}{2} = \sqrt{3}\sin 2x + (1-\sqrt{3})\cdot\frac{1+\cos 2x}{2} \\ \iff & \underbrace{\sqrt{3}\sin 2x + \cos 2x = \sqrt{3}}_{(*)}. \end{aligned}$$

ここで，XY 平面において，単位円のうち $\left\{(\cos 2x,\ \sin 2x)\,\middle|\, \dfrac{\pi}{6} \leqq x < \dfrac{\pi}{2}\right\}$ つまり $\left\{(\cos t,\ \sin t)\,\middle|\, \dfrac{\pi}{3} \leqq t < \pi\right\}$ の部分と直線 $\sqrt{3}Y + X = \sqrt{3}$ との位置関係は，次の図のように，(0, 1) でのみ交わる (直線 $\sqrt{3}Y + X = \sqrt{3}$ は傾きが $-\dfrac{1}{\sqrt{3}}$ で，点 (0, 1) を通ることに注意)．

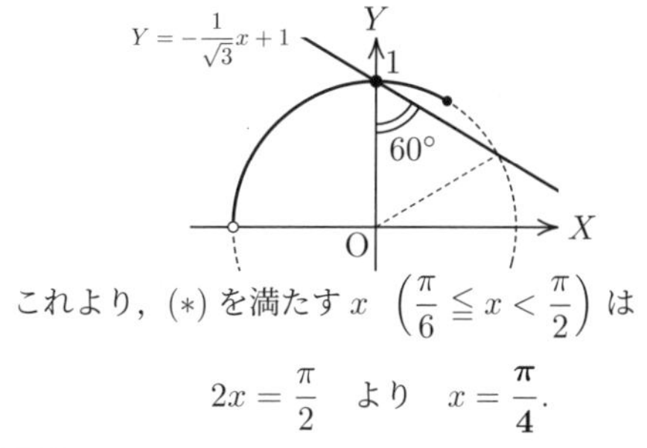

これより，(∗) を満たす x $\left(\dfrac{\pi}{6} \leqq x < \dfrac{\pi}{2}\right)$ は

$$2x = \frac{\pi}{2} \quad \text{より} \quad x = \boldsymbol{\frac{\pi}{4}}.$$

参考　$\sqrt{3}\sin 2x + \cos 2x = \sqrt{3}$ の変形の後は，“合成” によって，$\sin\left(2x + \dfrac{\pi}{6}\right) = \dfrac{\sqrt{3}}{2}$ を得て，$\dfrac{\pi}{2} \leqq 2x + \dfrac{\pi}{6} < \dfrac{7}{6}\pi$ であるから，$\sin\left(2x + \dfrac{\pi}{6}\right) = \dfrac{\sqrt{3}}{2}$ を満たす x $\left(\dfrac{\pi}{6} \leqq x < \dfrac{\pi}{2}\right)$ は，$2x + \dfrac{\pi}{6} = \dfrac{2}{3}\pi$ より，$x = \boldsymbol{\dfrac{\pi}{4}}$ としてもよい．

#6− 11

123 から 789 までの 3 桁の数から，1 つを無作為に選び出すとき，同じ数字が 2 つ以上含まれている確率を求めよ．

【2012 産業医科大学】

解説　選び出される数は，123, 124, 125, ⋯, 788, 789 の 667 通りあり，これらが同様に確からしい．

一旦，百の位が 1 以上 7 以下の 3 桁の整数のうち，どの位の数も異なるものを考える．その総数は，百の位の選び方が 7 通りあり，そのそれぞれに対し，十の位は百の位の数以外の 9 通りあり，一の位の数は百と十の位の数以外の 8 通りあることから，

$$7 \times 9 \times 8 = 504$$

個ある．123 から 789 までの 3 桁の数のうち，どの位の数も異なるものは，これら 504 個の数のうち，123 より小さい

102, 103, 104, 105, 106, 107, 108, 109, 120

の 9 個と 789 より大きい

790, 791, 792, 793, 794, 795, 796, 798

の 8 個を除いた

$$504 - (9 + 8) = 487$$

個ある．

したがって，123 から 789 までの 3 桁の数のうち同じ数字が 2 つ以上含まれているものは，

$$667 - 487 = 180$$

個あるので，求める確率は

$$\boldsymbol{\frac{180}{667}}.$$

#7-1

箱の中に 1 文字ずつ書かれたカードが 10 枚ある．そのうち 5 枚には A，3 枚には B，2 枚には C と書かれている．箱から 1 枚ずつ，3 回カードを取り出す試行を考える．

(1) カードを取り出すごとに箱に戻す場合，1 回目と 3 回目に取り出したカードの文字が一致する確率を求めよ．

(2) 取り出したカードを箱に戻さない場合，1 回目と 3 回目に取り出したカードの文字が一致する確率を求めよ．

(3) 取り出したカードを箱に戻さない場合，2 回目に取り出したカードの文字が C であるとき，1 回目と 3 回目に取り出したカードの文字が一致する条件つき確率を求めよ．

【2022 北海道大学 (前期) 文系学部】

解説

(1) A で一致する確率は $\left(\dfrac{5}{10}\right)^2$ であり，B で一致する確率は $\left(\dfrac{3}{10}\right)^2$ であり，C で一致する確率は $\left(\dfrac{2}{10}\right)^2$ であるから，これらをあわせて，求める確率は

$$\frac{5^2+3^2+2^2}{10^2}=\mathbf{\frac{19}{50}}.$$

(2) 1 回目，3 回目，2 回目の順に考えると，A で一致する確率は $\dfrac{5\cdot4\cdot8}{10\cdot9\cdot8}$ であり，B で一致する確率は $\dfrac{3\cdot2\cdot8}{10\cdot9\cdot8}$ であり，C で一致する確率は $\dfrac{2\cdot1\cdot8}{10\cdot9\cdot8}$ であるから，これらをあわせて，求める確率は

$$\frac{(5\cdot4+3\cdot2+2\cdot1)\cdot8}{10\cdot9\cdot8}=\frac{20+6+2}{10\cdot9}=\mathbf{\frac{14}{45}}.$$

(3)「2 回目に取り出したカードの文字が C である」という事象を X，「1 回目と 3 回目に取り出したカードの文字が一致する」という事象を Y とすると，求める条件つき確率は

$$P_X(Y)=\frac{P(X\cap Y)}{P(X)}$$

である．ここで，$P(X)=\dfrac{2\cdot9}{10\cdot9}=\dfrac{1}{5}$ であり，事象 $X\cap Y$ が起こるのは，取り出すカードが

2 回目，1 回目の順に考えている!

A → C → A　または　B → C → B

のときであるから，

$$P(X\cap Y)=\frac{5\cdot2\cdot4+3\cdot2\cdot2}{10\cdot9\cdot8}=\frac{13}{180}.$$

よって，求める条件付き確率は

$$P_X(Y)=\frac{P(X\cap Y)}{P(X)}=\frac{\frac{13}{180}}{\frac{1}{5}}=\mathbf{\frac{13}{36}}.$$

#7-2

曲線 $C: y=x^2-2x+1$ と直線 $\ell: y=x+k$ が異なる 2 点 P，Q で交わり，点 P における曲線 C の接線と，点 Q における曲線 C の接線が直交している．ただし，P の x 座標は Q の x 座標より小さいものとする．

(1) k の値を求めよ．

(2) 2 点 P，Q の座標を求めよ．

(3) 曲線 C と直線 ℓ で囲まれる部分の面積を求めよ．

【2001 大分大学 (前期) 経済学部】

解説

(1) C と ℓ が異なる 2 点で交わる条件は

$$x^2-2x+1=x+k$$

が異なる 2 つの実数解をもつこと，すなわち，

$$x^2-3x+(1-k)=0 \qquad \cdots①$$

の判別式 D が正であることである．

$$D=3^2-4(1-k)=5+4k>0$$

より，

$$k>-\frac{5}{4}. \qquad \cdots②$$

②のとき，①の 2 解を $x=\alpha,\ \beta\ (\alpha<\beta)$ とすると，これらが P，Q の x 座標であり，$f(x)=x^2-2x+1$ とすると，P，Q での C の接線が直交することから，

$$f'(\alpha)\times f'(\beta)=-1.$$

$f'(x)=2x-2=2(x-1)$ より，

$$2(\alpha-1)\times2(\beta-1)=-1. \qquad \cdots③$$

ここで，$\alpha,\ \beta$ は①の 2 解であることから，解と係数の関係により，

$$\alpha+\beta=-\frac{-3}{1}=3,\quad \alpha\beta=\frac{1-k}{1}=1-k$$

であるから，

$$\begin{aligned}(③の左辺)&=4\{\alpha\beta-(\alpha+\beta)+1\}\\&=4\{(1-k)-3+1\}\\&=4(-1-k)\end{aligned}$$

となるので，

$$4(-1-k)=-1 \quad より \quad \boldsymbol{k=-\frac{3}{4}}.$$

（これは ② を満たす．）

参考 ③の左辺を k で表す際，次のように計算することもできる．

$$(③の左辺)=4(1-\alpha)(1-\beta)$$

と書けることに注目する．

$\alpha,\ \beta$ は①の 2 解であることから，

$$x^2-3x+(1-k)=(x-\alpha)(x-\beta)$$

であり，これに $x=1$ を代入することで，

$$(1-\alpha)(1-\beta)=1^2-3\cdot1+(1-k)=-1-k$$

が得られ，それゆえ，

$$(③の左辺)=4(1-\alpha)(1-\beta)=4(-1-k).$$

(2) (1) より，$\ell: y=x-\dfrac{3}{4}$ であり，①は

$$x^2-3x+\frac{7}{4}=0.$$

これを解くと，

$$x=\frac{3\pm\sqrt{2}}{2}.$$

これより，P の x 座標 $\alpha=\dfrac{3-\sqrt{2}}{2}$ であり，Q の x 座標 $\beta=\dfrac{3+\sqrt{2}}{2}$ である．

ℓ の式からそれぞれ y 座標を求めて，

$$\mathrm{P}\left(\boldsymbol{\frac{3-\sqrt{2}}{2},\ \frac{3-2\sqrt{2}}{4}}\right),\ \mathrm{Q}\left(\boldsymbol{\frac{3+\sqrt{2}}{2},\ \frac{3+2\sqrt{2}}{4}}\right).$$

(3) 求める面積は

$$\int_\alpha^\beta -(x-\alpha)(x-\beta)\,dx=\frac{1}{6}(\beta-\alpha)^3=\frac{1}{6}(\sqrt{2})^3=\boldsymbol{\frac{\sqrt{2}}{3}}.$$

#7−3

二項係数を次のように順番に並べて，数列 $\{a_n\}$ を定める．

$${}_0\mathrm{C}_0,\ {}_1\mathrm{C}_0,\ {}_1\mathrm{C}_1,\ {}_2\mathrm{C}_0,\ {}_2\mathrm{C}_1,\ {}_2\mathrm{C}_2,\ {}_3\mathrm{C}_0,\ \cdots$$

ただし，${}_0\mathrm{C}_0=1$ とする．

(1) a_{18} の値を求めよ．

(2) ${}_n\mathrm{C}_k$ は第何項になるか．

(3) $\displaystyle\sum_{n=1}^{50} a_n$ の値を求めよ．

【1999 岐阜大学 (前期) 農学部】

解説

(1) 第 m 群を

$${}_{m-1}\mathrm{C}_0,\ {}_{m-1}\mathrm{C}_1,\ \cdots,\ {}_{m-1}\mathrm{C}_{m-1}$$

の m 個の数からなるものとする．

第 m 群の最後の項は，数列 $\{a_n\}$ の

$$1+2+\cdots+m=\frac{m(m+1)}{2} \text{ 項目}$$

である．特に，第 5 群の最後の項は，数列 $\{a_n\}$ の

$$1+2+\cdots+5=\frac{5\cdot6}{2}=15 \text{ 項目}$$

であり，第 6 群の最後の項は，数列 $\{a_n\}$ の

$$1+2+\cdots+6=\frac{6\cdot7}{2}=21 \text{ 項目}$$

であるから，a_{18} は第 6 群の 3 番目の項であり，

$$a_{18}={}_5\mathrm{C}_2=\boldsymbol{10}.$$

注意 本問は "群数列" の問題である．群数列では，第 m 群の最後に注目するとよい．

その際，第 m 群の最後は，

$$\sum_{k=1}^{m}(\text{第 } k \text{ 群に含まれる項数})$$

項目であることを用いる．(1) では，a_{18} を調べるにあたり，$\dfrac{m(m+1)}{2}$ が 18 くらいの値になるような m を考え，第 5 群の最後の項である $a_{\frac{5\cdot6}{2}}=a_{15}$ を手掛かりに考えた．

(2) ${}_n\mathrm{C}_k$ は第 $(n+1)$ 群の $(k+1)$ 番目の数であり，数列 $\{a_n\}$ の

$$\boldsymbol{\frac{n(n+1)}{2}+k+1} \textbf{ 項目.}$$

(3) 第 m 群の和は，二項定理により，

$$\sum_{r=0}^{m-1} {}_{m-1}\mathrm{C}_r=(1+1)^{m-1}=2^{m-1}.$$

第 9 群の最後の項は，数列 $\{a_n\}$ の

$$1+2+\cdots+9=\frac{9\cdot10}{2}=45 \text{ 項目}$$

であり，第 10 群の最後の項は，数列 $\{a_n\}$ の

$$1+2+\cdots+10=\frac{10\cdot11}{2}=55 \text{ 項目}$$

であるから，a_{50} は第 10 群の 5 番目の項である．

さらに,

$${}_9\mathrm{C}_r = {}_9\mathrm{C}_{9-r} \quad (r = 0,\ 1,\ 2,\ 3,\ 4)$$

であることに注意すると,

$$\begin{aligned}\sum_{n=1}^{50} a_n &= \sum_{m=1}^{9}(\text{第 } m \text{ 群の和}) + a_{46} + \cdots + a_{50}\\ &= \sum_{m=1}^{9} 2^{m-1} + \underbrace{{}_9\mathrm{C}_0 + \cdots + {}_9\mathrm{C}_4}_{\frac{\text{第10群の和}}{2}}\\ &= (2^9 - 1) + \frac{2^{10-1}}{2} = \mathbf{767}.\end{aligned}$$

参考 二項係数の性質については,『大学入試問題で語る数論の世界』(清水健一, 講談社ブルーバックス) を参照. 二項係数以外にも勉強になることがたくさん書かれている名著ゆえ, オススメの教材であり, 息抜きにも読める!

#7- 4

平面上の三角形 ABC において, 辺 AB を 4 : 3 に内分する点を D, 辺 BC を 1 : 2 に内分する点を E とし, 線分 AE と CD の交点を O とする.

(1) $\overrightarrow{\mathrm{AB}} = \vec{p}$, $\overrightarrow{\mathrm{AC}} = \vec{q}$ とするとき, $\overrightarrow{\mathrm{AO}}$ を $\vec{p}$, $\vec{q}$ で表せ.

(2) 点 O が三角形 ABC の外接円の中心になるとき, 3 辺 AB, BC, CA の長さの 2 乗の比を求めよ.

【2008 千葉大学 (前期) 法・経済・教育学部】

解説

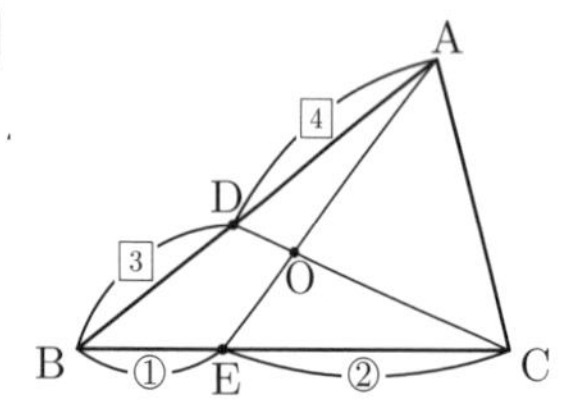

(1) 三角形 ABE と直線 DC について, メネラウスの定理により,

$$\frac{\mathrm{AD}}{\mathrm{DB}} \times \frac{\mathrm{BC}}{\mathrm{CE}} \times \frac{\mathrm{EO}}{\mathrm{OA}} = 1.$$

$$\frac{4}{3} \times \frac{3}{2} \times \frac{\mathrm{EO}}{\mathrm{OA}} = 1.$$

これより, AO : OE = 2 : 1 が得られるので,

$$\overrightarrow{\mathrm{AO}} = \frac{2}{3}\overrightarrow{\mathrm{AE}} = \frac{2}{3}\left(\frac{2}{3}\vec{p} + \frac{1}{3}\vec{q}\right) = \boldsymbol{\frac{4}{9}\vec{p} + \frac{2}{9}\vec{q}}.$$

参考 Menelaus の定理の代用として, 加重重心 (巻末付録 1 を参照) が利用できる.

実際, AD : DB = 4 : 3 であることから,

$$(\text{A の加重}) : (\text{B の加重}) = 3 : 4$$

とすればよいことがわかり, BE : EC = 1 : 2 であることから,

$$(\text{B の加重}) : (\text{C の加重}) = 2 : 1$$

とすればよいことがわかるので, 結局,

$$(\text{A の加重}) : (\text{B の加重}) : (\text{C の加重}) = 3 : 4 : 2$$

とすればよい. これより,

$$\mathrm{AO} : \mathrm{OE} = (\text{B の加重} + \text{C の加重}) : (\text{A の加重}) = 2 : 1$$

とわかるし,

$$\begin{aligned}&\triangle\mathrm{OBC} : \triangle\mathrm{OCA} : \triangle\mathrm{OAB}\\ &= (\text{A の加重}) : (\text{B の加重}) : (\text{C の加重})\\ &= 3 : 4 : 2\end{aligned}$$

であることもわかるので, それゆえ,

p.107「ベクトルとの関連性について」を参照.

$$\begin{aligned}\overrightarrow{\mathrm{AO}} &= \frac{\triangle\mathrm{OCA}}{\triangle\mathrm{ABC}}\overrightarrow{\mathrm{AB}} + \frac{\triangle\mathrm{OAB}}{\triangle\mathrm{ABC}}\overrightarrow{\mathrm{AC}}\\ &= \frac{(\text{B の加重})}{(\text{全加重})}\overrightarrow{\mathrm{AB}} + \frac{(\text{C の加重})}{(\text{全加重})}\overrightarrow{\mathrm{AC}}\\ &= \frac{4}{3+4+2}\overrightarrow{\mathrm{AB}} + \frac{2}{3+4+2}\overrightarrow{\mathrm{AC}}\\ &= \frac{4}{9}\overrightarrow{\mathrm{AB}} + \frac{2}{9}\overrightarrow{\mathrm{AC}}\end{aligned}$$

もわかる.

(2) O が三角形 ABC の外心であることから,

$$\left|\overrightarrow{\mathrm{OA}}\right| = \left|\overrightarrow{\mathrm{OB}}\right| = \left|\overrightarrow{\mathrm{OC}}\right|$$

が成り立つ.

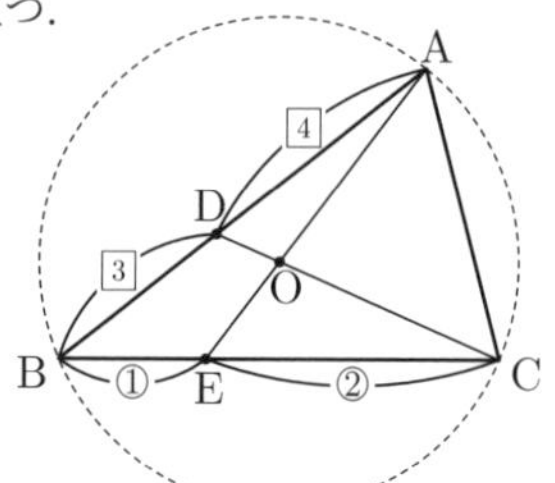

これより,

$$\left|\overrightarrow{\mathrm{AO}}\right|^2 = \left|\vec{p} - \overrightarrow{\mathrm{AO}}\right|^2 = \left|\vec{q} - \overrightarrow{\mathrm{AO}}\right|^2$$

が成り立つことから,

$$\begin{cases}\overrightarrow{\mathrm{AO}} \cdot \vec{p} = \dfrac{1}{2}\left|\vec{p}\right|^2,\\ \overrightarrow{\mathrm{AO}} \cdot \vec{q} = \dfrac{1}{2}\left|\vec{q}\right|^2.\end{cases}$$

(1) より, $\overrightarrow{\mathrm{AO}} = \frac{4}{9}\vec{p} + \frac{2}{9}\vec{q}$ であるから,

$$\begin{cases}\left(\dfrac{4}{9}\vec{p} + \dfrac{2}{9}\vec{q}\right) \cdot \vec{p} = \dfrac{1}{2}\left|\vec{p}\right|^2,\\ \left(\dfrac{4}{9}\vec{p} + \dfrac{2}{9}\vec{q}\right) \cdot \vec{q} = \dfrac{1}{2}\left|\vec{q}\right|^2.\end{cases}$$

これより,

$$\left|\vec{p}\right|^2 = 4\vec{p}\cdot\vec{q},\quad \left|\vec{q}\right|^2 = \frac{8}{5}\vec{p}\cdot\vec{q}.$$

このことから, $\vec{p}\cdot\vec{q} > 0$ であり, さらに,

$$\begin{aligned}\left|\overrightarrow{\mathrm{BC}}\right|^2 &= \left|\vec{q}-\vec{p}\right|^2\\ &= \left|\vec{q}\right|^2 + \left|\vec{p}\right|^2 - 2\vec{p}\cdot\vec{q}\\ &= \frac{8}{5}\vec{p}\cdot\vec{q} + 4\vec{p}\cdot\vec{q} - 2\vec{p}\cdot\vec{q}\\ &= \frac{18}{5}\vec{p}\cdot\vec{q}\end{aligned}$$

であるから,

$$\mathrm{AB}^2 : \mathrm{BC}^2 : \mathrm{CA}^2 = \left|\vec{p}\right|^2 : \left|\overrightarrow{\mathrm{BC}}\right|^2 : \left|\vec{q}\right|^2$$
$$= 4\vec{p}\cdot\vec{q} : \frac{18}{5}\vec{p}\cdot\vec{q} : \frac{8}{5}\vec{p}\cdot\vec{q} = \mathbf{10:9:4}.$$

参考 外心 O が辺 AB の垂直二等分線上にあることから, $\overrightarrow{\mathrm{AO}}\cdot\vec{p} = \frac{1}{2}\left|\vec{p}\right|^2$ が成り立ち, 外心 O が辺 AC の垂直二等分線上にあることから, $\overrightarrow{\mathrm{AO}}\cdot\vec{q} = \frac{1}{2}\left|\vec{q}\right|^2$ が成り立つことが "内積が正射影ベクトルとの内積" であることからわかる (巻末付録 2 を参照).

#7– 5

整数 x, y に対して, 有理数 $\frac{x}{13}+\frac{y}{31}$ を考える. $\frac{x}{13}+\frac{y}{31}$ が正で最小となるもののうち x も正で最小となる整数の組 $(x,\ y)$ を求めよ.

【2020 宮城教育大学 (前期) 教育学部】

解説 $\frac{x}{13}+\frac{y}{31} = \frac{31x+13y}{13\cdot 31}$ であり, 31 と 13 が互いに素であることから, 整数 x, y に対して $31x+13y$ は任意の整数値をとり得るので, 整数 x, y に対して $\frac{x}{13}+\frac{y}{31} = \frac{31x+13y}{13\cdot 31}$ がとる最小の正の値は, $\frac{1}{13\cdot 31}$ である.

これより, 求める組 $(x,\ y)$ は $31x+13y=1$ を満たす整数の組 $(x,\ y)$ のうち, x が正で最小のものである.

$$31\cdot(-5)+13\cdot 12 = 1$$

に着目すると, $31x+13y=1$ は

$$31(x+5) = 13(12-y)$$

と変形でき, これを満たす整数 $(x,\ y)$ は

$$(x,\ y) = (13k-5,\ 12-31k)\quad (k \text{ は整数}).$$

このうち x が正で最小のものは $k=1$ のときの

$$(x,\ y) = (\mathbf{8},\ \mathbf{-19}).$$

参考 記号 $\mathbb{Z}$ で整数全体の集合を表す. 一般に, 互いに素な正の整数 a, b に対して,

$$\left\{ax+by \mid x,\ y\in\mathbb{Z}\right\} = \mathbb{Z}\qquad\cdots(*)$$

が成り立つ. この事実は整数論 (特に, 1 次不定方程式の理論) では重要であるので, しっかり身につけておきたい内容である.

$(*)$ は

$$\left\{ax+by \mid x,\ y\in\mathbb{Z}\right\} \subset \mathbb{Z}\qquad\cdots(\dagger)$$

つまり, $ax+by$ が整数値であることと

$$\left\{ax+by \mid x,\ y\in\mathbb{Z}\right\} \supset \mathbb{Z}\qquad\cdots(\ddagger)$$

つまり, どんな整数値も $ax+by$ の形で書けることを主張している. $(\dagger)$ は明らかであるが, $(\ddagger)$ はそれほど明らかではない. $(\ddagger)$ を本問の $a=31$, $b=13$ の場合に説明しよう. $31x+13y=1$ を満たす整数 x, y の組があれば, たとえば,

$$31X+13Y=1\quad (X,\ Y : \text{整数})$$

とすると, 任意の整数 n に対して,

$$31\cdot(nX)+13\cdot(nY) = n$$

であるから, 任意の整数が $31x+13y$ の形で表せることがわかる. したがって, $31x+13y=1$ を満たす整数 x, y の組があるのかどうかということが本質的に問題となる. これを 31 の倍数と 13 の倍数で 1 違いのものを探す問題と捉えよう. いくつか 31 の倍数と 13 の倍数を書き出してみると,

31, 62, 93, 124, **155**, 186, 217, 248, 279, 310, 341, 372, 403, 434, $\cdots$ ⟵ 31 の倍数

13, 26, 39, 52, 65, 78, 91, 104, 117, 130, 143, **156**, 169, 182, 195, $\cdots$ ⟵ 13 の倍数

$31\times 5 = 155$ と $13\times 12 = 156$ とが 1 違いの数として見つかる. これより, $31\cdot(-5)+13\cdot 12 = 1$ であり, 任意の整数 n に対して

$$31\cdot(-5n)+13\cdot 12n = n$$

と表すことができる. 31 の倍数と 13 の倍数をそれぞれいくつか書き出して, 1 違いの数を見つけたが, 31 の倍数を 13 で割った余りをみてもよい. 実際,

31, 62, 93, 124, **155**, 186, 217, 248, 279, 310, 341, 372, 403, 434, $\cdots$ ⟵ 31 の倍数

のそれぞれ 13 で割った余りをみていくと,

$$\underbrace{5,\ 10,\ 2,\ 7,\ \mathbf{12},\ 4,\ 9,\ 1,\ 6,\ 11,\ 3,\ 8,\ 0}_{\text{これを繰り返す}},\ 5,\ \cdots$$

と最初の 13 個の数は

0, 1, 2, $\cdots$, 11, 12 の並び替えになっている! $\cdots(\bigstar)$

13 で割って 12 余る 155 に着目し, $31\cdot(-5)+13\cdot 12=1$ を見つけたが, 13 で割って 1 余る 248 に着目し, $31\cdot 8+13\cdot(-19)=1$ を見つけることもできた.

$(\bigstar)$ は "互いに素" という性質に由来するものであり, 一般の場合である $(\ddagger)$ も同様の発想で示すことができる. 具体的には, a の倍数の部分集合

$$S=\{a,\ 2a,\ 3a,\ 4a,\ \cdots,\ ba\}$$

を考え, これら b 個の数を b で割った余りを考える. 最後の ba を b で割った余りは 0 とわかるが, それ以外の余りは a, b に依存するので, 一般にはなんともいえないが, 注目すべき性質は

これら余りは互いに異なる!

というものである. そのことをきちんと確かめておこう. もし, ia と ja で b で割った余りが等しくなったとしよう. ここで, i, j は $1\leqq i<j\leqq b$ を満たす整数である. すると, $ja-ia=(j-i)a$ が b で割り切れることになるが, $0<j-i\leqq b-1$ であり, a と b は互いに素であることから, 不合理が生じる. したがって, b 個の余りは相異なることがいえる.

ところで, b で割った余りは 0, 1, $\cdots$, $b-1$ の b 種類であるから, 相異なる b 個の余りは 0, 1, $\cdots$, $b-1$ が 1 回ずつ現れていることになる. そこで, 余りが 1 あるいは $b-1$ であるものに着目することで, $ax+by=1$ を満たす整数 x, y の存在がいえるのである.

#7-6

$0\leqq\theta<2\pi$ のとき, 次の方程式を解け.

$$\sin\theta+\cos\theta+\sin\theta\cos\theta=\frac{1}{2}+\sqrt{2}.$$

【2020 弘前大学 (前期) 理工学部】

解説　$\sin\theta+\cos\theta=t$ とおくと,

$$t^2=(\sin\theta+\cos\theta)^2=1+2\sin\theta\cos\theta$$

より, 与方程式は t の方程式

$$t+\frac{t^2-1}{2}=\frac{1}{2}+\sqrt{2}$$

に書き換えられる. これより,

$$t^2+2t-2(1+\sqrt{2})=0.$$

$$(t-\sqrt{2})(t+2+\sqrt{2})=0.$$

$$t=\sqrt{2},\ -2-\sqrt{2}.$$

$t=\sqrt{2}\sin\left(\theta+\dfrac{\pi}{4}\right)$ より, $t=-2-\sqrt{2}\ (<-\sqrt{2})$ を満たす θ は存在せず, $t=\sqrt{2}$ を満たす θ は

$$\sqrt{2}\sin\left(\theta+\frac{\pi}{4}\right)=\sqrt{2}$$

より,

$$\sin\left(\theta+\frac{\pi}{4}\right)=1.$$

$0\leqq\theta<2\pi$ のとき, $\dfrac{\pi}{4}\leqq\theta+\dfrac{\pi}{4}<\dfrac{9}{4}\pi$ であるから,

$$\theta+\frac{\pi}{4}=\frac{\pi}{2}.$$

$$\therefore\ \theta=\boldsymbol{\frac{\pi}{4}}.$$

注意　$t^2+2t-2(1+\sqrt{2})=(t-\sqrt{2})(t+2+\sqrt{2})$ と因数分解できるが, このことに気付かなくとも, 2 次方程式の解の公式によって, $t^2+2t-2(1+\sqrt{2})=0$ を解けばよい. 実際, 解の公式により,

$$t=-1\pm\sqrt{1+2(1+\sqrt{2})}$$

つまり

$$t=-1\pm\sqrt{3+2\sqrt{2}}$$

が得られ,

$$\sqrt{3+2\sqrt{2}}=\sqrt{(1+\sqrt{2})^2}=1+\sqrt{2}$$

と 2 重根号が外せ,

$$t=-1\pm(1+\sqrt{2})=\sqrt{2},\ -2-\sqrt{2}$$

が得られる.

2 重根号

$a>0$, $b>0$ のとき,

$$(\sqrt{a}+\sqrt{b})^2=(a+b)+2\sqrt{ab}$$

であることから,

$$\boldsymbol{\sqrt{(a+b)+2\sqrt{ab}}=\sqrt{a}+\sqrt{b}}$$

であることがわかる. また,

$$(\sqrt{a}-\sqrt{b})^2=(a+b)-2\sqrt{ab}$$

であることから,

$$\boldsymbol{\sqrt{(a+b)-2\sqrt{ab}}=\left|\sqrt{a}-\sqrt{b}\right|}$$

であることがわかる.

#7-7

2つの等式

$$x+2y+1=0,\quad 3^{1-x}+9^{1-y}=82$$

を同時に満たす実数の組 $(x,\ y)$ をすべて求めよ.

【2020 学習院大学 文学部】

解説　$x+2y+1=0$ より，$-2y=x+1$ なので，

$$9^{1-y}=(3^2)^{1-y}=3^{2(1-y)}=3^{2-2y}=3^{2+(x+1)}=3^{x+3}.$$

したがって，$3^{1-x}+9^{1-y}=82$ は，

$$3^{1-x}+3^{x+3}=82.$$

$$3\cdot 3^{-x}+3^3\cdot 3^x-82=0.$$

$$27\cdot(3^x)^2-82\cdot 3^x+3=0.$$

（$\times 3^x$）

$$(27\cdot 3^x-1)(3^x-3)=0.$$

$$3^x=\frac{1}{27},\quad 3.$$

$$\therefore\ \boldsymbol{x=-3,\quad 1}.$$

よって，求める組 $(x,\ y)$ は

$$(x,\ y)=\boldsymbol{(-3,\ 1),\ \ (1,\ -1)}.$$

#7-8

正の数 x，y に対して

$$\alpha=\log_{10}x,\quad \beta=\log_{10}y$$

とおく．以下の問いに答えよ.

(1) $\left(10^{3\alpha+\beta}\right)^4$ を x，y の式で表せ.

(2) $\left(10^{3\alpha+\beta}\right)^4=5^6$ かつ $xy=5$ を満たす x，y を求めよ.

【2020 中央大学 商学部】

解説

(1) $x=10^\alpha$，$y=10^\beta$ より，

$$\left(10^{3\alpha+\beta}\right)^4=10^{4(3\alpha+\beta)}=10^{12\alpha+4\beta}$$
$$=(10^\alpha)^{12}\cdot\left(10^\beta\right)^4=\boldsymbol{x^{12}y^4}.$$

(2) (1) より，$x^{12}y^4=5^6$，$xy=5$ を満たす x，y を求めればよい.

$$\frac{x^{12}y^4}{(xy)^4}=\frac{5^6}{5^4}\quad より\quad x^8=5^2.$$

$x>0$ より，

$$x=\left(5^2\right)^{\frac{1}{8}}=\boldsymbol{5^{\frac{1}{4}}}.$$

ゆえに，

$$y=\frac{5}{x}=\frac{5}{5^{\frac{1}{4}}}=5^{1-\frac{1}{4}}=\boldsymbol{5^{\frac{3}{4}}}.$$

#7-9

和 $S=1^2-2^2+3^2-4^2+\cdots+99^2-100^2$ を求めよ.

【2020 東京電気大学 理工学部】

解説　2つずつ区切って，

$$S=\sum_{k=1}^{50}\left\{(2k-1)^2-(2k)^2\right\}$$
$$=\sum_{k=1}^{50}(-4k+1)$$
$$=\frac{50}{2}\{(-3)+(-199)\}=\boldsymbol{-5050}.$$

（等差数列の和）（項数）（初項）（末項）

等差数列の和の公式

$$\textbf{(等差数列の和)}=\frac{\textbf{(項数)}\times\left\{\textbf{(初項)}+\textbf{(末項)}\right\}}{\mathbf{2}}.$$

#7-10

$-\dfrac{5}{2}\leqq x\leqq 2$ のとき，$f(x)=(1-x)|x+2|$ の最大値を求めよ.

【2019 福井大学 工学部】

解説　$-\dfrac{5}{2}\leqq x\leqq 2$ において，

$$f(x)=(1-x)|x+2|$$
$$=\begin{cases}(1-x)(x+2) & (x+2\geqq 0\ のとき),\\ (1-x)\{-(x+2)\} & (x+2\leqq 0\ のとき)\end{cases}$$
$$=\begin{cases}-(x-1)(x+2) & (-2\leqq x\ のとき),\\ (x-1)(x+2) & (x\leqq -2\ のとき).\end{cases}$$

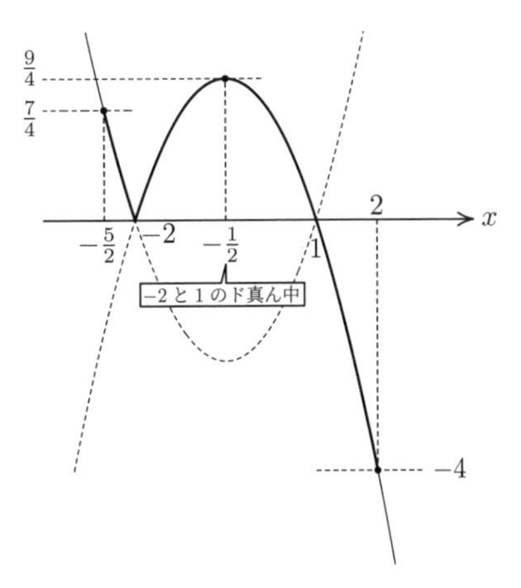

これより，$f(x)$ は $x=-\dfrac{1}{2}$ で最大値 $\boldsymbol{\dfrac{9}{4}}$ をとる.

#8−[1]

9 名の人を 3 つの組に分ける．

(1) 2 人，3 人，4 人の 3 つの組に分けるとき，その分け方は全部で何通りか．

(2) 3 人，3 人，3 人の 3 つの組に分けるとき，その分け方は全部で何通りか．

(3) 9 人のうち，5 人が男，4 人が女であるとする．3 人，3 人，3 人の 3 つの組に分け，かつ，どの組にも男女がともにいる分け方は全部で何通りか．

【1999 法政大学 法学部】

解説

(1) 2 人の組に入る 2 人の決め方が ${}_9\mathrm{C}_2$ 通りあり，そのそれぞれに対して，3 人の組に入る 3 人の決め方が ${}_7\mathrm{C}_3$ 通りあり，それ以外の 4 人が 4 人組を自動的に定めるので，求める分け方のパターン数は

$$ {}_9\mathrm{C}_2 \times {}_7\mathrm{C}_3 = \frac{9 \cdot 8}{2 \cdot 1} \times \frac{7 \cdot 6 \cdot 5}{3 \cdot 2 \cdot 1} = \mathbf{1260}\ (\text{通り}). $$

(2) 順番に 3 人ずつの組を作っていくことを考える．最初の 3 人組の選び方は ${}_9\mathrm{C}_3$ 通りあり，そのそれぞれに対して，残り 6 人のうちから次の 3 人組を決める方法は ${}_6\mathrm{C}_3$ 通りある．すると，残りの 3 人が最後の 3 人組を自動的に定める．しかし，決め方の順序の違いが異なっていても同じ組分けを定めることがあり，同じ組分けに対して，決め方の順序の違いのパターンが $3! = 6$ 通りあることから，求める分け方のパターン数は

$$ \frac{{}_9\mathrm{C}_3 \times {}_6\mathrm{C}_3}{3!} = \frac{\dfrac{9 \cdot 8 \cdot 7}{3 \cdot 2 \cdot 1} \times \dfrac{6 \cdot 5 \cdot 4}{3 \cdot 2 \cdot 1}}{3 \cdot 2 \cdot 1} = \mathbf{280}\ (\text{通り}). $$

参考　9 人を区別する指標を一つ見出す．たとえば，体重が 9 人とも異なるとしよう．9 人のうち最も体重の重い人と同じグループに入る人の選び方は ${}_8\mathrm{C}_2$ 通りあり，そのそれぞれに対して，残り 6 人のうち最も体重の重い人と同じグループに入る人の選び方は ${}_5\mathrm{C}_2$ 通りある．すると，残りの 3 人が 3 人組を自動的に定めるので，求める分け方のパターン数は

$$ {}_8\mathrm{C}_2 \times {}_5\mathrm{C}_2 = \frac{8 \cdot 7}{2 \cdot 1} \times \frac{5 \cdot 4}{2 \cdot 1} = \mathbf{280}\ (\text{通り}). $$

(3) 4 人の女を背の高い順に A, B, C, D とする (4 人を区別する指標を一つ見出した)．3 つの組のうち，どこか一つだけが女 2 人，男 1 人となる．そのグループの女 2 人の決め方は ${}_4\mathrm{C}_2$ 通りあり，そこに入る男 1 人の決め方はそれぞれ ${}_5\mathrm{C}_1$ 通りずつある．それ以外のグループはともに女 1 人，男 2 人のグループとなるが，さきほど選ばれなかった女 2 人のうち，背の高い方の女と同じグループに入る男の選び方が ${}_4\mathrm{C}_2$ 通りあり，残りの男は背の低い方の女と同じグループに自動的に入ることとなる．よって，求める分け方のパターン数は

$$ {}_4\mathrm{C}_2 \times {}_5\mathrm{C}_1 \times {}_4\mathrm{C}_2 = \frac{4 \cdot 3}{2 \cdot 1} \times 5 \times \frac{4 \cdot 3}{2 \cdot 1} = \mathbf{180}\ (\text{通り}). $$

#8−[2]

一辺の長さが 2 の正三角形 ABC の外接円を円 O とする．点 P が円 O の周上を動くとき，以下の各問いに答えよ．

(1) 円 O の半径を求めよ．

(2) 内積の和 $\overrightarrow{\mathrm{PA}} \cdot \overrightarrow{\mathrm{PB}} + \overrightarrow{\mathrm{PB}} \cdot \overrightarrow{\mathrm{PC}} + \overrightarrow{\mathrm{PC}} \cdot \overrightarrow{\mathrm{PA}}$ を求めよ．

(3) 内積 $\overrightarrow{\mathrm{PA}} \cdot \overrightarrow{\mathrm{PB}}$ の最大値，最小値を求めよ．

【2006 福井大学 教育地域科学部】

解説

(1) 円 O の半径を R とすると，正弦定理により，

$$ \frac{2}{\sin 60^\circ} = 2R $$

より，

$$ R = \frac{2}{2 \cdot \dfrac{\sqrt{3}}{2}} = \frac{\mathbf{2}}{\sqrt{\mathbf{3}}}. $$

A　円 O　B　C

(2) 円 O の中心を O とすると，円 O 上の点 P に対して，$\mathrm{OP} = R$ であり，

$$ \begin{aligned} \overrightarrow{\mathrm{PA}} \cdot \overrightarrow{\mathrm{PB}} &= (\overrightarrow{\mathrm{OA}} - \overrightarrow{\mathrm{OP}}) \cdot (\overrightarrow{\mathrm{OB}} - \overrightarrow{\mathrm{OP}}) \\ &= \overrightarrow{\mathrm{OA}} \cdot \overrightarrow{\mathrm{OB}} - (\overrightarrow{\mathrm{OA}} + \overrightarrow{\mathrm{OB}}) \cdot \overrightarrow{\mathrm{OP}} + \left|\overrightarrow{\mathrm{OP}}\right|^2 \\ &= R \cdot R \cdot \cos 120^\circ - (\overrightarrow{\mathrm{OA}} + \overrightarrow{\mathrm{OB}}) \cdot \overrightarrow{\mathrm{OP}} + R^2 \\ &= \frac{R^2}{2} - (\overrightarrow{\mathrm{OA}} + \overrightarrow{\mathrm{OB}}) \cdot \overrightarrow{\mathrm{OP}}. \end{aligned} $$

同様に，

$$ \overrightarrow{\mathrm{PB}} \cdot \overrightarrow{\mathrm{PC}} = \frac{R^2}{2} - (\overrightarrow{\mathrm{OB}} + \overrightarrow{\mathrm{OC}}) \cdot \overrightarrow{\mathrm{OP}}, $$

$$ \overrightarrow{\mathrm{PC}} \cdot \overrightarrow{\mathrm{PA}} = \frac{R^2}{2} - (\overrightarrow{\mathrm{OC}} + \overrightarrow{\mathrm{OA}}) \cdot \overrightarrow{\mathrm{OP}} $$

であるから，

$$ \begin{aligned} &\overrightarrow{\mathrm{PA}} \cdot \overrightarrow{\mathrm{PB}} + \overrightarrow{\mathrm{PB}} \cdot \overrightarrow{\mathrm{PC}} + \overrightarrow{\mathrm{PC}} \cdot \overrightarrow{\mathrm{PA}} \\ &= \frac{3R^2}{2} - 2(\overrightarrow{\mathrm{OA}} + \overrightarrow{\mathrm{OB}} + \overrightarrow{\mathrm{OC}}) \cdot \overrightarrow{\mathrm{OP}}. \end{aligned} $$

ここで，三角形 ABC は正三角形であり，外心 O は重心と一致するので，$\dfrac{\overrightarrow{\mathrm{OA}} + \overrightarrow{\mathrm{OB}} + \overrightarrow{\mathrm{OC}}}{3} = \vec{0}$ より，

$\overrightarrow{\mathrm{OA}}+\overrightarrow{\mathrm{OB}}+\overrightarrow{\mathrm{OC}}=\vec{0}$ であるから,

$$(\overrightarrow{\mathrm{OA}}+\overrightarrow{\mathrm{OB}}+\overrightarrow{\mathrm{OC}})\cdot\overrightarrow{\mathrm{OP}}=\vec{0}\cdot\overrightarrow{\mathrm{OP}}=0.$$

ゆえに,

$$\overrightarrow{\mathrm{PA}}\cdot\overrightarrow{\mathrm{PB}}+\overrightarrow{\mathrm{PB}}\cdot\overrightarrow{\mathrm{PC}}+\overrightarrow{\mathrm{PC}}\cdot\overrightarrow{\mathrm{PA}}=\frac{3R^2}{2}=\mathbf{2}.$$

(3) 辺 AB の中点を M とすると, $\overrightarrow{\mathrm{OM}}=\dfrac{\overrightarrow{\mathrm{OA}}+\overrightarrow{\mathrm{OB}}}{2}$ より, $\overrightarrow{\mathrm{OA}}+\overrightarrow{\mathrm{OB}}=2\overrightarrow{\mathrm{OM}}$ であり, (2) の計算により,

$$\begin{aligned}\overrightarrow{\mathrm{PA}}\cdot\overrightarrow{\mathrm{PB}}&=\frac{R^2}{2}-(\overrightarrow{\mathrm{OA}}+\overrightarrow{\mathrm{OB}})\cdot\overrightarrow{\mathrm{OP}}\\&=\frac{R^2}{2}-2\,\overrightarrow{\mathrm{OM}}\cdot\overrightarrow{\mathrm{OP}}\\&=\frac{R^2}{2}-2\cdot\frac{R}{2}\cdot R\cdot\cos\theta\end{aligned}$$

と表せる.

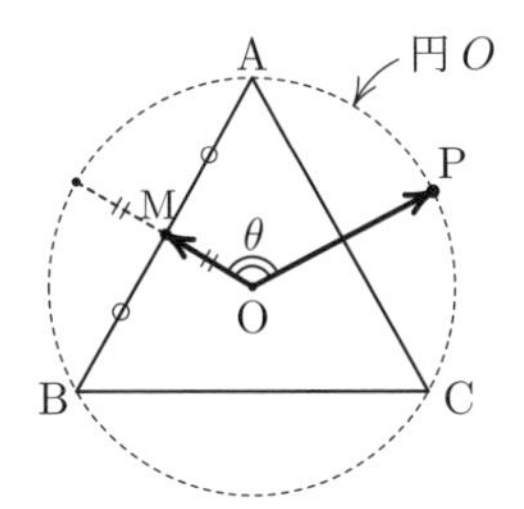

ここで, θ は $\overrightarrow{\mathrm{OM}}$ と $\overrightarrow{\mathrm{OP}}$ のなす角であり, P が円 O 上をくまなく動くとき, θ は $0\leqq\theta\leqq\pi$ をとり得る. これより, $\overrightarrow{\mathrm{PA}}\cdot\overrightarrow{\mathrm{PB}}$ の最大値は,

$$\frac{R^2}{2}-2\cdot\frac{R}{2}\cdot R\cdot\cos\pi=\frac{3R^2}{2}=\mathbf{2}.$$

最小値は,

$$\frac{R^2}{2}-2\cdot\frac{R}{2}\cdot R\cdot\cos 0=-\frac{R^2}{2}=-\frac{\mathbf{2}}{\mathbf{3}}.$$

#8-3

θ の方程式

$$\cos 2\theta+2\sin\theta+2a-1=0\quad(a\text{ は実数の定数})\quad\cdots\cdots(*)$$

について, 次の問に答えよ. ただし, $0\leqq\theta<2\pi$ とする.

(1) $a=0$ のとき, $(*)$ を満たす θ の個数を求めよ.

(2) $(*)$ を満たす θ が存在するような a の値の範囲を求めよ.

(3) $(*)$ を満たす θ の個数を a の値で分類して答えよ.

【2007 名城大学 都市情報・法・人間学部】

解説

$$\begin{aligned}(*)\iff&1-2\sin^2\theta+2\sin\theta+2a-1=0\\\iff&\sin^2\theta-\sin\theta=a.\end{aligned}$$

(1) $a=0$ のとき, $(*)$ は

$$\sin^2\theta-\sin\theta=0.$$
$$\sin\theta(\sin\theta-1)=0.$$
$$\therefore\ \sin\theta=0,\ 1.$$

$0\leqq\theta<2\pi$ において, これを満たす θ は $\theta=0,\ \dfrac{\pi}{2},\ \pi$ の **3** 個.

(2) $(*)$ を満たす θ $(0\leqq\theta<2\pi)$ が存在する a の条件は

$$a\in\left\{\sin^2\theta-\sin\theta\,\middle|\,0\leqq\theta<2\pi\right\}.$$

$\sin\theta=s$ とおくと, θ が $0\leqq\theta<2\pi$ を変化するとき, s は $-1\leqq s\leqq 1$ をとり得るので,

$$\sin^2\theta-\sin\theta=s^2-s=\left(s-\frac{1}{2}\right)^2-\frac{1}{4}$$

のとり得る値の範囲は $-\dfrac{1}{4}$ 以上 2 以下の実数である.

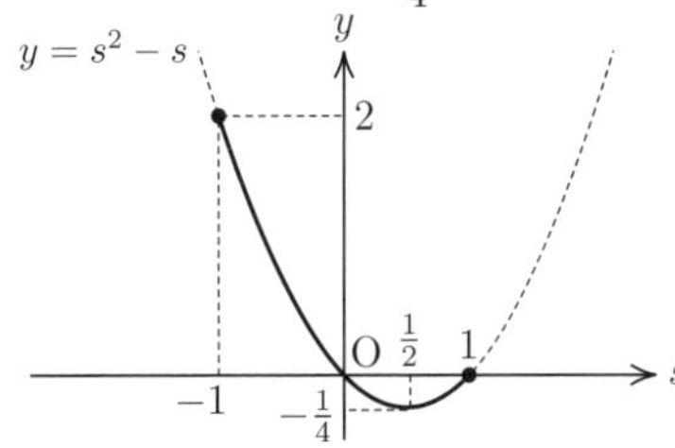

したがって, 求める a の値の範囲は

$$-\frac{\mathbf{1}}{\mathbf{4}}\leqq\boldsymbol{a}\leqq\mathbf{2}.$$

(3) $s=\sin\theta$ による実数 s と 0 以上 2π 未満の実数 θ の個数の対応は, 次の表のようになる.

s	$s<-1$	$s=-1$	$-1<s<1$	$s=1$	$1<s$
θ	なし	1 個	異なる 2 個	1 個	なし

この対応を sy 平面上の $y=s^2-s$ のグラフに書き込むと, 次のようになる.

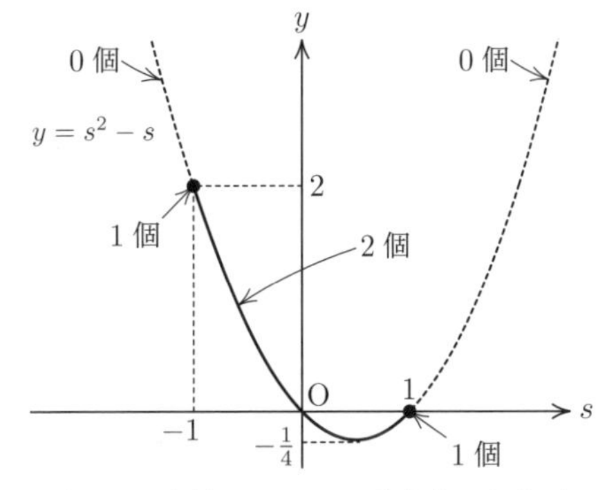

このグラフと直線 $y=a$ との共有点, および, s と θ

との対応に注意すると，$(*)$ を満たす θ の個数は，

$$\begin{cases} \boldsymbol{a < -\frac{1}{4}} \text{ のとき，} \boldsymbol{0} \text{ 個}, \\ \boldsymbol{a = -\frac{1}{4}} \text{ のとき，} \boldsymbol{2} \text{ 個}, \\ \boldsymbol{-\frac{1}{4} < a < 0} \text{ のとき，} 2+2=\boldsymbol{4} \text{ 個}, \\ \boldsymbol{a = 0} \text{ のとき，} 2+1=\boldsymbol{3} \text{ 個}, \\ \boldsymbol{0 < a < 2} \text{ のとき，} 2+0=\boldsymbol{2} \text{ 個}, \\ \boldsymbol{a = 2} \text{ のとき，} 1+0=\boldsymbol{1} \text{ 個}, \\ \boldsymbol{2 < a} \text{ のとき，} 0+0=\boldsymbol{0} \text{ 個}. \end{cases}$$

参考　最終的な結果は次のように数直線 (a 軸) 上に表現するとわかりやすい．

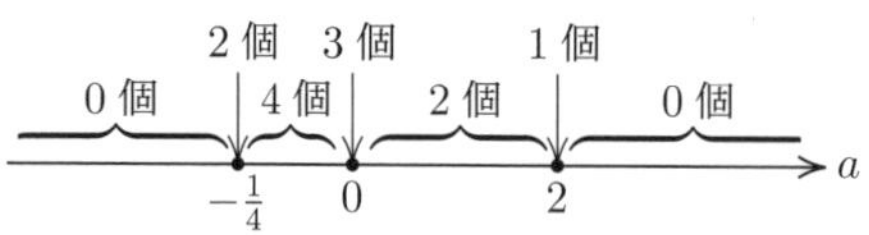

注意　本問は "解の対応" の問題と呼ばれる．指数に関する解の対応の問題は #5−6 を，対数に関する解の対応の問題は #6−6 を参照せよ．

#8−4

$f(x) = x^3 - x$ とおく．xy 平面上の曲線 $C : y = f(x)$ と，C を x 軸の正の方向に a $(a > 0)$ だけ平行移動した曲線 C_a について，次の問に答えよ．

(1) C と C_a が異なる 2 点で交わるような a の値の範囲を求めよ．

(2) a が (1) で求めた範囲にあるとき，2 曲線 C と C_a で囲まれた部分の面積 S を a で表せ．

(3) (2) の S を最大にする a の値と，そのときの S の値を求めよ．

【1993 高知大学 (前期) 理学部】

解説

(1) C_a の方程式を $y = g(x)$ とすると，$g(x) = f(x-a)$ であり，

$$\begin{aligned} g(x) - f(x) &= f(x-a) - f(x) \\ &= \{(x-a)^3 - (x-a)\} - (x^3 - x) \\ &= -3ax^2 + 3a^2x - a^3 + a \\ &= -a(3x^2 - 3ax + a^2 - 1). \end{aligned}$$

C と C_a が異なる 2 点で交わる条件は $f(x) = g(x)$ つまり

$$3x^2 - 3ax + a^2 - 1 = 0 \qquad \cdots(*)$$

が異なる 2 つの実数解をもつことであるので，$(*)$ の判別式を D とすると，

$$D = (3a)^2 - 4 \cdot 3(a^2 - 1) = 3(4 - a^2) > 0$$

より，正の実数 a の値の範囲は，

$$0 < \boldsymbol{a < 2}.$$

(2) a が (1) で求めた範囲にあるとき，$(*)$ の 2 解を α, β $(\alpha < \beta)$ とすると，

$$\begin{aligned} S &= \int_\alpha^\beta \{g(x) - f(x)\}dx \\ &= \int_\alpha^\beta -3a(x-\alpha)(x-\beta)dx \\ &= -3a \cdot \left(-\frac{1}{6}\right)(\beta - \alpha)^3 = \frac{a}{2}(\beta - \alpha)^3 \\ &= \frac{a}{2}\left(\frac{3a + \sqrt{D}}{6} - \frac{3a - \sqrt{D}}{6}\right)^3 \\ &= \frac{a}{2}\left(\frac{\sqrt{D}}{3}\right)^3 = \frac{a}{2}\left(\frac{\sqrt{3(4-a^2)}}{3}\right)^3 \\ &= \boldsymbol{\frac{a\left(\sqrt{4-a^2}\right)^3}{6\sqrt{3}}}. \end{aligned}$$

(3) (2) の S は

$$S = \frac{a\left(\sqrt{4-a^2}\right)^3}{6\sqrt{3}} = \frac{\sqrt{a^2}\sqrt{(4-a^2)^3}}{6\sqrt{3}} = \frac{\sqrt{a^2(4-a^2)^3}}{6\sqrt{3}}$$

と表せる．ここで，$4 - a^2 = t$ とおくと，

$$S = \frac{\sqrt{(4-t)t^3}}{6\sqrt{3}}$$

と表せ，a が $0 < a < 2$ を変化するとき，t は $0 < t < 4$ をとり得る．$h(t) = (4-t)t^3$ とおくと，

$$h'(t) = -4t^3 + 12t^2 = \underbrace{-4t^2}_{\ominus}(t-3).$$

t	(0)	$\cdots$	3	$\cdots$	(4)
$h'(t)$		$+$	0	$-$	
$h(t)$		↗	極大	↘	

したがって，$0 < t < 4$ における $h(t)$ の最大値は $h(3) = 3^3$ であり，$t = 3$ のとき，すなわち，$a = 1$ のとき，$S = \dfrac{\sqrt{h(t)}}{6\sqrt{3}}$ は最大値 $\dfrac{\sqrt{h(3)}}{6\sqrt{3}} = \boldsymbol{\dfrac{1}{2}}$ をとる．

#8−5

5^{100} を 4^3 で割ったときの余りを求めよ．

【2016 福島県立医科大学 (前期)】

解説　二項定理により，

$$5^{100} = (4+1)^{100} = \sum_{k=0}^{100} {}_{100}\mathrm{C}_k 4^k$$
$$= {}_{100}\mathrm{C}_0 4^0 + {}_{100}\mathrm{C}_1 4^1 + {}_{100}\mathrm{C}_2 4^2 + \sum_{k=3}^{100} {}_{100}\mathrm{C}_k 4^k$$
$$= 1 + 100 \cdot 4 + \frac{100 \cdot 99}{2 \cdot 1} \cdot 4^2 + \sum_{k=3}^{100} {}_{100}\mathrm{C}_k 4^k$$
$$= 79601 + \underbrace{\sum_{k=3}^{100} {}_{100}\mathrm{C}_k 4^k}_{4^3\text{の倍数}}$$

であるから，5^{100} を 4^3 で割った余りは 79601 を $4^3 = 64$ で割った余りと等しく，**49**.

二項定理

$$\boldsymbol{(x+y)^n = \sum_{k=0}^{n} {}_n\mathrm{C}_k x^k y^{n-k}.}$$

#8-6

次の連立方程式を解け.
$$\begin{cases} \log_2 x - \log_2 y = 1, \\ x \log_2 x - y \log_2 y = 0. \end{cases}$$

【2015 愛媛大学 (前期) 教育・農学部】

解説　$x > 0$，$y > 0$ である．$\log_2 x - \log_2 y = 1$ より，

$$\log_2 x = \log_2 y + \log_2 2.$$
$$\therefore\ \log_2 x = \log_2(2y).$$

これより，
$$x = 2y.$$

これを $x \log_2 x - y \log_2 y = 0$ に代入して，

$$2y \log_2(2y) - y \log_2 y = 0.$$
$$2y(1 + \log_2 y) - y \log_2 y = 0.$$

$y \neq 0$ より，
$$\log_2 y = -2.$$

したがって，
$$y = 2^{-2} = \boldsymbol{\frac{1}{4}}$$

であり，
$$x = 2y = \boldsymbol{\frac{1}{2}}.$$

#8-7

AB = 6，BC = 5，CA = 3 である三角形 ABC を考える．三角形 ABC の外接円上の点 A における接線と直線 BC の交点を D とする．さらに，直線 AB 上の点 E を DE と BD が垂直になるようにとる．

(1) cos∠ABC の値を求めよ.

(2) 線分 AD と CD の長さを求めよ.

(3) 線分 DE の長さを求めよ.

【2016 北里大学 獣医・海洋生命科学部】

解説

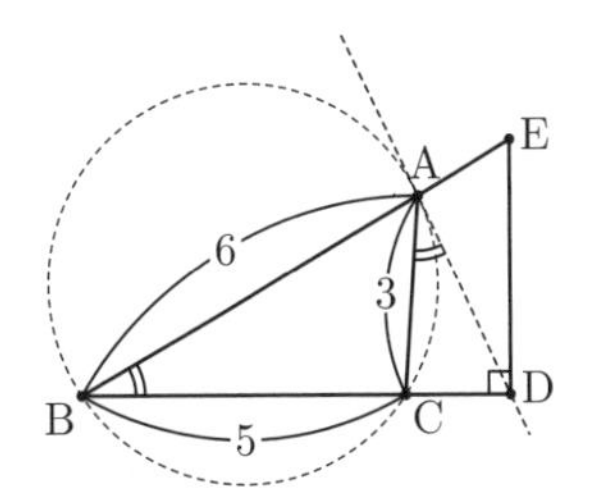

(1) 三角形 ABC で余弦定理により，

$$\cos\angle\mathrm{ABC} = \frac{6^2 + 5^2 - 3^2}{2 \cdot 6 \cdot 5} = \boldsymbol{\frac{13}{15}}.$$

(2) 接弦定理により，

$$\angle\mathrm{DAC} = \angle\mathrm{ABC}.$$

これより，三角形 DAC と三角形 DBA は相似であることがわかる．ゆえに，

$$\frac{\mathrm{AD}}{\mathrm{BD}} = \frac{\mathrm{AC}}{\mathrm{BA}} = \frac{\mathrm{DC}}{\mathrm{DA}}.$$

$\mathrm{AD} = x$，$\mathrm{CD} = y$ とおくと，

$$\frac{x}{y+5} = \frac{3}{6} = \frac{y}{x}$$

であるから，$2x = y + 5$，$x = 2y$ より，

$$\mathrm{AD} = x = \boldsymbol{\frac{10}{3}}, \quad \mathrm{CD} = y = \boldsymbol{\frac{5}{3}}.$$

(3) (1) より，

$$\tan B = \frac{\sqrt{15^2 - 13^2}}{13} = \frac{2\sqrt{14}}{13}$$

であるから，

$$\mathrm{DE} = \mathrm{BD} \tan B = \left(5 + \frac{5}{3}\right) \cdot \frac{2\sqrt{14}}{13} = \boldsymbol{\frac{40}{39}\sqrt{14}}.$$

参考　(2) は方冪(べき)の定理における missing segment (失われた辺) を考えなければならない問題である.

まずは，方冪(べき)の定理の内容を確認しておこう.

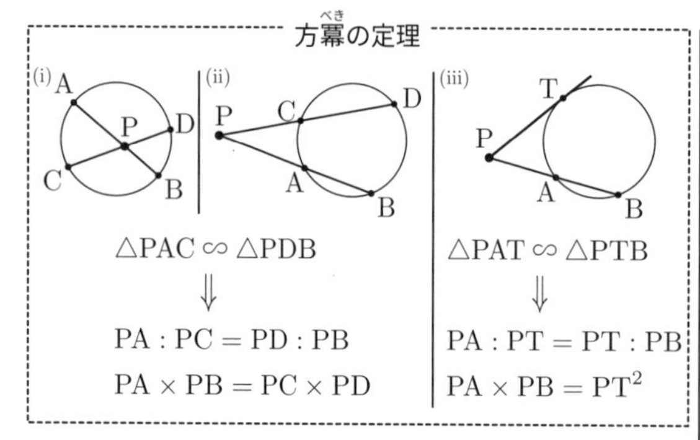

方冪の定理は三角形の相似がもとになっていることを認識しておこう．2 つの三角形が相似であることから，対応する辺の比が等しくなるが，方冪の定理は 3 辺あるうちの 2 辺だけを選んで比例式を立てたものである．

その際に，比例式に選ばれなかった辺は，方冪の定理には含まれていない．この辺のことを

方冪の定理における missing segment(失われた辺)

という．

図 (i)，(ii) での，AC，DB や図 (iii) での AT，TB が方冪の定理における missing segment である．

missing segment は，方冪の定理では拾いきれないので，三角形の相似に立ち返って情報を回収する必要がある．

missing segment の問題を一題 pick up しておく．

問　図のように，円に内接する四角形 ABCD があり，直線 AB と直線 CD の交点を P とする．AB $= 5$，BC $= 8$，CD $= 7$，DA $= 4$ のとき，PA $=$ [?]，PD $=$ [?] である．【2018 名城大学】

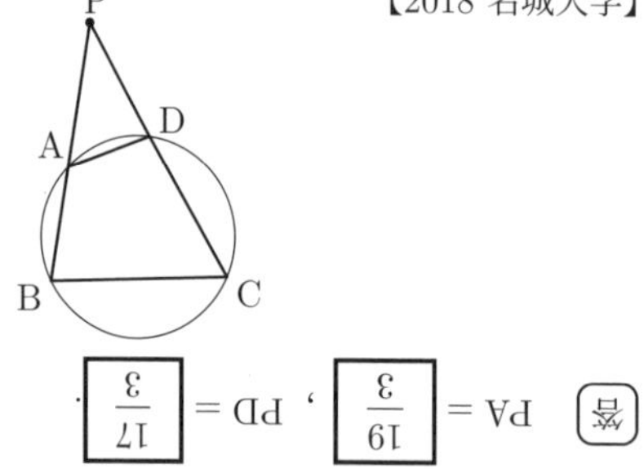

答　PA $= \dfrac{19}{3}$，PD $= \dfrac{17}{3}$

図 (iii) において，△PAT ∽ △PTB の根拠として，設問 (2) でも用いた接弦定理が挙げられる．接弦定理についても，その成り立ちを確認しておこう．

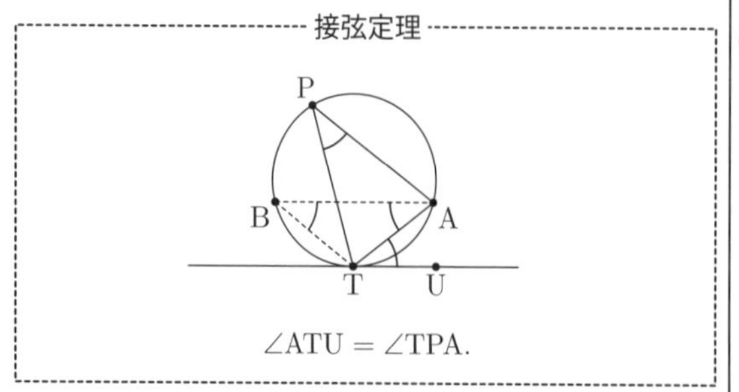

∠ATU = ∠TPA.

proof　点 T における円の接線と平行で，点 A を通る直線と円との交点のうち A でない方を B とする．三角形 TAB は TA = TB の二等辺三角形であり，∠TAB = ∠TBA．

弧 TA の円周角として，∠TBA = ∠TPA であることと UT と AB が平行より錯角が等しく ∠ATU = ∠TAB であることをあわせると，∠ATU = ∠TPA．■

ちなみに，方冪の定理での図 (ii) において，徐々に C と D が (iii) の T の位置に近づいていく状況を考えると，(iii) は (ii) の “極限状態” とみることができる．

すると，円に内接する四角形における “外角と内対角が等しい” という性質 (∠P**C**A = ∠PB**D**) の極限状態が接弦定理 (∠P**T**A = ∠PB**T**) であり，(ii) での方冪の定理 (PA × PB = P**C** × P**D**) の極限状態が (iii) での方冪の定理 (PA × PB = P**T** × P**T**) であると捉えることができる．

#8-8

2 つの数列 $\{a_n\}$，$\{b_n\}$ が $a_1 = 2$，$b_1 = 2$，および

$$a_{n+1} = 6a_n + 2b_n,\quad b_{n+1} = -2a_n + 2b_n \quad (n = 1,\ 2,\ \cdots)$$

で定められるとき，次の問いに答えよ．

(1) $c_n = a_n + b_n$ とおくとき，数列 $\{c_n\}$ の一般項を求めよ．

(2) 数列 $\{a_n\}$ の一般項を求めよ．

(3) 数列 $\{a_n\}$ の初項から第 n 項までの和を求めよ．

【2013 岩手大学 工学部】

解説

(1) $n = 1,\ 2,\ 3,\ \cdots$ に対して，

$$\begin{aligned} c_{n+1} &= a_{n+1} + b_{n+1} \\ &= (6a_n + 2b_n) + (-2a_n + 2b_n) \\ &= 4a_n + 4b_n \\ &= 4(a_n + b_n) = 4c_n \end{aligned}$$

が成り立つことから，$\{c_n\}$ は公比 4 の等比数列をなす．ゆえに，

$$\begin{aligned} c_n &= c_1 \cdot 4^{n-1} = (a_1 + b_1) \cdot 4^{n-1} \\ &= (2+2) \cdot 4^{n-1} = \boldsymbol{4^n}. \end{aligned}$$

(2) (1) より，

$$a_n + b_n = 4^n$$

であるから，

$$\begin{aligned} a_{n+1} &= 6a_n + 2(4^n - a_n) \\ &= 4a_n + 2 \cdot 4^n. \end{aligned}$$

この両辺を 4^{n+1} で割って，

$$\frac{a_{n+1}}{4^{n+1}} = \frac{a_n}{4^n} + \frac{1}{2}.$$

これより，数列 $\left\{\dfrac{a_n}{4^n}\right\}$ は公差 $\dfrac{1}{2}$ の等差数列をなし，

$$\frac{a_n}{4^n}=\frac{a_1}{4^1}+\frac{1}{2}(n-1)=\frac{2}{4}+\frac{1}{2}(n-1)=\frac{n}{2}.$$

$$\therefore\ a_n=\boldsymbol{\frac{n}{2}\cdot 4^n}.$$

(3) 数列 $\{a_n\}$ の初項から第 n 項までの和は

$$\begin{aligned}\sum_{k=1}^{n}a_k&=\sum_{k=1}^{n}\frac{k}{2}\cdot 4^k=\frac{1}{2}\sum_{k=1}^{n}k4^k=\frac{1}{2}\sum_{k=1}^{n}k\cdot\frac{4^{k+1}-4^k}{3}\\&=\frac{1}{6}\sum_{k=1}^{n}\left(k\cdot 4^{k+1}-k\cdot 4^k\right)\ (*)\\&=\frac{1}{6}\sum_{k=1}^{n}\left\{k\cdot 4^{k+1}-(k-1)\cdot 4^k-4^k\right\}\\&=\frac{1}{6}\left(\sum_{k=1}^{n}\left\{k\cdot 4^{k+1}-(k-1)\cdot 4^k\right\}-\sum_{k=1}^{n}4^k\right)\\&=\frac{n\cdot 4^{n+1}}{6}-\frac{1}{6}\cdot\frac{4^{n+1}-4}{4-1}\\&=\frac{4^{n+1}}{6}\left(n-\frac{1}{3}\right)+\frac{2}{9}=\boldsymbol{\frac{2}{3}\left(n-\frac{1}{3}\right)4^n+\frac{2}{9}}.\end{aligned}$$

1つズレた形を無理矢理作り，telescoping sum を企む!

参考 (3) はいわゆる "$\sum$(等差) × (等比)" 型の和である．(∗) での変形は "Abel(アーベル)の変形" と呼ばれる．他にも様々な計算方法があるが，その一つを見せておこう．**摂動法 (perturbation)** と呼ばれる方法である．$\displaystyle\sum_{k=1}^{n}k\cdot 4^k$ の計算が本質的に問題となっているので，$k\cdot 4^k=x_k$ とし，$\displaystyle\sum_{k=1}^{n}k\cdot 4^k=S_n$ とおき，これを摂動法で求める．摂動法のアイデアは，$S_n=\displaystyle\sum_{k=1}^{n}x_k$ を n の関数とみなし，S_{n+1} を考え，$S_{n+1}=\displaystyle\sum_{k=1}^{n+1}x_k$ を

$\underbrace{x_1+x_2+\cdots+x_n}_{S_n}+x_{n+1}$

$x_1+\underbrace{x_2+\cdots+x_n+x_{n+1}}_{\sum_{k=1}^{n}x_{k+1}}$

$$S_n+x_{n+1}=S_{n+1}=x_1+\boldsymbol{\sum_{k=1}^{n}x_{k+1}}\qquad\cdots(\bigstar)$$

と2通りに捉え，$\boldsymbol{\displaystyle\sum_{k=1}^{n}x_{k+1}}$ を S_n を用いた式で表し，そこから S_n を求めるというものである．

$$\sum_{k=1}^{n}x_{k+1}=\sum_{k=1}^{n}(k+1)4^{k+1}=\sum_{k=1}^{n}k4^{k+1}+\underbrace{\sum_{k=1}^{n}4^{k+1}}_{\text{等比数列の和}}$$

$$=4\underbrace{\sum_{k=1}^{n}k4^k}_{S_n}+\frac{4^2(4^n-1)}{4-1}$$

より，(★) から，

$$S_n+(n+1)4^{n+1}=4+4S_n+\frac{4^2(4^n-1)}{4-1}.$$

$$3S_n=\left\{4(n+1)-\frac{16}{3}\right\}4^n-4+\frac{16}{3}.$$

$$\therefore\ S_n=\frac{4}{3}\left(n-\frac{1}{3}\right)4^n+\frac{4}{9}.$$

これより，(3) の答えは，

$$\sum_{k=1}^{n}a_k=\frac{1}{2}S_n=\boldsymbol{\frac{2}{3}\left(n-\frac{1}{3}\right)4^n+\frac{2}{9}}.$$

#8−9

$4||x|-1|=x+2$ を満たす実数 x をすべて求めよ．

【2022 慶應義塾大学】

解説 $y=|x|$，$y=|x|-1$，$y=||x|-1|$ のグラフは次のようになる．

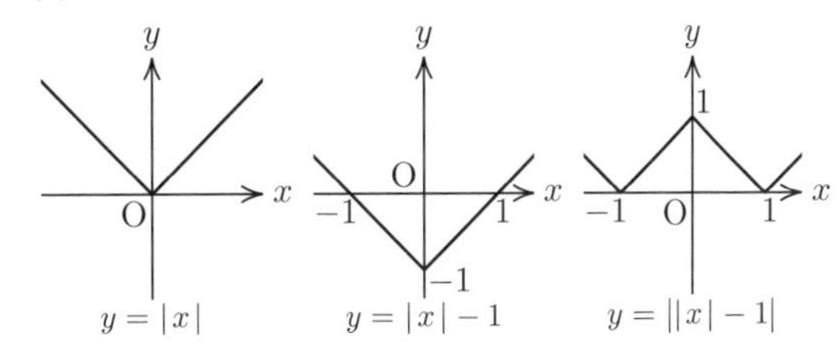

同じ座標上で $y=4||x|-1|$ のグラフと $y=x+2$ のグラフを描くと次のように4つの交点をもつ．

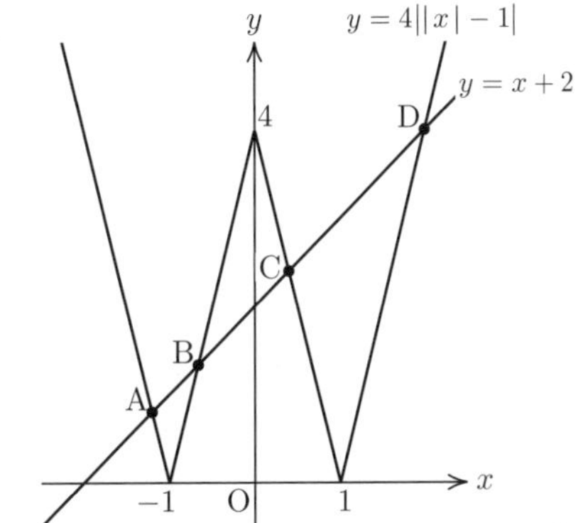

A について，$-4(x+1)=x+2$ より $x=-\dfrac{6}{5}$.

B について，$4(x+1)=x+2$ より $x=-\dfrac{2}{3}$.

C について，$-4(x-1)=x+2$ より $x=\dfrac{2}{5}$.

D について，$4(x-1)=x+2$ より $x=2$.

よって，求める x は

$$x=\boldsymbol{-\frac{6}{5},\ -\frac{2}{3},\ \frac{2}{5},\ 2}.$$

#9－[1]

曲線 $y=-3x^2+3$ と x 軸で囲まれる図形の面積が，曲線 $y=x^2-2ax-2a^2+3$ で二等分されるとき，a の値を求めよ．ただし，$0<a<1$ とする．

【1999 法政大学 経済学部】

解説　曲線 $y=x^2-2ax-2a^2+3$ を C_a と名付ける．

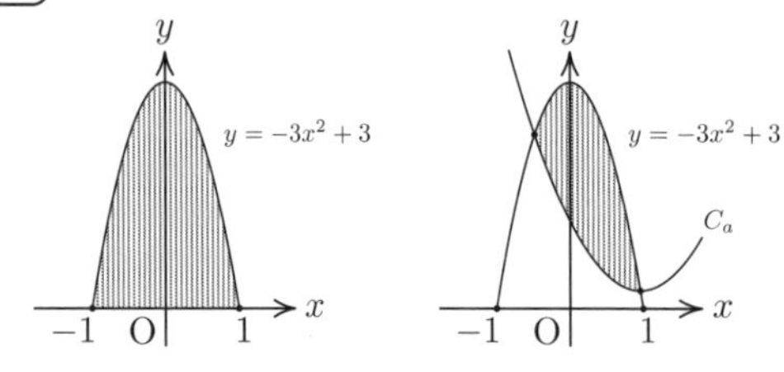

曲線 $y=-3x^2+3$ と x 軸で囲まれる図形の面積は

$$\int_{-1}^{1} -3(x+1)(x-1)dx$$
$$=(-3)\cdot\left(-\frac{1}{6}\right)\{1-(-1)\}^3=\frac{3\cdot 2^3}{6}=4.$$

曲線 $y=-3x^2+3$ と曲線 C_a の共有点について，

$$-3x^2+3=x^2-2ax-2a^2+3$$
$$\iff 4x^2-2ax-2a^2=0$$
$$\iff 2x^2-ax-a^2=0$$
$$\iff (2x+a)(x-a)=0$$
$$\iff x=-\frac{a}{2},\ a$$

であるから，曲線 $y=-3x^2+3$ と曲線 C_a は x 座標が $-\frac{a}{2}$，a である点で交わる．また，

$$x^2-2ax-2a^2+3=(x-a)^2+3-3a^2$$

より，放物線 C_a の頂点の y 座標は

$$3-3a^2=3(1-a^2)>0$$

を満たす．

こうはならない!

これより，曲線 $y=-3x^2+3$ と C_a で囲まれた図形の面積は

$$\int_{-\frac{a}{2}}^{a} -4\left(x+\frac{a}{2}\right)(x-a)\,dx$$
$$=(-4)\cdot\left(-\frac{1}{6}\right)\left\{a-\left(-\frac{a}{2}\right)\right\}^3=\frac{9}{4}a^3.$$

したがって，条件は，

$$\frac{9}{4}a^3=\frac{4}{2}.$$

$$\therefore\ \boldsymbol{a=\frac{2}{3}\sqrt[3]{3}}.$$ （これは $0<a<1$ を満たす.）

#9－[2]

赤玉 5 個，白玉 4 個，青玉 3 個が入っている袋から，よくかき混ぜて玉を同時に 3 個取り出す．

(1) 3 個とも赤玉である確率を求めよ．

(2) 3 個とも色が異なる確率を求めよ．

(3) 3 個の玉の色が 2 種類である確率を求めよ．

【2006 岐阜大学 (前期) 教育・工・医学部】

解説　この袋に入っている玉は赤玉 5 個を①，②，③，④，⑤，白玉 4 個を⑥，⑦，⑧，⑨，青玉 4 個を⑩，⑪，⑫で表すことにする．この袋から同時に 3 個を取り出すとき，{③,⑤,⑨} や {②,⑥,⑨} など全部で ${}_{12}\mathrm{C}_3$ 通りの組合せが考えられ，これらが同様に確からしい．

(1) 3 個とも赤玉であるのは，① ～ ⑤の 5 個のうちから 3 個を選ぶ ${}_5\mathrm{C}_3$ 通りあるから，求める確率は

（分母・分子に ×3!）

$$\frac{{}_5\mathrm{C}_3}{{}_{12}\mathrm{C}_3}=\frac{5\cdot4\cdot3}{12\cdot11\cdot10}=\boldsymbol{\frac{1}{22}}.$$

(2) 3 個とも色が異なる確率は

（赤）（白）（青）

$$\frac{{}_5\mathrm{C}_1\times{}_4\mathrm{C}_1\times{}_3\mathrm{C}_1}{{}_{12}\mathrm{C}_3}=\frac{5\cdot4\cdot3}{\frac{12\cdot11\cdot10}{3\cdot2\cdot1}}=\boldsymbol{\frac{3}{11}}.$$

(3) 3 個の玉の色が 1 種類である確率は

（赤3つ）（白3つ）（青3つ）

$$\frac{{}_5\mathrm{C}_3+{}_4\mathrm{C}_3+{}_3\mathrm{C}_3}{{}_{12}\mathrm{C}_3}=\frac{5\cdot4\cdot3+4\cdot3\cdot2+3\cdot2\cdot1}{12\cdot11\cdot10}=\frac{3}{44}.$$

余事象を考えて，3 個の玉の色が 2 種類である確率は

$$1-\left(\frac{3}{44}+\frac{3}{11}\right)=\boldsymbol{\frac{29}{44}}.$$

#9－[3]

a，b，c を正の整数，α を有理数とする．2 次関数 $f(x)=ax^2+bx-c$ に対して

$$\int_0^{1+\sqrt{2}} f(x)\,dx=-\alpha-(\alpha+3)\sqrt{2}$$

が成り立つとする．このとき，次の問いに答えよ．

(1) a，b の値を求め，c を α を用いて表せ．

(2) $f(\alpha)=0$ のとき，α の値を求めよ．

(3) (2) で求めた α について，曲線 $y=f(x)$ の点 $(\alpha,\ f(\alpha))$ における接線を ℓ とする．このとき，曲線 $y=f(x)$ と接線 ℓ および y 軸で囲まれた図形の面積 S を求めよ．

【2017 静岡大学 (前期)】

解説

(1)

$$\int_0^{1+\sqrt{2}} f(x)dx = \int_0^{1+\sqrt{2}} (ax^2+bx-c)\,dx$$
$$= \left[\frac{a}{3}x^3+\frac{b}{2}x^2-cx\right]_0^{1+\sqrt{2}}$$
$$= \frac{a}{3}(1+\sqrt{2})^3+\frac{b}{2}(1+\sqrt{2})^2-c(1+\sqrt{2})$$
$$= \left(\frac{7}{3}a+\frac{3}{2}b-c\right)+\left(\frac{5}{3}a+b-c\right)\sqrt{2}$$

より，

$$\left(\frac{7}{3}a+\frac{3}{2}b-c\right)+\left(\frac{5}{3}a+b-c\right)\sqrt{2} = -\alpha-(\alpha+3)\sqrt{2}$$

が成り立つ．
ここで，$\frac{7}{3}a+\frac{3}{2}b-c$，$\frac{5}{3}a+b-c$，$-\alpha$，$-(\alpha+3)$ は有理数，$\sqrt{2}$ は無理数であるから，

$$\frac{7}{3}a+\frac{3}{2}b-c=-\alpha,\quad \frac{5}{3}a+b-c=-(\alpha+3).$$

この 2 式から，α を消去すると，

$$\frac{2}{3}a+\frac{b}{2}=3.$$
$$4a+3b=18.$$

$4a$ は 3 の倍数である必要があるが，$a \geqq 6$ なら $4a \geqq 24 > 18$ となるので不適であることから，$a=3$ に絞られ，$4a+3b=18$ を満たす正の整数 a，b は，

$$a=\mathbf{3},\quad b=\mathbf{2}$$

とわかる．また，これより，

$$c=\boldsymbol{\alpha}+\mathbf{10}.$$

(2) (1) より，

$$f(x)=3x^2+2x-(\alpha+10).$$

$f(\alpha)=3\alpha^2+\alpha-10$ より，$f(\alpha)=0$ のとき，

$$3\alpha^2+\alpha-10=0.$$
$$(3\alpha-5)(\alpha+2)=0.$$

$c=\alpha+10$ は自然数であることから，

$$\boldsymbol{\alpha}=\mathbf{-2},\quad c=8.$$

(3) (2) のとき，

$$f(x)=3x^2+2x-8.$$

ℓ は曲線 $y=f(x)$ の点 $(-2,\ f(-2))$ における接線である．

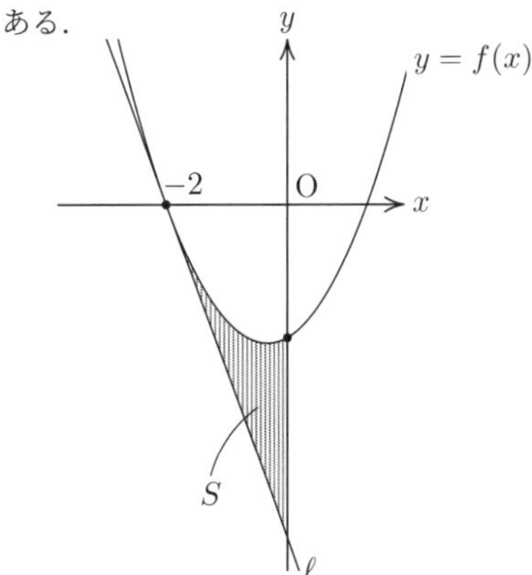

$$S=\int_{-2}^{0} 3(x+2)^2dx=\Big[(x+2)^3\Big]_{-2}^{0}=2^3=\mathbf{8}.$$

注意　有理数，無理数について，少し解説しておく．
有理数とは $\frac{\text{整数}}{\text{自然数}}$ の形で表すことができる数である．たとえば，0.2，0.333⋯，−3.1，0 は

$$0.2=\frac{2}{10},\quad 0.333\cdots=\frac{1}{3},\quad -3.1=\frac{-31}{10},\quad 0=\frac{0}{4}$$

などと表せるのですべて有理数である．実数 (数直線上の数) のうち，有理数ではない数があり，それを無理数という．代表的な無理数は $\sqrt{2}$，$\log_2 3$，π などである．有理数，無理数については，それらの独立性を示す次の事項が重要である．

有理数と無理数の“独立性”

一般に，p，q，r，s を有理数，α を無理数とするとき，

$$p+q\alpha=r+s\alpha \quad\Longrightarrow\quad \begin{cases} p=r, \\ q=s. \end{cases}$$

証明　$p+q\alpha=r+s\alpha$ のとき，

$$p-r=(s-q)\alpha$$

が成り立ち，もし，$s \neq q$ であれば，両辺を $s-q\ (\neq 0)$ で割ることで

$$\frac{p-r}{s-q}=\alpha$$

が得られてしまうが，この左辺は有理数であるのに対して，右辺は無理数であるので，矛盾が生じてしまう．したがって，$q=s$ であることがわかる．これより，$p=r$ もわかる．

#9− 4

△OAB において，$OA=1$，$OB=\sqrt{2}$，$\angle AOB=\frac{\pi}{2}$ とする．辺 AB を 2 : 1 に内分する点を P，線分 OP を P の方へ延長し，その延長線上の点を Q とするとき，次の問いに答えよ．

(1) $\triangle PQB = 2\triangle POA$ のとき，$\overrightarrow{OQ}$ を $\overrightarrow{OA}$ と $\overrightarrow{OB}$ で表せ．

(2) $\angle OQA=\angle OQB$ のとき，OP : PQ を求めよ．

【2003 大分大学 (前期) 教育福祉科学部】

解説

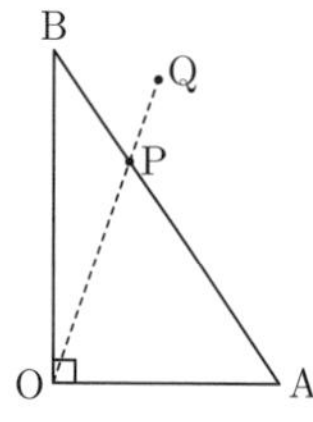

(1) 対頂角として，$\angle BPQ=\angle APO$ であり，

$$\frac{\triangle PQB}{\triangle POA}=\frac{\frac{1}{2}PB\cdot PQ\sin\angle BPQ}{\frac{1}{2}PA\cdot PO\sin\angle APO}$$

であるから，$\triangle PQB=2\triangle POA$ のとき，

$$2=\frac{PQ}{2PO} \quad \text{つまり} \quad PQ=4PO$$

が成り立つ．$\overrightarrow{OP}=\dfrac{\overrightarrow{OA}+2\overrightarrow{OB}}{3}$ であるから，

$$\overrightarrow{OP}=5\overrightarrow{OP}=\mathbf{\frac{5}{3}\overrightarrow{OA}+\frac{10}{3}\overrightarrow{OB}}.$$

(2) $\angle OQA=\angle OQB$ のとき，QP は $\angle AQB$ の二等分線であるので，

$$QA:QB=AP:PB=2:1$$

より，

$$QA=2QB.$$

したがって，

$$\left|\overrightarrow{QA}\right|^2=4\left|\overrightarrow{QB}\right|^2.$$

$$\therefore\ \left|\overrightarrow{OA}-\overrightarrow{OQ}\right|^2=4\left|\overrightarrow{OB}-\overrightarrow{OQ}\right|^2. \qquad \cdots(*)$$

$\overrightarrow{OQ}=k\,\overrightarrow{OP}$ $(k>1)$ とおけ，これより，

$$\overrightarrow{OQ}=\frac{k}{3}\overrightarrow{OA}+\frac{2}{3}k\overrightarrow{OB}.$$

また，$\left|\overrightarrow{OA}\right|^2=1$，$\left|\overrightarrow{OB}\right|^2=2$，$\overrightarrow{OA}\cdot\overrightarrow{OB}=0$ に注意すると，$(*)$ は

$$\left(1-\frac{k}{3}\right)^2+\frac{4k^2}{9}\cdot 2=4\left\{\frac{k^2}{9}+\left(1-\frac{2k}{3}\right)^2\cdot 2\right\}.$$

$$3k^2-10k+7=0.$$

$$(3k-7)(k-1)=0.$$

$k>1$ より，$k=\dfrac{7}{3}$ であるから，

$$\overrightarrow{OQ}=\frac{7}{3}\overrightarrow{OP}.$$

$$\therefore\ OP:PQ=\mathbf{3:4}.$$

#9− 5

三角形 ABC において，$AB=9$，$BC=7$，$CA=8$ とする．また，三角形 ABC の内接円と辺 BC，辺 CA，辺 AB との接点を，それぞれ D，E，F とする．このとき，以下の設問に答えよ．

(1) 線分 AE の長さを求めよ．

(2) 線分 EF の長さを求めよ．

(3) 線分 AD の長さを求めよ．

【2018 中央大 法学部】

解説

(1) $AF=AE=x$，$BF=BD=y$，$CD=CE=z$ とおくと，

$$\begin{cases} x+y \quad\ \ =9,\\ \quad\ y+z=7,\\ x \quad\ \ +z=8\end{cases}$$

より，

$$2(x+y+z)=9+7+8.$$

$$\therefore\ x+y+z=12.$$

したがって，

$$x=5,\quad y=4,\quad z=3.$$

$$AE=x=\mathbf{5}.$$

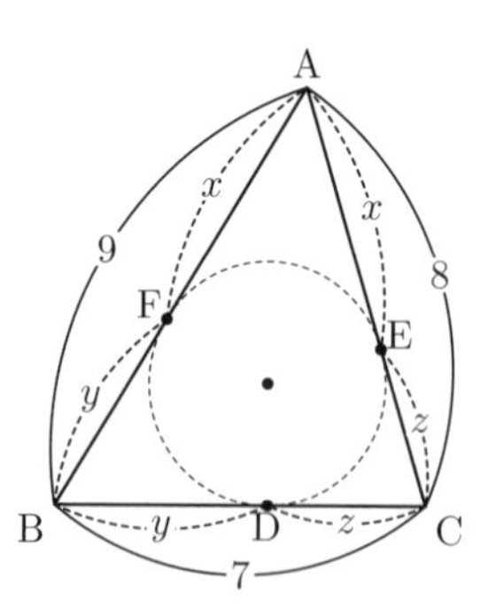

参考　x，y，z と AB，BC，CA との変換がこの (1) の方法で可能となる．この変換は “ラヴィ変換 (Ravi substitution)” と呼ばれる．

(2) 三角形 ABC で余弦定理により，

$$\cos A = \frac{9^2+8^2-7^2}{2\cdot 9\cdot 8} = \frac{2}{3}.$$

この値を三角形 AFE での余弦定理に用いて，

$$\begin{aligned}\mathrm{FE}^2 &= x^2 + x^2 - 2\cdot x\cdot x\cdot\frac{2}{3}\\ &= \frac{2}{3}x^2\end{aligned}$$

より，

$$\mathrm{FE} = x\sqrt{\frac{2}{3}} = 5\sqrt{\frac{2}{3}} = \boldsymbol{\frac{5\sqrt{6}}{3}}.$$

(3) 三角形 ABC で余弦定理により，

$$\cos C = \frac{8^2+7^2-9^2}{2\cdot 8\cdot 7} = \frac{2}{7}.$$

この値を三角形 ADC での余弦定理に用いて，

$$\begin{aligned}\mathrm{AD}^2 &= 8^2 + 3^2 - 2\cdot 8\cdot 3\cdot\frac{2}{7}\\ &= \frac{415}{7}\end{aligned}$$

より，

$$\mathrm{AD} = \sqrt{\boldsymbol{\frac{415}{7}}}.$$

注意　三角形の頂点と内接円と辺との接点との距離は (1) の方法で求まることを覚えておこう!

#9−6

$(a+2b+3c)^6$ の展開式における a^3b^2c の係数を求めよ.

【2016 福島大学 (前期) 人文社会学部】

解説　$(a+2b+3c)^6$ の展開式における a^3b^2c の項は，

$${}_6\mathrm{C}_1 \times {}_5\mathrm{C}_2\cdot a^3\cdot(2b)^2\cdot(3c) = 720a^3b^2c$$

であるから，求める a^3b^2c の係数は **720**.

#9−7

四面体 OABC において，

$$\mathrm{BC}=30,\quad \mathrm{CA}=26,\quad \cos\angle\mathrm{BAC}=\frac{5}{13},$$

$$\mathrm{OA}=18,\quad \angle\mathrm{OAB}=\angle\mathrm{OAC}=90^\circ$$

であるとき，辺 AB の長さおよび四面体 OABC の体積を求めよ.

【2016 岩手大学 (前期) 農学部】

解説　$\mathrm{AB}=c$ とおいて，三角形 ABC で余弦定理を用いると，

$$\begin{aligned}30^2 &= c^2+26^2-2\cdot c\cdot 26\cdot\frac{5}{13}.\\ c^2-20c-(30^2-26^2) &= 0.\\ c^2-20c-56\cdot 4 &= 0.\\ (c-28)(c+8) &= 0.\\ \therefore\ c = \mathrm{AB} &= \mathbf{28}.\end{aligned}$$

また，$\begin{cases}\mathrm{OA}\perp\mathrm{AB},\\ \mathrm{OA}\perp\mathrm{AC}\end{cases}$ より，$\mathrm{OA}\perp$(平面 ABC) であるから，四面体 OABC の体積は，

$$\begin{aligned}&\triangle\mathrm{ABC}\times\mathrm{OA}\times\frac{1}{3}\\ &=\frac{1}{2}\mathrm{AB}\cdot\mathrm{AC}\sin\angle\mathrm{BAC}\times\mathrm{OA}\times\frac{1}{3}\\ &=\frac{1}{2}\cdot 28\cdot 26\sqrt{1-\left(\frac{5}{13}\right)^2}\times 18\times\frac{1}{3} = \mathbf{2016}.\end{aligned}$$

注意　平面と直線との垂直関係についてまとめておく.

定義

平面 α と直線 ℓ とが垂直であるとは，平面 α 上の任意の直線と直線 ℓ とが垂直であることである.

しかし，この定義に基づいて，平面と直線が垂直になっているのかどうかを調べることは不可能である．なぜなら，平面上の任意の直線は無限にあるからである.

そこで，次の定理が重要である.

定理

平面 α 上の**平行でない 2 直線**と直線 ℓ が垂直であるならば，平面 α と直線 ℓ とは垂直であるといえる.

このことは，平面が 2 つの 1 次独立なベクトルで定められる (専門的には "張られる" と表現する) ことから，次のように式によって確認することができる.

説明　平面 α 上の**平行でない 2 直線**を L_1，L_2 とする．L_1 の方向ベクトルを $\overrightarrow{d_1}$，L_2 の方向ベクトルを $\overrightarrow{d_2}$ とすると，L_1 と L_2 が平行でないことから，$\overrightarrow{d_1}$ と $\overrightarrow{d_2}$ は 1 次独立である．したがって，α 上の任意のベクトル $\overrightarrow{v}$ は

$$\overrightarrow{v} = s\overrightarrow{d_1} + t\overrightarrow{d_2}\quad (s,\ t: \text{実数})$$

と表される．直線 ℓ の方向ベクトルを $\overrightarrow{n}$ とすると，$L_1\perp\ell$ より $\overrightarrow{d_1}\perp\overrightarrow{n}$，$L_2\perp\ell$ より $\overrightarrow{d_2}\perp\overrightarrow{n}$ であるから，

$$\overrightarrow{v}\cdot\overrightarrow{n} = \left(s\overrightarrow{d_1}+t\overrightarrow{d_2}\right)\cdot\overrightarrow{n} = s\underbrace{\overrightarrow{d_1}\cdot\overrightarrow{n}}_{=0} + t\underbrace{\overrightarrow{d_2}\cdot\overrightarrow{n}}_{=0} = 0.$$

つまり，直線 ℓ と平面 α 上のすべての直線と垂直であり，すなわち，直線 ℓ と平面 α が垂直であることがいえる.

#9−8

xy 平面上に円 $C : x^2+y^2-4x-4y+6=0$ と直線 $l : y=mx$ がある．

(1) 円 C の中心の座標と半径を求めよ．

(2) 直線 l が円 C と異なる 2 点で交わるような定数 m の値の範囲を求めよ．

(3) 直線 l が円 C によって切りとられる線分の長さが 2 であるとき，m の値を求めよ．

【2011 関西大学 環境都市工・システム理学部】

解説

(1)
$$x^2+y^2-4x-4y+6=0$$
$$\iff (x-2)^2-4+(y-2)^2-4+6=0$$
$$\iff (x-2)^2+(y-2)^2=2$$

より，円 C の中心の座標は $\boldsymbol{(2,\ 2)}$ であり，半径は $\boldsymbol{\sqrt{2}}$ である．

(2) 直線 $l : mx-y=0$ が円 C と異なる 2 点で交わる条件は，

$$(C \text{ の中心と } l \text{ との距離}) < (C \text{ の半径})$$

つまり

$$\frac{|m\cdot 2-2|}{\sqrt{m^2+1}} < \sqrt{2}$$

である．これより，

$$|2m-2| < \sqrt{2}\sqrt{m^2+1}.$$

両辺は 0 以上であるから，2 乗しても同値であり，

$$(2m-2)^2 < 2(m^2+1).$$

$$2(m-1)^2 < m^2+1.$$

$$m^2-4m+1<0.$$

$$\boldsymbol{2-\sqrt{3} < m < 2+\sqrt{3}}.$$

(3)

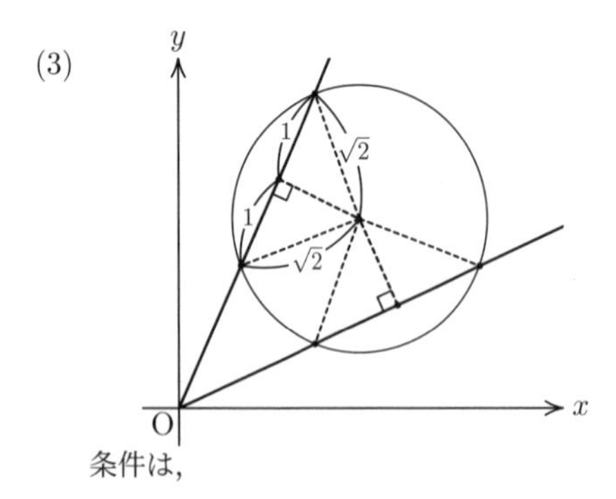

条件は，

$$(\text{円 } C \text{ の中心と } l \text{ との距離}) = \sqrt{\left(\sqrt{2}\right)^2-1^2}$$

より，

$$\frac{|m\cdot 2-2|}{\sqrt{m^2+1}}=1.$$

$$\therefore\ |2m-2| = \sqrt{m^2+1}.$$

両辺は 0 以上であるから，2 乗しても同値であり，

$$(2m-2)^2=m^2+1.$$

$$3m^2-8m+3=0.$$

$$\therefore\ \boldsymbol{m=\frac{4\pm\sqrt{7}}{3}}.$$

（これは，(2) の条件 $\dfrac{|m\cdot 2-2|}{\sqrt{m^2+1}} < \sqrt{2}$ に含まれる $\dfrac{|m\cdot 2-2|}{\sqrt{m^2+1}}=1$ を解いた結果なので，(2) の答えである $2-\sqrt{3}<m<2+\sqrt{3}$ に含まれることは明らか．）

#9−9

a を実数とする．曲線 $C : y=x^2-2ax+a^2-a+2$ と直線 $l : y=2x-1$ は異なる 2 点で交わるとする．

(1) a の値の範囲を求めよ．

(2) C と l の交点のうち x 座標の小さい方を P とする．P の x 座標の最小値とそのときの a の値を求めよ．

(3) C と l の 2 つの交点がともに $x \leqq 3$ の範囲にあるとき，a の値の範囲を求めよ．

【2020 滋賀県立大学 工学部】

解説

(1) 曲線 C と直線 l が異なる 2 点で交わる条件は

$$x^2-2ax+a^2-a+2=2x-1$$

が異なる 2 つの実数解をもつこと，つまり，

$$x^2-2(a+1)x+a^2-a+3=0 \qquad \cdots(*)$$

の判別式 D が正となることである．

$$\frac{D}{4}=(a+1)^2-(a^2-a+3)=3a-2$$

であるから，求める a の値の範囲は

$$\frac{D}{4}=3a-2>0 \quad \text{より，} \quad \boldsymbol{a>\frac{2}{3}}.$$

(2) P の x 座標は $(*)$ の実数解のうち小さい方の

$$(a+1)-\sqrt{3a-2}$$

である．ここで，$A=\sqrt{3a-2}$ とおくと，

$$A^2=3a-2, \quad a=\frac{A^2+2}{3}$$

であるから，

$$
\begin{aligned}
(a+1)-\sqrt{3a-2} &= \frac{A^2+2}{3}+1-A \\
&= \frac{1}{3}A^2 - A + \frac{5}{3} \\
&= \frac{1}{3}\left(A-\frac{3}{2}\right)^2 + \frac{11}{12}.
\end{aligned}
$$

a が (1) で求めた範囲 $a > \dfrac{2}{3}$ を動くとき，A は正の実数値をすべてとり得るので，$A = \dfrac{3}{2}$，つまり，$\boldsymbol{a = \dfrac{17}{12}}$ のときに P の x 座標は最小値 $\boldsymbol{\dfrac{11}{12}}$ をとる．

(3) C と l の 2 つの交点がともに $x \leqq 3$ の範囲にある条件は，$a > \dfrac{2}{3}$ のもと，$(*)$ の異なる 2 つの実数解がともに 3 以下であることであり，$(*)$ の左辺を $f(x)$ とおくと，$a > \dfrac{2}{3}$ かつ，

$$
\begin{cases}
a+1 < 3, \\
f(3) = (a-1)(a-6) \geqq 0.
\end{cases}
$$

$$
\therefore\ \ \boldsymbol{\frac{2}{3} < a \leqq 1}.
$$

参考 (2) は次のように解くこともできる．

(2) の別解　$(*)$ を a について整理して，

$$
a^2-(2x+1)a+x^2-2x+3=0. \qquad \cdots(\dagger)
$$

この式を満たす実数 a が存在する (x の) 条件は，

$$
(2x+1)^2-4(x^2-2x+3) \geqq 0 \text{　すなわち　} \frac{11}{12} \leqq x.
$$

$x = \dfrac{11}{12}$ のとき，$(\dagger)$ を解いて，$a = \dfrac{17}{12}$ $\left(> \dfrac{2}{3}\right)$．

よって，P の x 座標の最小値は $\boldsymbol{\dfrac{11}{12}}$ であり，そのときの a の値は $\boldsymbol{a = \dfrac{17}{12}}$．

この解法の意味を図形的に説明しよう．

xa 平面上で，$(*)$ が表す図形を考える．IAIIB の範囲ではこの曲線の概形を捉えるのは困難であるが，解法の発想を理解するために，ひとまず結論を認めて読み進めてもらいたい．xa 平面上で，$(*)$ が表す図形は次のような (2 次) 曲線になる．

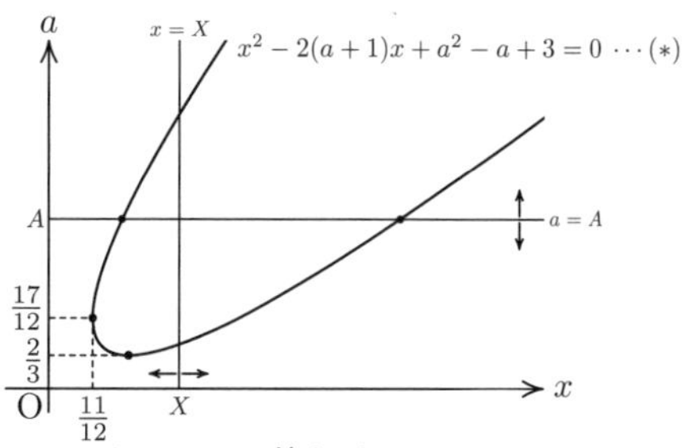

すると，a や x のとる値をグラフでみることができるようになる．たとえば，(1) で求めた $a > \dfrac{2}{3}$ という範囲は，直線 $a = A$ とこの曲線との交点を考えたとき，異なる 2 点で交わるような A の範囲を表しており，その 2 交点の x 座標が $(*)$ の解 x である．

(2) では，交点を 2 つもつ範囲で，その交点の x 座標が小さい方の最小値を問うている．図を見ると，$(x,\ a) = \left(\dfrac{11}{12},\ \dfrac{17}{12}\right)$ に対応する点のことというのがわかるが，この点の x 座標は，直線 $x = X$ (縦線) とこの曲線が共有点をもつような X の最小値として捉えることができる．このように，この共有点の存在として，実数 a の存在を捉えている．

たとえば，$x = \dfrac{13}{12}$ のとき，曲線が直線 $x = \dfrac{13}{12}$ と共有点をもつので，$(*)$ を満たす実数 a は存在するが，$x = \dfrac{7}{12}$ のとき，直線 $x = \dfrac{7}{12}$ とは共有点をもたないので，$(*)$ を満たす実数 a は存在しない．

注意 (3) は次のように解くこともできる．

(3) の別解　C と l の 2 つの交点がともに $x \leqq 3$ の範囲にある条件は，$a > \dfrac{2}{3}$ のもと，$(*)$ の異なる 2 つの実数解がともに 3 以下であることである．それは $(*)$ の大きい方の解 $(a+1)+\sqrt{3a-2}$ が 3 以下であることと同値．

$a > \dfrac{2}{3}$ のもとで，

$$
\begin{aligned}
&(a+1)+\sqrt{3a-2} \leqq 3 \\
\iff &\sqrt{3a-2} \leqq 2-a \\
\iff &3a-2 \leqq (2-a)^2, \quad 0 \leqq 2-a \\
\iff &a^2-7a+6 \geqq 0, \quad a \leqq 2 \\
\iff &(a-1)(a-6) \geqq 0, \quad a \leqq 2 \\
\iff &a \leqq 1
\end{aligned}
$$

より，求める a の値の範囲は，$\boldsymbol{\dfrac{2}{3} < a \leqq 1}$．

#10− 1

数列 $\{a_n\}$ が条件 $a_1=1,\ a_2=2,\ a_3=5$ および

$$3a_n = S_n + pn^2 + qn + r \quad (n=1,\ 2,\ 3,\ \cdots)$$

を満たすとする．ただし，$S_n = \sum_{k=1}^{n} a_k$ であり，$p,\ q,\ r$ は定数である．次の問いに答えよ．

(1) $p,\ q,\ r$ の値を求めよ．

(2) $S_{n+1}-S_n$ を考えることにより，a_{n+1} を a_n と n を用いて表せ．

(3) $b_n = a_{n+1}-a_n+3$ とおくとき，数列 $\{b_n\}$ の一般項を求めよ．

(4) 数列 $\{a_n\}$ の一般項を求めよ．

【2013 宮城教育大学 教育学部】

解説

$S_1=a_1$

(1) $3a_1 = S_1 + p + q + r$ より，

$$3\cdot 1 = 1 + p + q + r.$$

$$\therefore\ p+q+r=2. \qquad \cdots ①$$

$3a_2 = S_2 + 4p + 2q + r$ より，

$$3\cdot 2 = (1+2) + 4p + 2q + r.$$

$$\therefore\ 4p+2q+r=3. \qquad \cdots ②$$

$3a_3 = S_3 + 9p + 3q + r$ より，

$$3\cdot 5 = (1+2+5) + 9p + 3q + r.$$

$$\therefore\ 9p+3q+r=7. \qquad \cdots ③$$

①，②，③より，

$$p=\boldsymbol{\frac{3}{2}},\quad q=\boldsymbol{-\frac{7}{2}},\quad r=\boldsymbol{4}.$$

(2) $S_n = 3a_n - pn^2 - qn - r$ より，

$$\begin{aligned}a_{n+1} &= S_{n+1}-S_n\\ &= 3a_{n+1}-p(n+1)^2-q(n+1)-r-(3a_n-pn^2-qn-r)\\ &= 3a_{n+1}-3a_n-p(2n+1)-q.\end{aligned}$$

$$\therefore\ a_{n+1} = \frac{3}{2}a_n + pn + \frac{p+q}{2}.$$

(1) の結果より，

$$a_{n+1} = \boldsymbol{\frac{3}{2}a_n + \frac{3}{2}n - 1}.$$

(3) $n=1,\ 2,\ 3,\ \cdots$ に対して，

$$\begin{aligned}b_{n+1} &= a_{n+2}-a_{n+1}+3\\ &= \left(\frac{3}{2}a_{n+1}+\frac{3}{2}(n+1)-1\right)-\left(\frac{3}{2}a_n+\frac{3}{2}n-1\right)+3\\ &= \frac{3}{2}(a_{n+1}-a_n+3) = \frac{3}{2}b_n\end{aligned}$$

が成り立つことから，数列 $\{b_n\}$ は公比 $\frac{3}{2}$ の等比数列をなす．$b_1 = a_2 - a_1 + 3 = 2-1+3 = 4$ より，

$$b_n = b_1\cdot\left(\frac{3}{2}\right)^{n-1} = \boldsymbol{4\left(\frac{3}{2}\right)^{n-1}}.$$

(4) (3) より，

$$a_{n+1}-a_n = b_n - 3 = 4\left(\frac{3}{2}\right)^{n-1} - 3$$

が成り立つことから，$n=2,\ 3,\ 4,\ \cdots$ に対して，

$$\begin{aligned}a_n &= a_1 + \sum_{k=1}^{n-1}\left\{4\left(\frac{3}{2}\right)^{k-1}-3\right\}\\ &= a_1 + \frac{4\left\{\left(\frac{3}{2}\right)^{n-1}-1\right\}}{\frac{3}{2}-1} - 3(n-1)\end{aligned}$$

が成り立つ．この結果は $n=1$ でも成立．

よって，$n=1,\ 2,\ 3,\ \cdots$ に対して，

$$\begin{aligned}a_n &= 1 + 8\left\{\left(\frac{3}{2}\right)^{n-1}-1\right\} - 3(n-1)\\ &= \boldsymbol{8\left(\frac{3}{2}\right)^{n-1} - 3n - 4}.\end{aligned}$$

参考　(2) の漸化式を導いた後，一般項 a_n を求めるには，次の方法が一般的である．問題を整理しておこう．

> $a_{n+1} = \frac{3}{2}a_n + \frac{3}{2}n - 1\ (n=1,\ 2,\ 3,\ \cdots)$,
> $a_1 = 1$ を満たす数列 $\{a_n\}$ の一般項 a_n を求めよ．

まず一旦，初項の条件 $a_1=1$ は忘れて，漸化式

$$a_{n+1} = \frac{3}{2}a_n + \underbrace{\frac{3}{2}n-1}_{n\text{ の 1 次式}} \quad (n=1,\ 2,\ 3,\ \cdots)$$

の形から，$A,\ B$ を定数として，数列 $\{An+B\}$ でこの漸化式を満たすものを見つける．

$$A(n+1)+B = \frac{3}{2}(An+B) + \frac{3}{2}n - 1$$

つまり

$$An + (A+B) = \left(\frac{3}{2}A + \frac{3}{2}\right)n + \left(\frac{3}{2}B - 1\right)$$

がすべての n で成り立つような $A,\ B$ を見つけたい．それには，

$$A = \frac{3}{2}A + \frac{3}{2},\quad A+B = \frac{3}{2}B - 1$$

を満たす A, B であればよく,

$$A=-3,\quad B=-4$$

とした数列 $\{-3n-4\}$ が漸化式を満たす数列 ("特殊解" という) としてとれることがわかる.

さて, そこで, いま調べたい $\{a_n\}$ に対して,

$$c_n=a_n-(-3n-4)\quad (n=1,\ 2,\ 3,\ \cdots)$$

つまり

$$c_n=a_n+3n+4\quad (n=1,\ 2,\ 3,\ \cdots)$$

で定められる数列 $\{c_n\}$ を考えると,

$$\begin{aligned}c_{n+1}&=a_{n+1}+3(n+1)+4\\&=\frac{3}{2}a_n+\frac{3}{2}n-1+3(n+1)+4\\&=\frac{3}{2}(a_n+3n+4)=\frac{3}{2}c_n\end{aligned}$$

が成り立ち, $\{c_n\}$ は公比 $\frac{3}{2}$ の等比数列より,

$$c_n=c_1\cdot\left(\frac{3}{2}\right)^{n-1}.$$

さて, $\{c_n\}$ が等比数列になるのは偶々(たまたま)と思われるかもしれないが, 実はそうではない. この背景には次の理論がある. $\{a_n\}$ と同じ漸化式を満たす任意の数列 $\{x_n\}$, $\{y_n\}$ をとり, $z_n=x_n-y_n$ で定められる数列 $\{z_n\}$ を考えると,

$$x_{n+1}=\frac{3}{2}x_n+\frac{3}{2}n-1\ (n=1,\ 2,\ 3,\ \cdots),$$
$$y_{n+1}=\frac{3}{2}y_n+\frac{3}{2}n-1\ (n=1,\ 2,\ 3,\ \cdots)$$

であり, 辺々引くと,

$$z_{n+1}=\frac{3}{2}z_n\quad (n=1,\ 2,\ 3,\ \cdots)$$

が成り立ち, 数列 $\{z_n\}$ は等比数列をなすことがわかる.

$\{x_n\}$ が求めたい $\{a_n\}$ に, $\{y_n\}$ が $\{-3n-4\}$ に, $\{z_n\}$ が $\{c_n\}$ に対応している. つまり, 同じ型の漸化式を満たす数列を一つ見つけ, それとの差を考えると, その差で定められる数列は等比数列をなし, それをもとに本来知りたい数列の一般項を知ることができるのである.

#10-[2]

p を $0<p<1$ を満たす定数とする. 関数

$$y=x^3-(3p+2)x^2+8px$$

の区間 $0\leqq x\leqq 1$ における最大値と最小値を求めよ.

【2010 佐賀大学 文化教育学部】

解説 $f(x)=x^3-(3p+2)x^2+8px$ とおく.

$$f'(x)=3x^2-2(3p+2)x+8p=(3x-4)(x-2p).$$

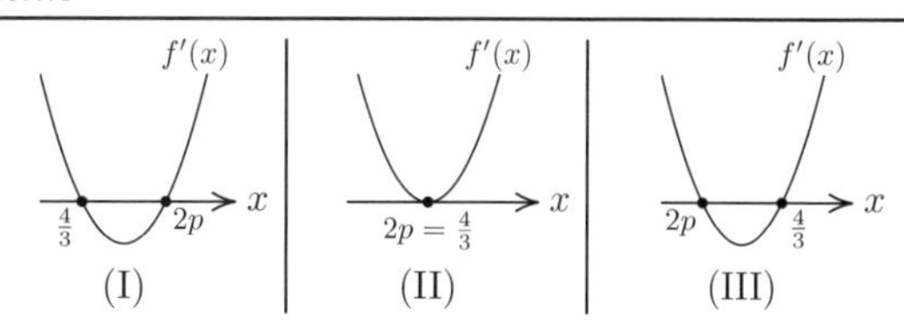

(I), (II) $\frac{4}{3}\leqq 2p$ のとき, つまり, $\frac{2}{3}\leqq p\,(<1)$ のとき.
$0<x<1$ においてつねに $f'(x)>0$ であるから, $0\leqq x\leqq 1$ で $f(x)$ は単調増加. このとき,

$$(\text{最大値})=f(1),\quad (\text{最小値})=f(0).$$

(III) $2p<\frac{4}{3}$ のとき, つまり, $(0<)\,p<\frac{2}{3}$ のとき.
最大値について,

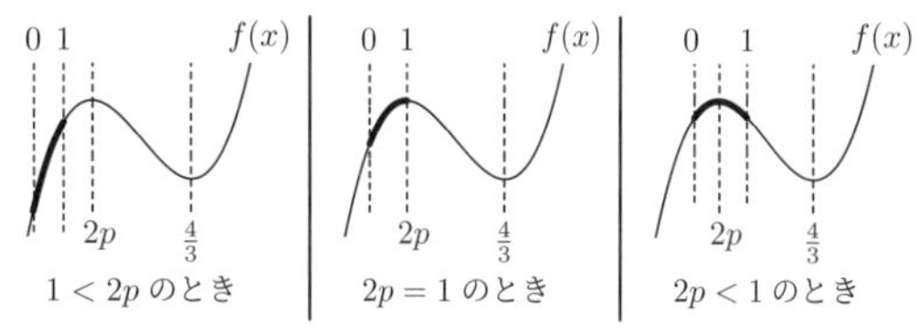

$$(\text{最大値})=\begin{cases}f(1) & (1\leqq 2p\text{ のとき}),\\ f(2p) & (2p\leqq 1\text{ のとき}).\end{cases}$$

2p = 1 のケースはどちらに含めてもよい.

最小値について,

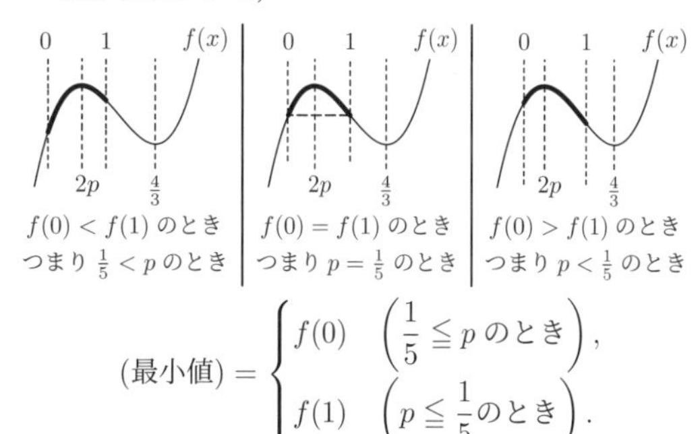

$$(\text{最小値})=\begin{cases}f(0) & \left(\frac{1}{5}\leqq p\text{ のとき}\right),\\ f(1) & \left(p\leqq\frac{1}{5}\text{のとき}\right).\end{cases}$$

(I), (II), (III) より,

$$\textbf{Max.}=\begin{cases}f(2p)=-4p^3+8p^2 & \left(0<p\leqq\frac{1}{2}\text{のとき}\right),\\ f(1)=5p-1 & \left(\frac{1}{2}\leqq p<1\text{ のとき}\right).\end{cases}$$

$$\textbf{min.}=\begin{cases}f(1)=5p-1 & \left(0<p\leqq\frac{1}{5}\text{のとき}\right),\\ f(0)=0 & \left(\frac{1}{5}\leqq p<1\text{ のとき}\right).\end{cases}$$

#10-[3]

サイコロを 3 回投げ, 1 回目に出た目を a, 2 回目に出た目を b, 3 回目に出た目を c とする. そのとき, $2^a3^b6^c$ の正の約数の個数が 24 となる確率を求めよ.

【2022 関西大学 理系学部】

解説　$2^a3^b6^c = 2^{a+c}3^{b+c}$ の正の約数の個数は

$$(a+c+1)(b+c+1)$$

であり，a，b，c はいずれも 6 以下の正の整数であることから，これが 24 となるのは，

$$(a+c+1,\ b+c+1) = (3,\ 8),\ (4,\ 6),\ (6,\ 4),\ (8,\ 3).$$

（3 以上 13 以下）

$$\therefore\ (a,b,c) = (1,\ 6,\ 1),\ \begin{cases}(1,\ 3,\ 2),\\(2,\ 4,\ 1),\end{cases} \begin{cases}(3,\ 1,\ 2),\\(4,\ 2,\ 1),\end{cases} (6,\ 1,\ 1).$$

全 6^3 通りの $(a,\ b,\ c)$ が同様に確からしく，そのうちこれら 6 通りが条件を満たすことから，求める確率は

$$\frac{6}{6^3} = \mathbf{\frac{1}{36}}.$$

#10−4

a，b を定数とする．空間内に 4 点 A(1, 5, 9), B(3, 4, 8)，C(2, 6, 7)，D(a, b, 12) がある．三角形 ABC の重心を G とする．AG⊥DG，BG⊥DG であるとき，次の問いに答えよ．

(1) 点 G の座標と a，b の値を求めよ．

(2) ∠BAC の大きさを求めよ．

(3) 三角形 ABC の面積を求めよ．

(4) 点 A，B，C，D を頂点とする四面体の体積を求めよ．

【2015 山口大学 文系学部】

解説

(1) 三角形 ABC の重心 G の座標は

$$\mathrm{G}\left(\frac{1+3+2}{3},\ \frac{5+4+6}{3},\ \frac{9+8+7}{3}\right)$$

つまり，G(**2, 5, 8**).

また，

$$\overrightarrow{\mathrm{DG}} = \begin{pmatrix}2-a\\5-b\\-4\end{pmatrix},\ \overrightarrow{\mathrm{AG}} = \begin{pmatrix}1\\0\\-1\end{pmatrix},\ \overrightarrow{\mathrm{BG}} = \begin{pmatrix}-1\\1\\0\end{pmatrix}$$

であり，AG⊥DG，BG⊥DG より，$\overrightarrow{\mathrm{AG}}\cdot\overrightarrow{\mathrm{DG}} = 0$，$\overrightarrow{\mathrm{BG}}\cdot\overrightarrow{\mathrm{DG}} = 0$ であるから，

$$\begin{cases}\overrightarrow{\mathrm{AG}}\cdot\overrightarrow{\mathrm{DG}} = 6-a = 0,\\ \overrightarrow{\mathrm{BG}}\cdot\overrightarrow{\mathrm{DG}} = 3+a-b = 0.\end{cases}$$

$$\therefore\ a = \mathbf{6},\quad b = \mathbf{9}.$$

(2) $\overrightarrow{\mathrm{AB}} = \begin{pmatrix}2\\-1\\-1\end{pmatrix}$，$\overrightarrow{\mathrm{AC}} = \begin{pmatrix}1\\1\\-2\end{pmatrix}$ より，

$$\left|\overrightarrow{\mathrm{AB}}\right| = \sqrt{6},\quad \left|\overrightarrow{\mathrm{AC}}\right| = \sqrt{6},\quad \overrightarrow{\mathrm{AB}}\cdot\overrightarrow{\mathrm{AC}} = 3$$

であるから，

$$\cos\angle\mathrm{BAC} = \frac{\overrightarrow{\mathrm{AB}}\cdot\overrightarrow{\mathrm{AC}}}{\left|\overrightarrow{\mathrm{AB}}\right|\left|\overrightarrow{\mathrm{AC}}\right|} = \frac{1}{2}.$$

$$\therefore\ \angle\mathrm{BAC} = \mathbf{60^\circ}.$$

参考　$\overrightarrow{\mathrm{BC}} = \begin{pmatrix}-1\\2\\-1\end{pmatrix}$ より，$\left|\overrightarrow{\mathrm{BC}}\right| = \sqrt{6}$ であり，三角形 ABC は正三角形であることがわかる．

このことから $\angle\mathrm{BAC} = \mathbf{60^\circ}$ としてもよい．

(3) 三角形 ABC は一辺の長さが $\sqrt{6}$ の正三角形であるから

$$\triangle\mathrm{ABC} = \frac{1}{2}\cdot(\sqrt{6})^2\cdot\sin 60^\circ = \mathbf{\frac{3\sqrt{3}}{2}}.$$

参考　三角形の面積公式

$$\triangle\mathrm{ABC} = \frac{1}{2}\sqrt{\left|\overrightarrow{\mathrm{AB}}\right|^2\left|\overrightarrow{\mathrm{AC}}\right|^2 - \left(\overrightarrow{\mathrm{AB}}\cdot\overrightarrow{\mathrm{AC}}\right)^2}$$

を用いて計算してもよい．

(4) 直線 AG と直線 BG は平面 ABC 上で交わる 2 直線であり，これら 2 本の直線と直線 DG が垂直であることから，四面体 ABCD について，三角形 ABC を底面とみたときの高さが DG であることがわかる．

$\overrightarrow{\mathrm{DG}} = \begin{pmatrix}-4\\-4\\-4\end{pmatrix}$ より，$\mathrm{DG} = 4\sqrt{3}$ であるから，求める四面体 ABCD の体積は

$$\frac{1}{3}\times\triangle\mathrm{ABC}\times\mathrm{DG} = \frac{1}{3}\times\frac{3\sqrt{3}}{2}\times 4\sqrt{3} = \mathbf{6}.$$

#10−5

次の連立方程式を解け．

$$\begin{cases}15\cdot 2^{2x} - 2^{2y} = -64,\\ \log_2(x+1) - \log_2(y+3) = -1.\end{cases}$$

【2015 奈良県立医科大学 医学部】

解説　真数は正であるので，$x+1 > 0$，$y+3 > 0$ つまり $x > -1$，$y > -3$ が必要．このもとで，$\log_2(x+1) - \log_2(y+3) = -1$ より

$$\log_2(x+1) + 1 = \log_2(y+3).$$

$$\log_2 2(x+1) = \log_2(y+3).$$
$$2(x+1) = y+3.$$
$$\therefore\ y = 2x-1.$$

これと $15\cdot 2^{2x} - 2^{2y} = -64$ により，

$$15\cdot 2^{y+1} - 2^{2y} = -64.$$
$$15\cdot 2\cdot 2^y - (2^y)^2 + 64 = 0.$$
$$(2^y)^2 - 30\cdot 2^y - 64 = 0.$$
$$(2^y-32)(2^y+2) = 0.$$
$$2^y = 32\ (>0).$$
$$\boldsymbol{y = 5}.$$
$$\therefore\ \boldsymbol{x = 3}.$$

#10- 6

放物線 $C : y = x^2$ に対して，次の条件を満たす直線 l が通る点の存在範囲を求めよ．

(条件) C と l は異なる 2 点で交わり，C と l で囲まれた領域の面積は 36 である．

【2014 東北大学 (後期) 経済学部】

解説 条件を満たす任意の直線 l と C との 2 交点の x 座標を $\alpha,\ \beta\ (\alpha < \beta)$ とすると，C と l で囲まれた領域の面積は

$$\int_\alpha^\beta -(x-\alpha)(x-\beta)dx = \frac{1}{6}(\beta-\alpha)^3$$

と表され，これが 36 であることから，

$$(\beta-\alpha)^3 = 6^3.$$
$$\beta-\alpha = 6.$$
$$\therefore\ \beta = \alpha+6.$$

したがって，直線 l の方程式は

$$\begin{aligned} y &= \frac{\beta^2-\alpha^2}{\beta-\alpha}(x-\alpha)+\alpha^2 \\ &= (\alpha+\beta)(x-\alpha)+\alpha^2 \\ &= (\alpha+\beta)x-\alpha\beta \\ &= \{\alpha+(\alpha+6)\}x-\alpha(\alpha+6) \\ &= (2\alpha+6)x-\alpha(\alpha+6). \end{aligned}$$

ゆえに，α が全実数をとりつつ変化するとき，直線 $y = (2\alpha+6)x-\alpha(\alpha+6)$ の通過領域を求めればよい．

点 $(X,\ Y)$ が求める領域に含まれる条件は

$$Y = (2\alpha+6)X-\alpha(\alpha+6)$$

を満たす実数 α が存在すること．これは

$$\alpha^2+2(3-X)\alpha+(Y-6X) = 0$$

を α の 2 次方程式とみたときに実数解をもつことと同じことであり，それはつまり，

$$\frac{(\text{判別式})}{4} = (3-X)^2-(Y-6X) \geqq 0.$$
$$\therefore\ Y \leqq X^2+9.$$

よって，求める領域は**不等式 $\boldsymbol{y \leqq x^2+9}$ が表す領域，つまり，放物線 $\boldsymbol{y = x^2+9}$ とその下側の領域**である．

参考 「放物線と直線が囲む部分の面積が 36 である」という条件は，結局，「直線が放物線と x 座標が 6 だけ違う 2 点で交わる」ことを意味しており，そのような直線の通過領域を求めるのが本問の趣旨であった．最終的には次の問題に帰着された．

α が全ての実数をとりつつ変化するとき，直線 $y = (2\alpha+6)x-\alpha(\alpha+6)$ の通過領域を求めよ．

ここで，**包絡線 (envelope)** という概念を紹介しよう．α が変化するにつれ，この直線がどのように動いていくのかを調べるのに役立つ概念である．直線の式の右辺はパラメータ α の 2 次式になっており，α の登場回数を減らすため，α で平方完成すると，

$$\begin{aligned} y &= (2\alpha+6)x-\alpha(\alpha+6) \\ &= -\alpha^2+2(x-3)\alpha+6x \\ &= -\{\alpha-(x-3)\}^2+(x-3)^2+6x \\ &= -\{\alpha-(x-3)\}^2+\underbrace{x^2+9}_{x\text{ のみの式}}. \end{aligned}$$

そこで，$y = \underbrace{x^2+9}_{x\text{ のみの式}}$ とこの直線の共有点を考える．方程式を連立し，y を消去して得られる x の方程式を変形すると，

$$\begin{aligned} & x^2+9 = -\{\alpha-(x-3)\}^2+x^2+9 \\ \iff & \{\alpha-(x-3)\}^2 = 0 \\ \iff & \{x-(\alpha+3)\}^2 = 0 \\ \iff & x = \alpha+3\ (\text{重解}) \end{aligned}$$

(x の 2 次方程式)

より，放物線 $y = x^2+9$ と直線 $y = (2\alpha+6)x-\alpha(\alpha+6)$ は x 座標が $\alpha+3$ の点で接することがわかる．

これで，直線 $y = (2\alpha+6)x-\alpha(\alpha+6)$ の正体がはっきりした．α が全実数を変化するとき，$\alpha+3$ も全実数を変化するので，求める通過領域は放物線 $y = x^2+9$ の接線全体の通過領域となる．このように，直線 (群) がある曲線に沿って接しながら変化していくとき，この曲線を直線 (群) の**包絡線 (envelope)** という．この場合，直線群

$y=(2\alpha+6)x-\alpha(\alpha+6)$ の包絡線が放物線 $y=x^2+9$ であり，包絡線を見抜ければ，直線群の通過領域は一目瞭然となる!

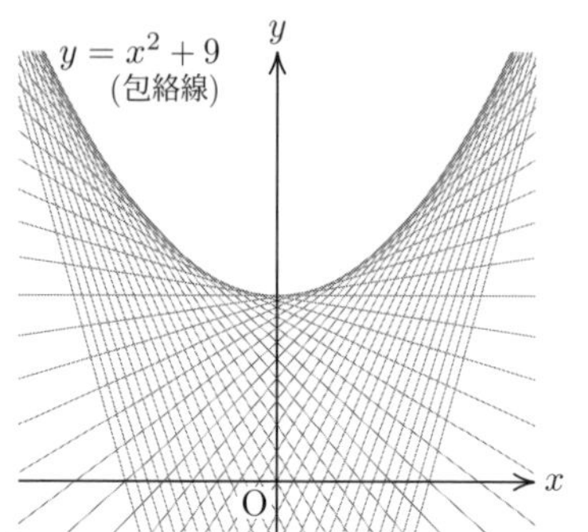

なお，包絡線の正体を暴くには，次の方法も有効である．

まず，直線 $y=(2\alpha+6)x-\alpha(\alpha+6)$ を l_α とし，l_α と $l_{\alpha+h}$ との交点を考える ($\alpha+h$ は α から少しだけズラした値を想定，つまり，$|h|$ は十分小さな値のつもりである)．

$$(2\alpha+6)x-\alpha(\alpha+6)=\{2(\alpha+h)+6\}x-(\alpha+h)\{(\alpha+h)+6\}$$

を x について解くと，

$$x=\alpha+3+\frac{h}{2}.$$

これが交点の x 座標であり，交点の座標は

$$\left(\alpha+3+\frac{h}{2},\ \alpha^2+6\alpha+18+(\alpha+3)h\right).$$

$h\to 0$ としたときのこの交点の近づき先は

$$\left(\alpha+3,\ \alpha^2+6\alpha+18\right)\ \text{つまり}\ \left(\alpha+3,\ (\alpha+3)^2+9\right).$$

これが包絡線と l_α との接点であり，さらにこの接点の軌跡として，包絡線である放物線 $y=x^2+9$ が導ける．

このように，直線を少しズラして交点を求め，そのズラす量を限りなく小さくすることで接点を得て，その接点の軌跡として包絡線が得られる．このアイデアは微積分の創始者 (の一人) であるライプニッツによる．さらに，この方法は微分法によってきちんと定式化できる．

#10−7

等式 $\dfrac{1}{x}+\dfrac{1}{y}=\dfrac{2}{3}$ を満たす自然数の組 $(x,\ y)$ をすべて求めよ．

【2019 長崎大学 (前期) 経済・教育学部】

解説 一旦，$x\geqq y\ (\geqq 1)$ として考える．この場合，

$$\frac{1}{x}\leqq\frac{1}{y}$$

であるから，

$$\frac{2}{3}=\frac{1}{x}+\frac{1}{y}\leqq\frac{1}{y}+\frac{1}{y}=\frac{2}{y}.$$

$$\therefore\ y\leqq 3.$$

これより，$y=1,\ 2,\ 3$ に限られる．これらをもとの等式に代入して x を求め，最後に $x\geqq y$ の制限を解除すると，求める組 $(x,\ y)$ は，

$$(x,\ y)=\mathbf{(2,\ 6),\ (3,\ 3),\ (6,\ 2)}.$$

注意 答えとして要求されているのは順序付きの組 $(x,\ y)$ であるが，本質的には，順序付きの組 $(x,\ y)$ が問題となっているわけではなく，組合せとしての $\{x,\ y\}$ が重要である．文字式を用いずに，

2 つの自然数の逆数の和が $\dfrac{2}{3}$ となるのはどのようなときか?

のように問題を述べても本質的な問題は変わらない．このような場合，一旦は大小関係を設けて考え，最後に順列に還元すればよい．この大小関係の設定により，大きい方あるいは小さい方の文字の取り得る限界がわかることが多い．本問の場合，$\dfrac{1}{x}+\dfrac{1}{y}=\dfrac{2}{3}$ に対して，$\dfrac{1}{3}+\dfrac{1}{3}=\dfrac{2}{3}$ であることに着目すると，$\dfrac{1}{x}$ と $\dfrac{1}{y}$ がともに $\dfrac{1}{3}$ より小さいとあわせても $\dfrac{2}{3}$ に達しないことがわかる．このことから，「$\dfrac{1}{x}$ と $\dfrac{1}{y}$ がともに $\dfrac{1}{3}$ より小さい」ことはないことがわかる．これは「x と y がともに 3 より大きい」ことがないことを意味している．つまり，x と y のうち小さい方が 3 以下であることがわかる．解説ではこれを不等式で示した ($y\leqq 3$ の部分)．問題によっては，$\dfrac{1}{x}+\dfrac{1}{x}\leqq\dfrac{1}{x}+\dfrac{1}{y}$ による評価から上手い絞り込みができる場合もある．

参考 次のように，分母を払って，2 次の不定方程式として解くこともできる．

別解 自然数 $x,\ y$ に対して，

$$\begin{aligned}\frac{1}{x}+\frac{1}{y}=\frac{2}{3}&\iff\frac{3}{2}y+\frac{3}{2}x=xy\\&\iff\left(x-\frac{3}{2}\right)\left(y-\frac{3}{2}\right)=\frac{9}{4}\\&\iff(2x-3)(2y-3)=9.\end{aligned}$$

$2x-3,\ 2y-3$ が 9 の約数であり，かつ，-1 以上の値であることが必要であるので，

$2x-3$	1	3	9
$2y-3$	9	3	1

$\therefore\ (x,\ y) = \mathbf{(2,\ 6),\ (3,\ 3),\ (6,\ 2)}$.

余談　古代エジプトでは，分子が 1 である分数 (単位分数 あるいは エジプト分数という) を用いて様々な量を表現していた．しかし，$\dfrac{2}{3}$ だけは特殊で，単位分数ではないが，例外的に用いてよいことになっていたようである．つまり，単位分数と $\dfrac{2}{3}$ を用いて他の値を表していた．

#10−8

a を実数の定数とする．2 次方程式

$$x^2-2ax+3a-2=0 \qquad \cdots\cdots(*)$$

を考える．

(1) 方程式 $(*)$ が異なる 2 つ実数解をもつような定数 a の値の範囲を求めよ．

(2) 方程式 $(*)$ が正の解と負の解をもつような定数 a の値の範囲を求めよ．

(3) 方程式 $(*)$ が異なる 2 つの正の解をもつような定数 a の値の範囲を求めよ．

【2019 関西学院大学 理工学部】

解説　$f(x)=x^2-2ax+3a-2$ とおく．

(1) 方程式 $(*)$ が異なる 2 つ実数解をもつ条件は，$(*)$ の判別式 D について，$D>0$ であること．

$$\frac{D}{4}=a^2-(3a-2)=(a-1)(a-2)>0$$

より，

$$\boldsymbol{a<1,\ \ 2<a}.$$

(2) 方程式 $(*)$ が正の解と負の解をもつ条件は，

$$f(0)=3a-2<0$$

より，

$$\boldsymbol{a<\frac{2}{3}}.$$

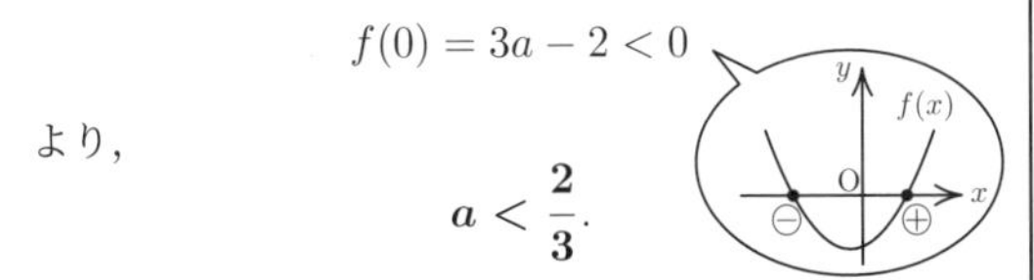

(3) 方程式 $(*)$ が異なる 2 つの正の解をもつ条件は，

$$\begin{cases}(1)\ で求めた\ a<1,\ \ 2<a,\\ 放物線\ y=f(x)\ の軸が\ x>0\ の範囲にあり,\\ f(0)=3a-2>0.\end{cases}$$

これより，

$$\begin{cases}a<1,\ \ 2<a,\\ a>0,\\ a>\dfrac{2}{3}.\end{cases}$$

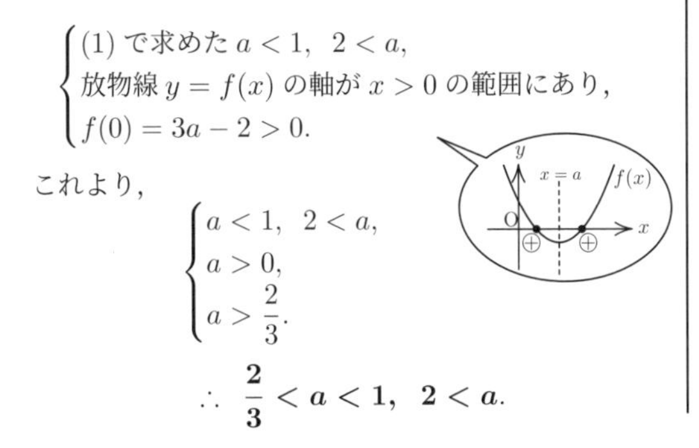

$$\therefore\ \boldsymbol{\frac{2}{3}<a<1,\ \ 2<a}.$$

参考　いわゆる "解の配置 (分離，位置) 問題" である．

ここでは詳細は述べないが，数学 III の知識があれば，parameter が 1 次なので，定数分離して処理してもよい．

#10−9

平行四辺形 ABCD において，辺 AD を 2 : 1 に内分する点を E とし，線分 BE を 1 : 3 に内分する点を F とする．また，三角形 ABC の重心を G とする．直線 AB と直線 FG の交点を H とするとき，比 AH : HB および HF : FG を求めよ．

【2004 学習院大学 経済学部】

解説

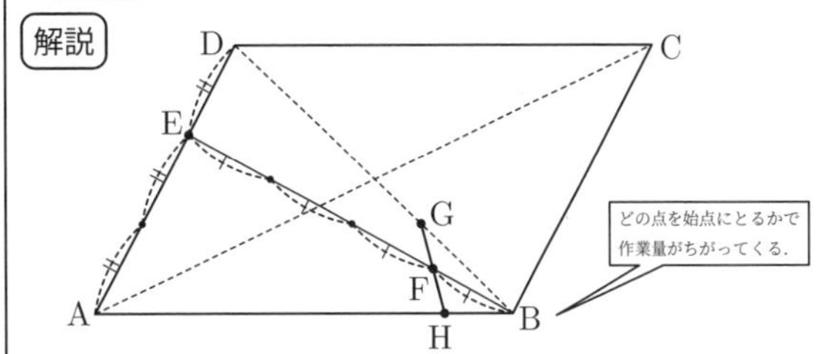

$\overrightarrow{\mathrm{BA}}=\vec{a}$，$\overrightarrow{\mathrm{BC}}=\vec{c}$ とおく．$\overrightarrow{\mathrm{BE}}=\vec{a}+\dfrac{2}{3}\vec{c}$，

$\overrightarrow{\mathrm{BF}}=\dfrac{1}{4}\overrightarrow{\mathrm{BE}}=\dfrac{1}{4}\vec{a}+\dfrac{1}{6}\vec{c}$，$\overrightarrow{\mathrm{BG}}=\dfrac{1}{3}\vec{a}+\dfrac{1}{3}\vec{c}$ である．

H は AB 上の点であるから，

$$\overrightarrow{\mathrm{BH}}=s\overrightarrow{\mathrm{BA}} \quad (s:実数)$$

と表せる．これより，

$$\overrightarrow{\mathrm{BH}}=s\vec{a}. \qquad \cdots①$$

一方，H は GF 上の点であるから，

$$\overrightarrow{\mathrm{FH}}=t\overrightarrow{\mathrm{FG}} \quad (t:実数)$$

と表せる．これより，

$$\begin{aligned}\overrightarrow{\mathrm{BH}}&=\overrightarrow{\mathrm{BF}}+t\left(\overrightarrow{\mathrm{BG}}-\overrightarrow{\mathrm{BF}}\right)=(1-t)\overrightarrow{\mathrm{BF}}+t\overrightarrow{\mathrm{BG}}\\ &=(1-t)\left(\frac{1}{4}\vec{a}+\frac{1}{6}\vec{c}\right)+t\left(\frac{1}{3}\vec{a}+\frac{1}{3}\vec{c}\right)\\ &=\left(\frac{1}{4}+\frac{t}{12}\right)\vec{a}+\left(\frac{1}{6}+\frac{t}{6}\right)\vec{c}. \qquad \cdots②\end{aligned}$$

$\vec{a}$，$\vec{b}$ は一次独立であるから，①，②より，

$$s=\frac{1}{4}+\frac{t}{12},\quad 0=\frac{1}{6}+\frac{t}{6}.$$

$$\therefore\ s=\frac{1}{6},\quad t=-1.$$

これより，

$$\overrightarrow{\mathrm{BH}}=\frac{1}{6}\overrightarrow{\mathrm{BA}},\quad \overrightarrow{\mathrm{FH}}=-\overrightarrow{\mathrm{FG}}.$$

ゆえに，

$$\mathrm{AH}:\mathrm{HB}=\mathbf{5:1},\quad \mathrm{HF}:\mathrm{FG}=\mathbf{1:1}.$$

#11-1

xy 平面上の円 $x^2+y^2-2x-6y+4=0$ と直線 $y=x$ との 2 つの交点を A，B とし，点 C の座標を $(2,\ 0)$ とする．3 点 A，B，C を通る円を F とするとき，F の中心の座標と半径を求めよ．

【2011 関西大学 総合情報学部】

解説　A，B の座標を解にもつ方程式を作る！ "束" の考え方！

$$(x^2+y^2-2x-6y+4)+k(x-y)=0$$

が $(x,\ y)=(2,\ 0)$ を解にもつような定数 k の値は

$$(2^2+0^2-2\cdot 2-6\cdot 0+4)+k(2-0)=0$$

より

$$k=-2.$$

そこで，

$$(x^2+y^2-2x-6y+4)-2(x-y)=0$$

で表される図形を考える．この式は

$$(x-2)^2+(y-2)^2=2^2$$

と変形できることから，表している図形が円であることがわかる．

また，A，B，C の座標を解にもつ方程式であることから，この円が A，B，C を通ることもわかる．そのような円は唯一つ(ただ)であるから，これが円 F の式に他ならない．

よって，F の中心の座標は **(2, 2)** であり，半径は **2** である．

参考　2 つの図形のすべての交点を通る図形を式で構成する考え方を "束(そく) (pensil) の考え方" という．

#11-2

数列 $\{a_n\}$ を $a_1=1$ および

$$n^2a_n-(n-1)^2a_{n-1}=n \quad (n=2,\ 3,\ 4,\ \cdots)$$

で定める．また，数列 $\{b_n\}$ を

$$b_n=a_1a_2\cdots a_n \quad (n=1,\ 2,\ 3,\ \cdots)$$

で定める．以下の問いに答えよ．

(1) 数列 $\{a_n\}$ の一般項と，数列 $\{b_n\}$ の一般項を求めよ．

(2) $S_n=\displaystyle\sum_{k=1}^{n} b_k$ とおくとき，S_n を求めよ．

【2013 愛知教育大学 教育学部】

解説

(1) $n^2a_n=x_n$ とおくと，

$$x_n-x_{n-1}=n \quad (n=2,\ 3,\ 4,\ \cdots)$$

つまり

$$x_{n+1}-x_n=n+1 \quad (n=1,\ 2,\ 3,\ \cdots)$$

が成り立つ．これより，$n=2,\ 3,\ 4,\ \cdots$ に対して，

$$\begin{aligned} x_n &= x_1+\sum_{k=1}^{n-1}(k+1) \\ &= x_1+\frac{(n-1)(2+n)}{2}. \end{aligned}$$

（等差数列の和）

この結果は $n=1$ でも成立する．$x_1=1^2\cdot a_1=1$ とあわせて，$n=1,\ 2,\ 3,\ \cdots$ に対して，

$$x_n=1+\frac{(n-1)(2+n)}{2}=\frac{n(n+1)}{2}.$$

よって，数列 $\{a_n\}$ の一般項は

$$a_n=\frac{x_n}{n^2}=\boldsymbol{\frac{n+1}{2n}} \quad (n=1,\ 2,\ 3,\ \cdots).$$

また，

$$\begin{aligned} b_n &= a_1a_2a_3\cdots a_n \\ &= \frac{2}{2\cdot 1}\cdot\frac{3}{2\cdot 2}\cdot\frac{4}{2\cdot 3}\cdots\frac{n+1}{2n} \\ &= \frac{1}{2^n}\left(\frac{2}{1}\cdot\frac{3}{2}\cdot\frac{4}{3}\cdots\frac{n+1}{n}\right) \\ &= \left(\frac{(n+1)!}{2^n\cdot n!}=\right)\boldsymbol{\frac{n+1}{2^n}}. \end{aligned}$$

(2)

$$\begin{aligned} S_n &= \sum_{k=1}^{n}\frac{k+1}{2^k} \\ &= \sum_{k=1}^{n}(k+1)\left(\frac{1}{2^{k-1}}-\frac{1}{2^k}\right) \\ &= \sum_{k=1}^{n}\left(\frac{k+1}{2^{k-1}}-\frac{k+1}{2^k}\right) \\ &= \sum_{k=1}^{n}\left(\frac{k+1}{2^{k-1}}-\frac{k+2}{2^k}+\frac{1}{2^k}\right) \\ &= \underbrace{\sum_{k=1}^{n}\left(\frac{k+1}{2^{k-1}}-\frac{k+2}{2^k}\right)}_{\text{望遠鏡の和で計算可能}}+\underbrace{\sum_{k=1}^{n}\frac{1}{2^k}}_{\text{等比数列の和}} \\ &= \frac{2}{2^0}-\frac{n+2}{2^n}+\frac{\frac{1}{2}\left\{1-\left(\frac{1}{2}\right)^n\right\}}{1-\frac{1}{2}} \\ &= 2-\frac{n+2}{2^n}+1-\frac{1}{2^n}=\boldsymbol{3-\frac{n+3}{2^n}}. \end{aligned}$$

参考 (2) はいわゆる "$\sum$(等差)(等比)" の形の和の計算である．計算の仕方は多様である．上で見せた計算は **Abel**(アーベル)**の変形**と呼ばれるものであるが，#8-8 でも紹介した**摂動法 (perturbation)** による計算も見せておこう．

$S_{n+1}=\sum_{k=1}^{n+1} b_k$ を

$$S_n+b_{n+1}=b_1+\boldsymbol{\sum_{k=1}^{n} b_{k+1}} \qquad \cdots(\bigstar)$$

と 2 通りにみる．

$$\sum_{k=1}^{n} b_{k+1}=\sum_{k=1}^{n}\frac{k+2}{2^{k+1}}=\sum_{k=1}^{n}\frac{k+1}{2^{k+1}}+\underbrace{\sum_{k=1}^{n}\frac{1}{2^{k+1}}}_{\text{等比数列の和}}$$

$$=\frac{1}{2}\underbrace{\sum_{k=1}^{n}\frac{k+1}{2^k}}_{S_n}+\frac{\frac{1}{2^2}\left\{1-\left(\frac{1}{2}\right)^n\right\}}{1-\frac{1}{2}}$$

$$=\frac{1}{2}S_n+\left(\frac{1}{2}-\frac{1}{2^{n+1}}\right)$$

より，$(\bigstar)$ から，

$$S_n+\frac{n+2}{2^{n+1}}=1+\left(\frac{1}{2}S_n+\frac{1}{2}-\frac{1}{2^{n+1}}\right).$$

$$\therefore\ S_n=\boldsymbol{3-\frac{n+3}{2^n}}.$$

#11-3

2 曲線

$$C_1: y=\left(x-\frac{1}{2}\right)^2-\frac{1}{2},\quad C_2: y=\left(x-\frac{5}{2}\right)^2-\frac{5}{2}$$

の両方に接する直線を l とするとき，次の問いに答えよ．

(1) 直線 l の方程式を求めよ．

(2) 2 曲線 C_1，C_2 と直線 l で囲まれた図形の面積 S を求めよ．

【2013 宮城教育大学 教育学部】

解説

(1) $x^2-x-\frac{1}{4}$ を $(x-s)^2$ で割ると（この余りが接線の式を与える．(#1-8 参考)）

$$x^2-x-\frac{1}{4}=(x-s)^2\cdot \underset{\text{商が1}}{1}+(2s-1)x-\frac{1}{4}-s^2$$

より，$C_1: y=x^2-x-\frac{1}{4}$ の点 $\left(s,\ s^2-s-\frac{1}{4}\right)$ における接線は

$$y=(2s-1)x-\frac{1}{4}-s^2. \qquad \cdots①$$

一方，$x^2-5x+\frac{15}{4}$ を $(x-t)^2$ で割ると

$$x^2-5x+\frac{15}{4}=(x-t)^2\cdot 1+(2t-5)x+\frac{15}{4}-t^2$$

だから，$C_2: y=x^2-5x+\frac{15}{4}$ の点 $\left(t,\ t^2-5t+\frac{15}{4}\right)$ における接線は

$$y=(2t-5)x+\frac{15}{4}-t^2. \qquad \cdots②$$

①と②が同一の直線を表すのは，

$$2s-1=2t-5,\quad -\frac{1}{4}-s^2=\frac{15}{4}-t^2$$

のときであり，これを解くと

$$s=0,\quad t=2$$

であるから，直線 l の方程式は

$$l: \boldsymbol{y=-x-\frac{1}{4}}.$$

注意 $\ell: y=ax+b$ とおき，C_1，C_2 のそれぞれの式と連立して y を消去した x の 2 次方程式が重解をもつ条件を考えてもよい．そのときの重解が接点の x 座標を与える．

(2) C_1 と C_2 の共有点について，

$$x^2-x-\frac{1}{4}=x^2-5x+\frac{15}{4} \iff x=1$$

より，交点の x 座標は 1 である．

2 曲線 C_1，C_2 と直線 l で囲まれた図形は次の図のとおりである．

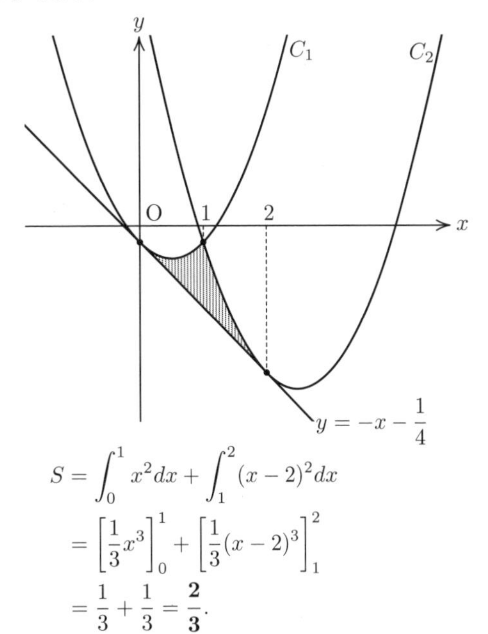

$$S=\int_0^1 x^2dx+\int_1^2 (x-2)^2dx$$
$$=\left[\frac{1}{3}x^3\right]_0^1+\left[\frac{1}{3}(x-2)^3\right]_1^2$$
$$=\frac{1}{3}+\frac{1}{3}=\boldsymbol{\frac{2}{3}}.$$

#11-4

関数 $y=\sqrt{3}\sin 2x-\cos 2x+2\sin x-2\sqrt{3}\cos x$ について，以下の問いに答えよ．

(1) $\sin x-\sqrt{3}\cos x=t$ とおいて，y を t の式で表せ．

(2) $0 \leqq x \leqq \frac{2}{3}\pi$ のとき，y の最大値および最小値を求めよ．

【2010 熊本大学 理・薬・工・医学部】

解説

sin と cos の 2 次同次式は "半角公式" で次数下げ

(1) $$\begin{aligned} t^2 &= (\sin x-\sqrt{3}\cos x)^2 \\ &= \sin^2 x-2\sqrt{3}\sin x\cos x+3\cos^2 x \\ &= \frac{1-\cos 2x}{2}-2\sqrt{3}\cdot\frac{\sin 2x}{2}+3\cdot\frac{1+\cos 2x}{2} \\ &= 2-\sqrt{3}\sin 2x+\cos 2x \end{aligned}$$

より，

$$y=(2-t^2)+2t=\boldsymbol{-t^2+2t+2}.$$

(2) $$\begin{aligned} t &= \sin x-\sqrt{3}\cos x \\ &= 2\left(\sin x\cdot\frac{1}{2}-\cos x\cdot\frac{\sqrt{3}}{2}\right) \\ &= 2\left(\sin x\cdot\cos\frac{\pi}{3}-\cos x\cdot\sin\frac{\pi}{3}\right) \\ &= 2\sin\left(x-\frac{\pi}{3}\right). \end{aligned}$$

合成

x が $0 \leqq x \leqq \frac{2}{3}\pi$ を変化するとき，$x-\frac{\pi}{3}$ は

$$-\frac{\pi}{3} \leqq x-\frac{\pi}{3} \leqq \frac{\pi}{3}$$

をとり得るので，$\sin\left(x-\frac{\pi}{3}\right)$ は

$$-\frac{\sqrt{3}}{2} \leqq \sin\left(x-\frac{\pi}{3}\right) \leqq \frac{\sqrt{3}}{2}$$

をとり得る．ゆえに，t は

$$-\sqrt{3} \leqq t \leqq \sqrt{3}$$

をとり得る．

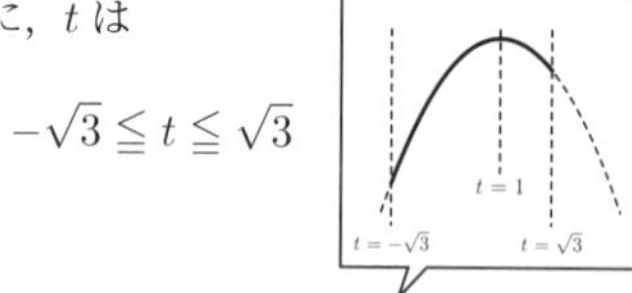

以上より，$y=-(t-1)^2+3$ は $-\sqrt{3} \leqq t \leqq \sqrt{3}$ において，$t=1$ で最大値 $\mathbf{3}$，$t=-\sqrt{3}$ で最小値 $\boldsymbol{-1-2\sqrt{3}}$ をとる．

注意　半角公式は 2 倍角公式から得られる．

2 倍角公式

$$\sin 2\theta=2\sin\theta\cos\theta,\quad \cos 2\theta=\cos^2\theta-\sin^2\theta=\begin{cases}2\cos^2\theta-1,\\ 1-2\sin^2\theta.\end{cases}$$

半角公式

$$\sin\theta\cos\theta=\frac{\sin 2\theta}{2},\quad \cos^2\theta=\frac{1+\cos 2\theta}{2},\quad \sin^2\theta=\frac{1-\cos 2\theta}{2}.$$

#11-5

関数 $f(x)$ を $f(x)=\frac{6x^2+17x+10}{3x-2}$ と定める．

(1) $f(x)>0$ を満たす x の値の範囲を求めよ．

(2) $f(x)=Ax+B+\frac{C}{3x-2}$ が x についての恒等式となるように，定数 A，B，C の値を定めよ．

(3) $f(n)$ の値が正の整数となるような整数 n をすべて求めよ．

【2022 関西医科大学】

解説

(1) $f(x)=\frac{(6x+5)(x+2)}{3x-2}$ であり，

$$\begin{aligned} f(x)>0 &\iff (6x+5)(x+2)(3x-2)>0 \\ &\iff \boldsymbol{-2<x<-\frac{5}{6},\quad \frac{2}{3}<x}. \end{aligned}$$

参考　$g(x)=(6x+5)(x+2)(3x-2)$ とおくと，$g(x)$ は x の 3 次式で，x^3 の係数 1 は正の値であり，

$$g(x)=0 \iff x=-2,\ -\frac{5}{6},\ \frac{2}{3}$$

であることから，$y=g(x)$ のグラフは次のようになる．

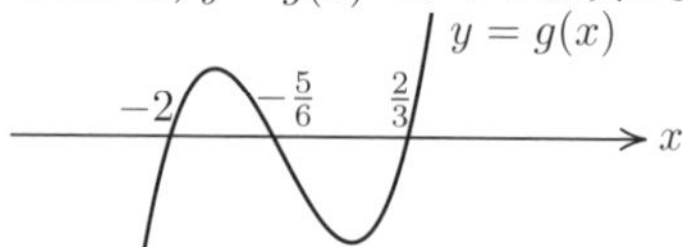

これより，$f(x)>0$ を満たす x は $g(x)>0$ を満たす x として求めることができる．

(2)

$$6x^2+17x+10=(3x-2)(2x+7)+24$$

より，

$$f(x)=\frac{(3x-2)(2x+7)+24}{3x-2}=(2x+7)+\frac{24}{3x-2}.$$

```
           2x    +7
3x − 2 ) 6x²  + 17x + 10
         6x²  −  4x
         ──────────────
               21x + 10
               21x − 14
               ────────
                     24
```

したがって，

$$\boldsymbol{A=2,\quad B=7,\quad C=24}$$

と定めれば，$f(x)=Ax+B+\frac{C}{3x-2}$ が x についての恒等式となる．

注意 (1), (3) の問いかけ方が「～を求めよ」であるのに対して, (2) は「～を定めよ」となっている.「～を求めよ」では, 条件を満たすものを過不足なく (必要十分条件として) 答えなければならないが,「～を定めよ」では, 条件を満たすものを一つでも答えればよい. つまり, 十分条件を (1 つ) 答えればよい.

(3) 整数 n に対して,

$$f(n)=\frac{6n^2+17n+10}{3n-2}=(2n+7)+\frac{24}{3n-2}$$

の値を正の整数とするようなものを考えたい. $2n+7$ は整数であるから, $\dfrac{24}{3n-2}$ が整数となることが必要である. この必要条件を満たす n は, $3n-2$ が 24 の約数のうち 3 で割って 1 余るものであるから,

$$3n-2=-8,\ -2,\ 1,\ 4$$

より,

$$n=-2,\ 0,\ 1,\ 2.$$

このうち, $f(n)>0$ を満たす n は

(これを満たせば十分にもなる!) $n=\mathbf{1},\ \mathbf{2}$.

#11-6

方程式 $2(4^x+4^{-x})-9(2^x+2^{-x})+14=0$ について, 次の問いに答えよ.

(1) $2^x+2^{-x}=t$ とおいて t の満たす方程式を求めよ.

(2) t の値を求めよ.

(3) x の値を求めよ.

【2014 鳥取大 工学部】

解説

(1) $2^x+2^{-x}=t$ とおくと,

$$\begin{aligned}t^2&=\left(2^x+2^{-x}\right)^2\\&=(2^x)^2+2\cdot2^x\cdot2^{-x}+\left(2^{-x}\right)^2\\&=2^{2x}+2\cdot2^0+2^{-2x}\\&=(2^2)^x+2+(2^2)^{-x}\\&=4^x+2+4^{-x}\end{aligned}$$

により, $2(4^x+4^{-x})-9(2^x+2^{-x})+14=0$ は,

$$2(t^2-2)-9t+14=0.$$

$$\mathbf{2t^2-9t+10=0}.$$

(2) $2t^2-9t+10=0$ より,

$$(2t-5)(t-2)=0.$$

$$\therefore\ t=\mathbf{2},\ \mathbf{\frac{5}{2}}.$$

(3) $2^x=u$ とおくと, $2^x+2^{-x}=t$ は

$$u+u^{-1}=t.$$

$$u^2-tu+1=0.$$

$t=2$ のとき,

$$u^2-2u+1=0.$$

$$(u-1)^2=0.$$

$$u=1.$$

$$2^x=1.$$

$$x=0.$$

また, $t=\dfrac{5}{2}$ のとき,

$$u^2-\frac{5}{2}u+1=0.$$

$$\left(u-\frac{1}{2}\right)(u-2)=0.$$

$$u=\frac{1}{2},\ 2.$$

$$2^x=\frac{1}{2},\ 2.$$

$$x=\pm1.$$

したがって, 求める x の値は

$$x=\mathbf{0},\ \mathbf{\pm1}.$$

注意 一般に, $a^x+a^{-x}=t$ とおくとき, $a^2=A$ とすると,

$$A^x+A^{-x}=t^2-2$$

と表せる. 本問は $a=2$ の場合であるが, $a=3$ の場合もよく出題される.

#11-7

方程式 $\log_2 x+\log_8 x=(\log_2 x)(\log_8 x)$ を満たす x の値をすべて求めよ.

【2015 京都府立大学 (前期) 生命環境学部】

解説 真数は正より, $x>0$ が前提となる. このもとで,

$$\begin{aligned}&\log_2 x+\log_8 x=(\log_2 x)(\log_8 x)\\\Longleftrightarrow\ &\log_2 x+\frac{\log_2 x}{\log_2 8}=(\log_2 x)\cdot\frac{\log_2 x}{\log_2 8}\\\Longleftrightarrow\ &4\log_2 x=(\log_2 x)^2\\\Longleftrightarrow\ &(\log_2 x)(\log_2 x-4)=0\\\Longleftrightarrow\ &\log_2 x=0,\ 4\\\Longleftrightarrow\ &x=2^0,\ 2^4\\\Longleftrightarrow\ &x=\mathbf{1},\ \mathbf{16}.\end{aligned}$$

(×3)

#11－8

関数 $f(x)=2ax-x^2$ $\left(a>\dfrac{1}{2}\right)$ に対し，原点 O における曲線 $y=f(x)$ の接線を l とする．t を実数とし，点 $(t,\ f(t))$ における曲線 $y=f(x)$ の接線を m とする．2 つの接線 l と m が直交しているとき，以下の問いに答えよ．

(1) t を a を用いて表せ．

(2) 曲線 $y=f(x)$ と接線 m と 2 直線 $x=0,\ x=2a$ で囲まれた図形の面積 $S(a)$ を求めよ．

(3) $a>\dfrac{1}{2}$ のとき，$\dfrac{S(a)}{a}$ の最小値を求めよ．また，そのときの a の値を求めよ．

【2020 首都大学東京 (前期) 経済・経営学部】

解説

($y=\boldsymbol{2ax}-x^2$ の $x=0$ における接線は 1 次以下の部分を取り出した $y=\boldsymbol{2ax}$.)

(1) l の式は $y=2ax$ である．また，$f'(x)=2a-2x$ であり，$l\perp m$ により，(傾きの積)

$$2a\cdot f'(t)=-1.$$

$$2a\cdot(2a-2t)=-1.$$

$a\neq 0$ より，(t について解く．)

$$t=\boldsymbol{a+\frac{1}{4a}}.$$

(2) $a>\dfrac{1}{2}$ より，$2a>1>0$ であるから，

$$\begin{aligned}S(a)&=\int_0^{2a}(x-t)^2\,dx\\&=\left[\frac{1}{3}(x-t)^3\right]_0^{2a}\\&=\frac{1}{3}\left\{(2a-t)^3-(-t)^3\right\}\\&=\frac{1}{3}\left\{\left(a-\frac{1}{4a}\right)^3-\left(-a-\frac{1}{4a}\right)^3\right\}=\boldsymbol{\frac{2a^3}{3}+\frac{1}{8a}}.\end{aligned}$$

(3) (2) より，

$$\frac{S(a)}{a}=\frac{2a^2}{3}+\frac{1}{8a^2}$$

であり，相加平均と相乗平均の大小関係から，

$$\frac{2a^2}{3}+\frac{1}{8a^2}\geqq 2\sqrt{\frac{2a^2}{3}\cdot\frac{1}{8a^2}}=\frac{1}{\sqrt{3}}$$

が成り立つ．すなわち，$a>\dfrac{1}{2}$ において $\dfrac{2a^2}{3}+\dfrac{1}{8a^2}$ は $\dfrac{1}{\sqrt{3}}$ 未満の値をとることはない．また，

$$\frac{2a^2}{3}+\frac{1}{8a^2}=\frac{1}{\sqrt{3}}\iff\frac{2a^2}{3}=\frac{1}{8a^2}\left(=\frac{1}{2\sqrt{3}}\right)$$

$$\iff a^2=\frac{\sqrt{3}}{4}$$

より，$a=\dfrac{\sqrt[4]{3}}{2}$ のときに $\dfrac{2a^2}{3}+\dfrac{1}{8a^2}$ は値 $\dfrac{1}{\sqrt{3}}$ をとる．ゆえに，$\dfrac{S(a)}{a}$ の最小値は $\boldsymbol{\dfrac{1}{\sqrt{3}}}$ であり，そのとき，$a=\boldsymbol{\dfrac{\sqrt[4]{3}}{2}}$ である．

注意　「★ の最小値が m である」とは，「★ が m 未満の値をとることがない」ことと「★ が値 m をとることがある」ことの 2 つのことを意味している．「★ が m 未満の値をとることがない」ことは不等式 ★ $\geqq m$ による評価，「★ が値 m をとることがある」ことは不等式 ★ $\geqq m$ での等号が成立することの確認により議論できる．

#11－9

a を実数とする．x の 2 次方程式

$$4x^2+2(\sqrt{3}-1)x+a=0$$

の 2 つの解が $\sin\theta,\ \cos\theta$ であるとき，θ の値を求めよ．ただし，$0\leqq\theta\leqq\pi$ とする．

【2017 愛知教育大学】

解説　解と係数の関係より，

$$\sin\theta+\cos\theta=-\frac{2(\sqrt{3}-1)}{4},\quad \sin\theta\cos\theta=\frac{a}{4}$$

が成り立つ．特に，

$$\sin\theta+\cos\theta=-\frac{\sqrt{3}}{2}+\frac{1}{2}.\qquad\cdots(*)$$

ここで，XY 座標平面上の上半円 $X^2+Y^2=1,\ Y\geqq 0$ と直線 $X+Y=-\dfrac{\sqrt{3}}{2}+\dfrac{1}{2}$ の位置関係は，次の図のように $\left(-\dfrac{\sqrt{3}}{2},\ \dfrac{1}{2}\right)$ のみで交わる (直線 $X+Y=-\dfrac{\sqrt{3}}{2}+\dfrac{1}{2}$ は傾きが -1 で，点 $\left(-\dfrac{\sqrt{3}}{2},\ \dfrac{1}{2}\right)$ を通ることに注意).

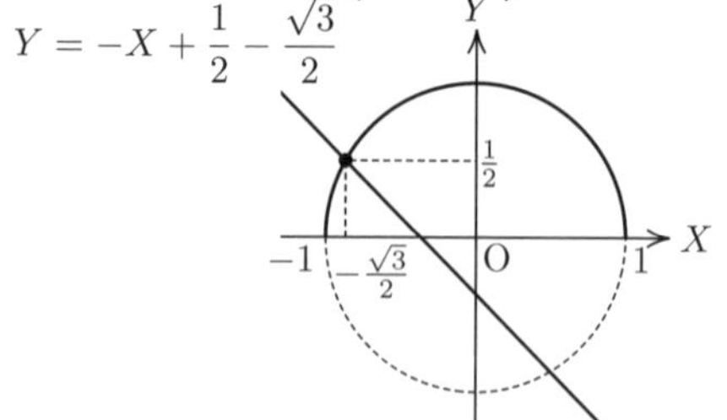

これより，$(*)$ を満たす θ $(0\leqq\theta\leqq\pi)$ は

$$\theta=\boldsymbol{\frac{5}{6}\pi}.$$

注意　点 $(\cos\theta,\ \sin\theta)$ は単位円 $x^2+y^2=1$ 上の点である．この定義を意識することで，単なる式の問題に見えて

いたものが，図形の問題に見えてくる (#6− 10 参照).

参考　($*$) 以降，次のように解くこともできる．

$$(\sin\theta+\cos\theta)^2=\sin^2\theta+\cos^2\theta+2\sin\theta\cos\theta$$

より，

$$\left(-\frac{\sqrt{3}}{2}+\frac{1}{2}\right)^2=1+2\cdot\frac{a}{4}.$$

$$\therefore\ a=-\sqrt{3}.$$

これより，もとの 2 次方程式は

$$4x^2+2(\sqrt{3}-1)x-\sqrt{3}=0.$$

$$x=-\frac{\sqrt{3}}{2},\ \frac{1}{2}.$$

$0\leqq\theta\leqq\pi$ より，$\sin\theta\geqq 0$ であるから，

$$\cos\theta=-\frac{\sqrt{3}}{2},\quad \sin\theta=\frac{1}{2}.$$

$$\therefore\ \theta=\frac{5}{6}\pi.$$

#11− 10

数直線上に点 P があり，最初は原点に位置している．サイコロを投げて，3 の倍数の目が出たら正の向きに 2 だけ，それ以外の目が出たら負の向きに 3 だけ，点 P を動かす．サイコロを 5 回投げて，点 P が原点にある確率を求めよ．

【2012 福島大学 (後期) 理工学部】

解説　サイコロを 1 回投げ，3 の倍数の目が出るという事象を R，3 の倍数以外の目が出るという事象を L とする．

5 回中，R が r 回起こるとすると，点 P の移動先の座標は，$r=0,\ 1,\ 2,\ 3,\ 4,\ 5$ に対して，

$$0+r\times(+2)+(5-r)\cdot(-3)=5r-15$$

である．点 P の移動先が原点であるのは，$5r-15=0$，つまり，$r=3$ のときであり，5 回中 R が 3 回，L が 2 回起こるときである．

1 回につき，R が起こる確率は $\frac{1}{3}$，L が起こる確率は $\frac{2}{3}$ であるから，求める確率は，

$${}_5\mathrm{C}_2\times\left(\frac{1}{3}\right)^3\cdot\left(\frac{2}{3}\right)^2=\boldsymbol{\frac{40}{243}}.$$

注意　本問は典型的な “反復試行の確率” の問題である．

#11− 11

関数 $f(x)=x^3-3x^2+3kx-3$ が極大値と極小値をもち，その差が 32 であるという．このとき，実数 k の値を求めよ．

【1997 岐阜大学 教育学部】

解説　$f'(x)=3x^2-6x+3k=3(x^2-2x+k)$.

$f(x)$ が極大値と極小値をもつ条件は，下に凸の放物線 $y=f'(x)$ が x 軸と異なる 2 点で交わることである．

その条件は，$f'(x)=0$ が異なる 2 つの実数解をもつこと，すなわち，

$$x^2-2x+k=0 \qquad \cdots(*)$$

の判別式 D が正であることであり，

$$\frac{D}{4}=1-k>0\quad より\quad k<1.$$

このとき，($*$) の 2 解を $\alpha,\ \beta\ (\alpha<\beta)$ とすると，$f(x)$ の極大値は $f(\alpha)$ であり，$f(x)$ の極小値は $f(\beta)$ であるから，$f(x)$ の極値の差 d は

$$\begin{aligned} d&=f(\alpha)-f(\beta)=\Big[f(x)\Big]_\beta^\alpha\\ &=\int_\beta^\alpha f'(x)\,dx\\ &=\int_\beta^\alpha 3(x-\alpha)(x-\beta)\,dx\\ &=3\cdot\left\{-\frac{1}{6}(\alpha-\beta)^3\right\}\\ &=\frac{1}{2}(\beta-\alpha)^3. \end{aligned}$$

この d が 32 であるから，

$$(\beta-\alpha)^3=64.$$

$$\therefore\ \beta-\alpha=4.$$

$$\left(1+\sqrt{1-k}\right)-\left(1-\sqrt{1-k}\right)=4.$$

$$\sqrt{1-k}=2.$$

$$\therefore\ \boldsymbol{k=-3}.$$

注意　関数値の差は導関数の積分で書き表すことができる．特に，3 次関数の極値の差はその積分に対し，$\frac{1}{6}$ 公式が適用できる!

$\frac{1}{6}$ 公式

$$\int_{★}^{♣}(x-★)(x-♣)dx=-\frac{1}{6}(♣-★)^3.$$

(♣ = 上, ★ = 下)

#12− 1

袋の中に赤玉が2個，白玉が3個あり，袋の外に赤玉が2個，白玉が3個ある．「袋の中から玉を1個取り出して色を確認し，この玉を袋に戻し，さらに同色の玉が外にある場合は同色の玉1個を袋に追加し，ない場合は追加しない」という試行を繰り返す．次の問いに答えよ．

(1) 2回目の試行後，袋の外に白玉が3個ある確率を求めよ．

(2) 3回目の試行で白玉が取り出される確率を求めよ．

(3) 試行を繰り返すとき，袋の外の赤玉が白玉より先になくなる確率を求めよ．

【2020 藤田医科大学 医学部】

解説

(1) 2回目の試行後，袋の外に白玉が3個あるのは，1回目も2回目も赤玉を取り出すときであるから，その確率は

$$\frac{2}{5}\times\frac{3}{6}=\mathbf{\frac{1}{5}}.$$

(2) 3回目の試行で白玉が取り出される場合を1回目に取り出す玉の色，2回目に取り出す玉の色によって分けて考えると，次の表のようになる．

1回目	2回目	3回目	確率
赤	赤	白	$\frac{2}{5}\times\frac{3}{6}\times\frac{3}{7}=\frac{18}{5\cdot6\cdot7}$
赤	白	白	$\frac{2}{5}\times\frac{3}{6}\times\frac{4}{7}=\frac{24}{5\cdot6\cdot7}$
白	赤	白	$\frac{3}{5}\times\frac{2}{6}\times\frac{4}{7}=\frac{24}{5\cdot6\cdot7}$
白	白	白	$\frac{3}{5}\times\frac{4}{6}\times\frac{5}{7}=\frac{60}{5\cdot6\cdot7}$

したがって，求める確率は

$$\frac{18+24+24+60}{5\cdot6\cdot7}=\mathbf{\frac{3}{5}}.$$

(3) 試行を繰り返すとき，袋の外の赤玉が白玉より先になくなるのは，次の場合である．

1回目	2回目	3回目	4回目
赤	赤		
赤と白		赤	
赤と白と白			赤

したがって，求める確率は

$$\frac{1}{5}+2\times\frac{3}{5}\cdot\frac{2}{6}\cdot\frac{3}{7}+3\times\frac{3}{5}\cdot\frac{4}{6}\cdot\frac{2}{7}\cdot\frac{3}{8}=\mathbf{\frac{1}{2}}.$$

参考 (2) の確率が1回目に白を出す確率 $\frac{3}{5}$ と一致していることに注目しよう．一般に次のことが知られている．

ポリアの壺

最初，壺の中に白球が a 個，赤球が b 個入っており，この中から無作為に1個の球を取り出し，取り出した球と同色の球を c 個追加して，取り出した球とともに壺に戻す．この操作を繰り返したとき，n 回目に白球が取り出される確率は，**n に依らず，** $\dfrac{a}{a+b}$ である．

#12− 2

次の値を求めよ．

(1) $\cos\dfrac{2\pi}{9}+\cos\dfrac{4\pi}{9}+\cos\dfrac{8\pi}{9}$.

(2) $\cos\dfrac{2\pi}{9}\cos\dfrac{4\pi}{9}\cos\dfrac{8\pi}{9}$.

【2015 兵庫県立大学工学部】

解説 $\alpha=\dfrac{2\pi}{9}$ とおく．$3\alpha=\dfrac{2\pi}{3}$，$6\alpha=\dfrac{4\pi}{3}$ に注意．

(1)

$$\begin{aligned}
&\cos\frac{2\pi}{9}+\cos\frac{4\pi}{9}+\cos\frac{8\pi}{9}\\
&=\cos\alpha+\cos2\alpha+\cos4\alpha\\
&=\cos\alpha+2\cos3\alpha\cos\alpha \quad (\text{和積公式})\\
&=\cos\alpha+2\cos\frac{2\pi}{3}\cos\alpha\\
&=\cos\alpha+2\cdot\left(-\frac{1}{2}\right)\cdot\cos\alpha=\mathbf{0}.
\end{aligned}$$

(2)

$$\begin{aligned}
&\cos\frac{2\pi}{9}\cos\frac{4\pi}{9}\cos\frac{8\pi}{9}\\
&=\cos\alpha\cos2\alpha\cos4\alpha \quad (\text{積和公式})\\
&=\cos\alpha\cdot\frac{1}{2}(\cos6\alpha+\cos2\alpha)\\
&=\frac{1}{2}\cos6\alpha\cos\alpha+\frac{1}{2}\cos2\alpha\cos\alpha \quad (\text{積和公式})\\
&=\frac{1}{2}\cos\frac{4\pi}{3}\cos\alpha+\frac{1}{2}\cdot\frac{1}{2}(\cos3\alpha+\cos\alpha)\\
&=\frac{1}{2}\cdot\left(-\frac{1}{2}\right)\cdot\cos\alpha+\frac{1}{4}\left(\cos\frac{2\pi}{3}+\cos\alpha\right)\\
&=\frac{1}{4}\cos\frac{2\pi}{3}=\frac{1}{4}\cdot\left(-\frac{1}{2}\right)=\mathbf{-\frac{1}{8}}.
\end{aligned}$$

注意 (2) は sin の倍角公式を連鎖的に用いて，次のように計算することもできる．

$$\begin{aligned}
&\sin\frac{2\pi}{9}\times\cos\frac{2\pi}{9}\cos\frac{4\pi}{9}\cos\frac{8\pi}{9}\\
&=\frac{1}{2}\sin\frac{4\pi}{9}\cos\frac{4\pi}{9}\cos\frac{8\pi}{9}\\
&=\frac{1}{4}\sin\frac{8\pi}{9}\cos\frac{8\pi}{9}\\
&=\frac{1}{8}\sin\frac{16\pi}{9}=-\frac{1}{8}\sin\frac{2\pi}{9}
\end{aligned}$$

より，

$$\cos\frac{2\pi}{9}\cos\frac{4\pi}{9}\cos\frac{8\pi}{9}=-\frac{1}{8}.$$

参考　突然ではあるが，$f(x) = 8x^3 - 6x + 1$ を考える．

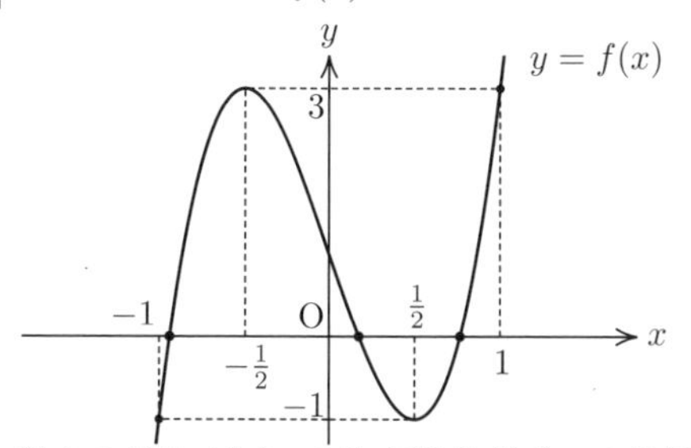

$y = f(x)$ のグラフより，3 次方程式 $f(x) = 0$ は相異なる 3 つの実数解をもつことがわかる (そのうちの一つだけが負の値)．さて，実は，この 3 次方程式 $f(x) = 0$ は "解く" ことができる．3 つの解はすべて $-1 < x < 1$ の範囲にあるので，

$$x = \cos\theta \quad (0 < x < \pi)$$

とおける．すると，

$$f(\cos\theta) = \underbrace{8\cos^3\theta - 6\cos\theta}_{2(4\cos^3\theta - 3\cos\theta)} + 1 = 0$$

が成り立つが，ここで，3 倍角公式 (#4−5 参照)

$$\cos 3\theta = 4\cos^3\theta - 3\cos\theta$$

により，この式は

$$f(\cos\theta) = 2\cos 3\theta + 1 = 0$$

と書き換えることができる．これより，

$$\cos 3\theta = -\frac{1}{2} \quad \text{ゆえ} \quad 3\theta = \frac{2}{3}\pi,\ \frac{4}{3}\pi,\ \frac{8}{3}\pi.$$

$$\therefore\ \theta = \frac{2}{9}\pi,\ \frac{4}{9}\pi,\ \frac{8}{9}\pi.$$

したがって，3 次方程式 $8x^3 - 6x + 1 = 0$ の相異なる 3 つの実数解は

$$x = \cos\frac{2}{9}\pi,\ \cos\frac{4}{9}\pi,\ \cos\frac{8}{9}\pi$$

とわかる．そのことが本問の背景にあり，(1)，(2) は 3 次方程式の解と係数の関係から直ちに得られる．

#12−3

点 $(2,\ -4)$ を通り，円 $x^2 + y^2 = 10$ に接する直線は 2 本ある．この 2 本の直線のうち，傾きが正である方の直線の方程式を求めよ．

【2011 慶應義塾大学 看護医療学部】

解説　傾きが正である方の接線の傾きを $m\ (> 0)$ とする．この接線 $y = m(x-2) - 4$ つまり $mx - y - (2m + 4) = 0$ と円の中心 O(0, 0) との距離が円の半径 $\sqrt{10}$ と等しいことから，

$$\frac{|2m + 4|}{\sqrt{m^2 + 1}} = \sqrt{10}.$$

$$|2m + 4| = \sqrt{10}\sqrt{m^2 + 1}.$$

両辺 0 以上であるから，2 乗しても同値であり，

$$(2m + 4)^2 = 10(m^2 + 1).$$

$$3m^2 - 8m - 3 = 0.$$

$$(3m + 1)(m - 3) = 0.$$

$m > 0$ より，

$$m = 3.$$

したがって，求める直線の式は

$$y = 3(x - 2) - 4$$

つまり

$$\boldsymbol{y = 3x - 10}.$$

#12−4

関数 $f(x)$，$g(x)$ と定数 a は関係式

$$\begin{cases} \displaystyle\int_1^x f(t)\,dt = xg(x) - 2ax + 2, \\ \displaystyle g(x) = x^2 - x\int_0^1 f(t)\,dt - 3 \end{cases}$$

を満たしている．このとき，定数 a の値，および，関数 $f(x)$ を求めよ．

【2015 上智大学 法学部】

解説　$\displaystyle\int_0^1 f(t)\,dt = k$ とおくと，k は定数であり，第 2 式より，

$$g(x) = x^2 - kx - 3$$

となる．これを第 1 式に代入して，

$$\int_1^x f(t)\,dt = x(x^2 - kx - 3) - 2ax + 2.$$

$$\int_1^x f(t)\,dt = x^3 - kx^2 - (3 + 2a)x + 2.$$

これは，

$$\begin{cases} 0 = 1 - k - (3 + 2a) + 2, & \cdots① \\ f(x) = 3x^2 - 2kx - (3 + 2a) & \cdots② \end{cases}$$

と同値である．①より，$a = -\dfrac{k}{2}$ であり，これを②に代入して，

$$f(x) = 3x^2 - 2kx - (3 - k).$$

これより，

（最初に k を定めた式）

$$k=\int_0^1 f(t)\,dt=\int_0^1\{3t^2-2kt-(3-k)\}\,dt$$
$$=\Big[t^3-kt^2-(3-k)t\Big]_0^1=1-k-(3-k)$$
$$=-2.$$

$$\therefore\quad a=-\frac{k}{2}=\mathbf{1},\quad f(x)=\boldsymbol{3x^2+4x-5}.$$

#12−5

次の条件で定められる数列 $\{a_n\}$ について，次の問いに答えよ．

$$a_1=7,\quad a_{n+1}=\frac{7a_n+3}{a_n+5}\quad(n=1,\ 2,\ 3,\ \cdots).$$

(1) $b_n=a_n-k$ とおくとき，

$$b_{n+1}=\frac{\alpha b_n}{b_n+\beta}\quad(n=1,\ 2,\ 3,\ \cdots)$$

となるような定数 k，α，β をみつけよ．ただし $k>0$ とする．

(2) $c_n=\dfrac{1}{b_n}$ とおく．数列 $\{c_n\}$ の一般項を求めよ．

(3) 数列 $\{b_n\}$ の一般項を求めよ．さらに数列 $\{a_n\}$ の一般項を求めよ．

【2003 電気通信大学 (前期)】

解説 数列 $\{a_n\}$ は無限数列としてきちんと定まる．

（ある n で $a_n+5=0$ になってしまうと，a_{n+1} を定める漸化式での分母が 0 となり，a_{n+1} を定めることができない事態となる．しかし，実際には，漸化式の形から $a_n>0\Longrightarrow a_{n+1}>0$ であり，$a_1>0$ であることから，すべての n で $a_n>0$ であり，特に，a_n+5 が 0 になることがないことがわかる．）

(1) $n=1,\ 2,\ 3,\ \cdots$ に対して，

$$b_{n+1}=a_{n+1}-k$$
$$=\frac{7a_n+3}{a_n+5}-k$$
$$=\frac{7a_n+3-k(a_n+5)}{a_n+5}$$
$$=\frac{(7-k)a_n+(3-5k)}{a_n+5}$$
$$=\frac{(7-k)(b_n+k)+(3-5k)}{(b_n+k)+5}$$
$$=\frac{(7-k)b_n+\{k(7-k)+(3-5k)\}}{b_n+(k+5)}$$

が成り立ち，この最後の右辺が $\dfrac{\alpha b_n}{b_n+\beta}$ の形になるためには，

$$k(7-k)+(3-5k)=0$$

であればよい (十分条件として考えている)．

（(1) では，条件を満たす k，α，β を“みつけよ”という設問になっており，都合良くみつけたものを一つ提示すればそれでよい．）

$$-k^2+2k+3=0.$$
$$(k-3)(k+1)=0.$$

$k>0$ より，

$$k=3.$$

このとき，つまり，$b_n=a_n-3$ とおくとき，

$$b_{n+1}=\frac{4b_n}{b_n+8}\quad(n=1,\ 2,\ 3,\ \cdots)$$

となり，また，$b_1=a_1-3=7-3=4>0$ であるから，無限数列 $\{b_n\}$ は定まる．ゆえに，

$$k=\mathbf{3},\quad \alpha=\mathbf{4},\quad \beta=\mathbf{8}.$$

(2) $\{c_n\}$ も無限数列としてきちんと定まり，

$$c_{n+1}=\frac{1}{b_{n+1}}=\frac{b_n+8}{4b_n}=\frac{1}{4}+2\cdot\frac{1}{b_n}=2c_n+\frac{1}{4}$$

を満たす．この式は

$$c_{n+1}+\frac{1}{4}=2\left(c_n+\frac{1}{4}\right)$$

と変形できることから，数列 $\left\{c_n+\dfrac{1}{4}\right\}$ は公比 2 の等比数列をなすことがわかり，$c_1=\dfrac{1}{b_1}=\dfrac{1}{4}$ より，

$$c_n+\frac{1}{4}=\left(c_1+\frac{1}{4}\right)\cdot 2^{n-1}=\frac{2^n}{4}.$$

$$\therefore\quad c_n=\boldsymbol{\frac{2^n-1}{4}}\quad(n=1,\ 2,\ 3,\ \cdots).$$

(3) (2) より，

$$b_n=\frac{1}{c_n}=\boldsymbol{\frac{4}{2^n-1}}\quad(n=1,\ 2,\ 3,\ \cdots).$$

$$\therefore\quad a_n=b_n+3=\boldsymbol{\frac{4}{2^n-1}+3}\quad(n=1,\ 2,\ 3,\ \cdots).$$

注意 (1) の途中で現れた k の 2 次方程式は $\{a_n\}$ の漸化式で a_{n+1} と a_n を未知数 k で置き換えた $k=\dfrac{7k+3}{k+5}$ と同値な方程式である．

#12−6

p を負の実数とする．座標空間に原点 O と 3 点 A$(-1,\ 2,\ 0)$，B$(2,\ -2,\ 1)$，P$(p,\ -1,\ 2)$ があり，3 点 O，A，B が定める平面を α とする．また，点 P から平面 α に垂線を下ろし，α との交点を Q とする．

(1) $\overrightarrow{\mathrm{OQ}}=a\,\overrightarrow{\mathrm{OA}}+b\,\overrightarrow{\mathrm{OB}}$ となる実数 a，b を p を用いて表せ．

(2) 点 Q が三角形 OAB の周または内部にあるような p の値の範囲を求めよ．

【2019 北海道大学 (前期) 文系学部】

解説

(1) $\overrightarrow{\mathrm{PQ}}\perp\overrightarrow{\mathrm{OA}}$, $\overrightarrow{\mathrm{PQ}}\perp\overrightarrow{\mathrm{OB}}$ より, $\overrightarrow{\mathrm{PQ}}\cdot\overrightarrow{\mathrm{OA}}=0$, $\overrightarrow{\mathrm{PQ}}\cdot\overrightarrow{\mathrm{OB}}=0$ が成り立つ．これより,

$$(\overrightarrow{\mathrm{OQ}}-\overrightarrow{\mathrm{OP}})\cdot\overrightarrow{\mathrm{OA}}=0,\quad (\overrightarrow{\mathrm{OQ}}-\overrightarrow{\mathrm{OP}})\cdot\overrightarrow{\mathrm{OB}}=0.$$

$$\overrightarrow{\mathrm{OQ}}\cdot\overrightarrow{\mathrm{OA}}=\overrightarrow{\mathrm{OP}}\cdot\overrightarrow{\mathrm{OA}},\quad \overrightarrow{\mathrm{OQ}}\cdot\overrightarrow{\mathrm{OB}}=\overrightarrow{\mathrm{OP}}\cdot\overrightarrow{\mathrm{OB}}.$$

$\overrightarrow{\mathrm{OQ}}=a\,\overrightarrow{\mathrm{OA}}+b\,\overrightarrow{\mathrm{OB}}$ とおくと,

$$\begin{cases}(a\,\overrightarrow{\mathrm{OA}}+b\,\overrightarrow{\mathrm{OB}})\cdot\overrightarrow{\mathrm{OA}}=\overrightarrow{\mathrm{OP}}\cdot\overrightarrow{\mathrm{OA}},\\(a\,\overrightarrow{\mathrm{OA}}+b\,\overrightarrow{\mathrm{OB}})\cdot\overrightarrow{\mathrm{OB}}=\overrightarrow{\mathrm{OP}}\cdot\overrightarrow{\mathrm{OB}}.\end{cases}$$

$$\begin{cases}5a-6b=-p-2,\\-6a+9b=2p+4.\end{cases}$$

$$\therefore\ a=\boldsymbol{\frac{1}{3}(p+2)},\quad b=\boldsymbol{\frac{4}{9}(p+2)}.$$

(2) 点 Q が三角形 OAB の周または内部にある条件は,

$$a\geqq 0,\quad b\geqq 0,\quad a+b\leqq 1$$

すなわち

$$\frac{1}{3}(p+2)\geqq 0,\ \frac{4}{9}(p+2)\geqq 0,\ \frac{1}{3}(p+2)+\frac{4}{9}(p+2)\leqq 1.$$

$$\therefore\ \boldsymbol{-2\leqq p\leqq -\frac{5}{7}}.$$

三角形 OAB に対して,

$$\mathrm{OP}=s\,\overrightarrow{\mathrm{OA}}+t\,\overrightarrow{\mathrm{OB}}\quad (s,\ t\text{ は実数})$$

により定められる点 P が三角形 OAB の周および内部にあるような s, t の条件は,

$$\boldsymbol{s\geqq 0,\quad t\geqq 0,\quad s+t\leqq 1}.$$

#12-7

(1) $691A+491B=1$ を満たす整数 A, B を 1 組求めよ.

(2) 691 で割ると 71 余り，491 で割ると 3 余る正の整数で最も小さいものを求めよ.

【2019 宮城教育大学 (前期) 教育学部】

解説

(1) $691\cdot(-27)+491\cdot 38=(-18657)+18658=1$ より, $(A,\ B)=\boldsymbol{(-27,\ 38)}$ は方程式を満たす.

注意　一般に, a と b が互いに素 (最大公約数が 1) である正の整数とすると，1 次不定方程式 $ax+by=1$ の特殊解は，互除法の計算を “余り” に着目して逆に辿(たど)ることで得ることができる (#2-6 参考)．実際,

$$691=491\times 1+200,$$

$$491=200\times 2+91,$$

$$200=91\times 2+18,$$

$$91=18\times 5+1$$

より,

$$\begin{aligned}1&=91-18\times 5=91-\overbrace{(200-91\times 2)}^{18}\times 5\\&=91\times 11-200\times 5=\overbrace{(491-200\times 2)}^{91}\times 11-200\times 5\\&=491\times 11-200\times 27=491\times 11-\overbrace{(691-491)}^{200}\times 27\\&=491\times 38-691\times 27.\end{aligned}$$

この式は，1 次不定方程式 $691A+491B=1$ の特殊解として $(A,\ B)=(-27,\ 38)$ がとれることを表している.

参考　1 次不定方程式の特殊解 (整数解の一つ) の他の見つけ方として，**連分数展開での近似分数による方法**がある．それについて解説する.

$$\begin{aligned}\frac{691}{491}&=1+\frac{200}{491}=1+\cfrac{1}{\frac{491}{200}}=1+\cfrac{1}{2+\frac{91}{200}}\\&=1+\cfrac{1}{2+\cfrac{1}{\frac{200}{91}}}=1+\cfrac{1}{2+\cfrac{1}{2+\frac{18}{91}}}\\&=1+\cfrac{1}{2+\cfrac{1}{2+\cfrac{1}{\frac{91}{18}}}}=1+\cfrac{1}{2+\cfrac{1}{2+\cfrac{1}{5+\frac{1}{18}}}}\end{aligned}$$

と変形できる．この変形を “(正則) 連分数展開” といい，Euclid の互除法と対応している.

連分数展開は次の手順で変形していくことで得られる.

(手順 1) 整数部分と小数部分に分ける.

$$\frac{691}{491}=1+\frac{200}{491}.$$

(手順 2) 小数部分 $\underbrace{\bigstar}_{0\sim 1}$ を $\dfrac{1}{\blacksquare}$ の形でかく ($\blacksquare=\frac{1}{\bigstar}$).

$$\frac{200}{491}=\frac{1}{\frac{491}{200}}.$$

(手順 3) $\blacksquare$ (>1) の部分に対して, (手順 1)⟶(手順 2) を行う.

$$\frac{491}{200}=2+\frac{91}{200}=2+\frac{1}{\frac{200}{91}}.$$

(手順 4) この操作を繰り返していく.

さて，この連分数展開が 1 次不定方程式の特殊解の発見にどう関係するのかを説明しよう．

まず，$691A+491B=1$ を考えたいが，この両辺を $491A\ (\neq 0)$ で割ると，

$$\frac{691}{491}-\left(-\frac{B}{A}\right)=\frac{1}{491A}$$

と変形でき，これは $\dfrac{691}{491}$ と $\dfrac{-B}{A}$ が "近い" 値であることを意味している．

ここでの "近い" というのは，$\frac{691}{491}$ と $-\frac{B}{A}$ との差が小さければいくらでもよいことを意味していないことに注意しよう．あくまで，$\frac{691}{491}$ と $-\frac{B}{A}$ との差は $\frac{1}{491A}$ の形の数でないといけないわけであるが，ここでは定量的な議論はひとまずおいておき，定性的にこの状況を "近い" と認識してもらいたい．

結局，1 次不定方程式の解を見つけることは，

$\dfrac{691}{491}$ と "近い" 有理数 $\dfrac{-B}{A}$ を見つけたい

という問題として捉えることができる．

連分数展開はこの "近い" 数を見つける手法として使える！ 実際，連分数展開を途中で打ち切った分数

$$1,\ 1+\frac{1}{2},\ 1+\cfrac{1}{2+\cfrac{1}{2}},\ 1+\cfrac{1}{2+\cfrac{1}{2+\cfrac{1}{5}}},\ 1+\cfrac{1}{2+\cfrac{1}{2+\cfrac{1}{5+\cfrac{1}{18}}}}$$

を近似分数という (左から i 番目の近似分数を第 i 近似分数という)．その値は

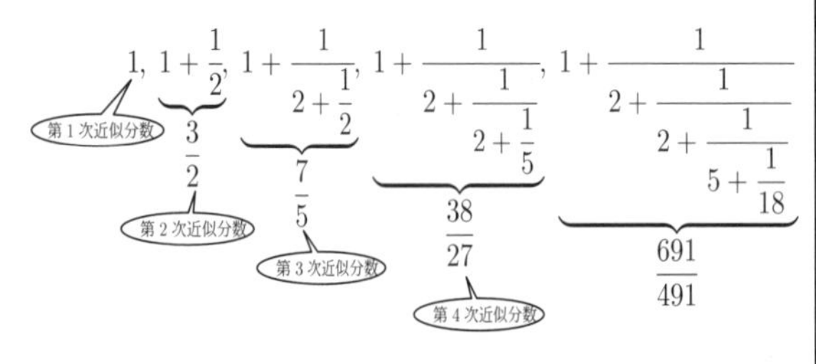

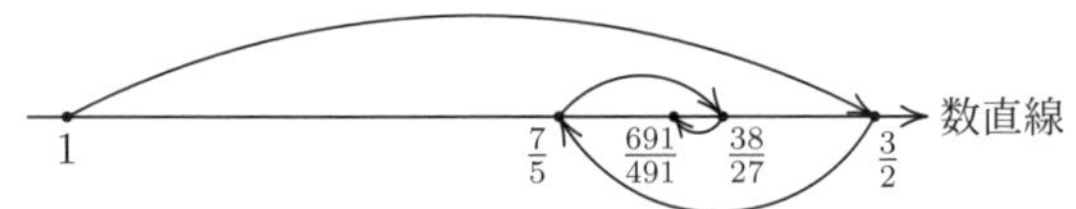

さらに，連続する近似分数同士は "非常に近い" 値になっている．実際，

$$\left|1-\frac{3}{2}\right|=\frac{|2-3|}{2}=\frac{1}{2},$$

$$\left|\frac{3}{2}-\frac{7}{5}\right|=\frac{|3\times5-7\times2|}{2\times5}=\frac{1}{2\times5},$$

$$\left|\frac{7}{5}-\frac{38}{27}\right|=\frac{|7\times27-38\times5|}{5\times27}=\frac{1}{5\times27},$$

微小！

$$\left|\frac{38}{27}-\frac{691}{491}\right|=\frac{\boldsymbol{|38\times491-691\times27|}}{27\times491}=\frac{\mathbf{1}}{27\times491}.$$

さて，$\dfrac{691}{491}$ に "近い" 有理数を見つけたかったわけだが，それには，$\dfrac{691}{491}$ の一つ手前の第 4 次近似分数

$$1+\cfrac{1}{2+\cfrac{1}{2+\cfrac{1}{5}}}=\frac{38}{27}$$

をもってこればよく，これが 1 次不定方程式の特殊解 $(A,\ B)=(-27,\ 38)$ を与える．

一般に，**連分数展開で一つ手前の近似分数から 1 次不定方程式の特殊解が得られる**ことが知られている．

(2) まず，整数 N は 691 で割ると 71 余り，491 で割ると 3 余るとする．このような整数 N の条件は，

$$691x+71=N=491y+3 \quad (x,\ y \text{ は整数})$$

と書けることである．

$$691x+71=491y+3$$

つまり

$$691x-491y=-68$$

を満たす整数 x, y は，この式が

$$691x-491y=691\times\overbrace{1836}^{27\times68}-491\times\overbrace{2584}^{38\times68}$$

(1) で見つけた $691\cdot(-27)+491\cdot38=1$ を -68 倍

と表せ，

$$691(x-1836)=491(y-2584)$$

と変形できることから，

$$\begin{cases} x=491k+1836, \\ y=691k+2584 \end{cases} \quad (k \text{ は整数})$$

と表せる．これより，N は

$$N=691(491k+1836)+71$$

と表せ，これが正で最小となるのは，$k=-3$ のときの

$$N=691\{491\cdot(-3)+1836\}+71=\mathbf{250904}.$$

参考　次のように (Lagrange 補間的に) 構成することもできる．まず，準備として，

691 で割ると 1 余り，491 で割ると 0 余るような整数 s,

691 で割ると 0 余り，491 で割ると 1 余るような整数 t

を用意する．

$$s=691p+1=491q \quad (p,\ q : \text{整数}).$$

(1) で見つけた

$$691\cdot(-27)+491\cdot38=1$$

より

$$691\cdot27+1=491\cdot38$$

であるから，$(p,\ q)=(27,\ 38)$ によって，

$$s=18658$$

が見つかる．次に,

$$t = 691u = 491v + 1 \quad (u,\ v : \text{整数}).$$

(1) で見つけた

$$691 \cdot (-27) + 491 \cdot 38 = 1$$

より

$$691 \cdot (-27) = 491 \cdot (-38) + 1$$

であるから，$(u,\ v) = (-27,\ -38)$ によって，

$$t = -18657$$

が見つかる．

すると，この s，t を用いて，

$$M = 71s + 3t$$

により定められる整数 M を考えると，$71s$ は 691 で割ると 71 余り，$3t$ は 691 で割ると 0 余ることから，M を 691 で割った余りが 71 になっており，一方で，$71s$ は 491 で割ると 0 余り，$3t$ は 491 で割ると 3 余ることから，M を 491 で割った余りが 3 になっていることがわかる．

$$M = 71 \times \underbrace{18658}_{s} + 3 \times \underbrace{(-18657)}_{t} = 1268747.$$

N とこの M との差 $N - M$ を考えると，691 で割った余りも 491 で割った余りも 0 であるから，$N - M$ は 691 と 491 の公倍数であり，結局，

$$N - M = 691 \times 491\,K \quad (K : \text{整数})$$

つまり

$$N = 1268747 + 339281K \quad (K : \text{整数})$$

と表されることがわかる．このうち，正で最小のものは，$K = -3$ のときの

$$1268747 + 339281 \times (-3) = \mathbf{250904}.$$

#12−8

a を実数とする．実数 x に対して，$[x]$ は x 以下の最大の整数を表す．方程式

$$\left[\frac{1}{2}x\right] = x - a$$

が $0 \leqq x < 4$ の範囲に異なる 2 つの実数解をもつような a の値の範囲を求めよ．

【2014 上智大学 総合人間科学部】

解説　$\left[\frac{1}{2}x\right] = x - a \iff x - \left[\frac{1}{2}x\right] = a$ であり，$0 \leqq x < 4$ において，

$$\left[\frac{1}{2}x\right] = \begin{cases} 0 & (0 \leqq x < 2 \text{ のとき}), \\ 1 & (2 \leqq x < 4 \text{ のとき}) \end{cases}$$

より，

$$x - \left[\frac{1}{2}x\right] = \begin{cases} x & (0 \leqq x < 2 \text{ のとき}), \\ x - 1 & (2 \leqq x < 4 \text{ のとき}). \end{cases}$$

求める a の条件は，$0 \leqq x < 4$ において，$y = x - \left[\frac{1}{2}x\right]$ のグラフと $y = a$ のグラフが 2 つの共有点をもつことであり，$0 \leqq x < 4$ における $y = x - \left[\frac{1}{2}x\right]$ のグラフが次のようになることから，求める a の値の範囲は

$$\mathbf{1 \leqq a < 2}.$$

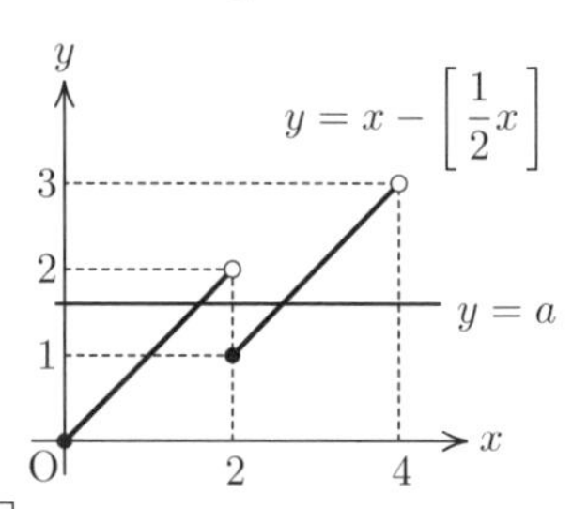

#12−9

O を原点とする xyz 座標空間に，O を通り $\vec{d} = (1,\ 1,\ 1)$ を方向ベクトルとする直線 l と 2 点 $\mathrm{A}(-3,\ 0,\ 0)$，$\mathrm{B}(1,\ 1,\ 0)$ がある．A を通り l と垂直な平面を α とし，l と α の交点を H とする．

(1) H の座標を求めよ．

(2) P は α 上の点で $\mathrm{PH} = \mathrm{AH}$ を満たし，線分 BP は l と交わるものとする．P の座標を求めよ．

(3) 点 X が l 上を動くとき，$\mathrm{AX} + \mathrm{BX}$ の最小値を求めよ．

【1988 宇都宮大学】

解説

(1) H は O から平面 α に下ろした垂線の足である．

$\overrightarrow{\mathrm{OH}} = t\,\vec{d}$ (t : 実数) とおけ，$\overrightarrow{\mathrm{HA}} \perp \vec{d}$ より，

$$\overrightarrow{\mathrm{HA}} \cdot \vec{d} = 0$$

であることから，

$$\left(\overrightarrow{\mathrm{OA}} - t\,\vec{d}\right) \cdot \vec{d} = 0.$$

$$\therefore\ t = \frac{\overrightarrow{\mathrm{OA}} \cdot \vec{d}}{\left|\vec{d}\right|^2} = \frac{-3}{3} = -1.$$

これより，$\overrightarrow{\mathrm{OH}} = -\overrightarrow{d} = (-1,\ -1,\ -1)$ であるから，

$$\mathbf{H(-1,\ -1,\ -1)}.$$

注意　$\overrightarrow{\mathrm{OH}}$ は $\overrightarrow{\mathrm{OA}}$ の $\overrightarrow{d}$ への正射影ベクトル (巻末付録 2 を参照) であり，$\overrightarrow{\mathrm{OH}} = \dfrac{\overrightarrow{\mathrm{OA}}\cdot\overrightarrow{d}}{\left|\overrightarrow{d}\right|^2}\overrightarrow{d}$ である．

(2) P は α 上の点で PH = AH を満たすことから，点 H を中心とし，点 A を通る平面 α 上の円周上にある．この円を E と呼ぶことにする．E の半径は

$$\mathrm{HA} = \sqrt{2^2+1^2+1^2} = \sqrt{6}.$$

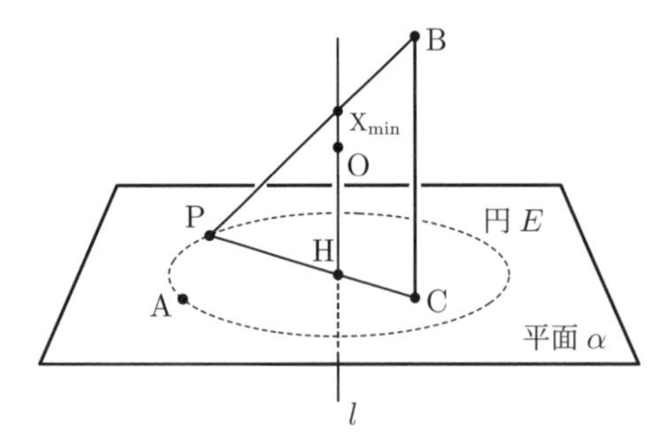

B から平面 α に下ろした垂線の足を C とすると，$\overrightarrow{\mathrm{BC}} = s\overrightarrow{d}$ (s : 実数) とかけ，$\overrightarrow{\mathrm{CA}}\perp\overrightarrow{d}$ より $\overrightarrow{\mathrm{CA}}\cdot\overrightarrow{d} = 0$ であるから，

$$\left(\overrightarrow{\mathrm{BA}} - s\overrightarrow{d}\right)\cdot\overrightarrow{d} = 0 \quad より \quad s = \frac{\overrightarrow{\mathrm{BA}}\cdot\overrightarrow{d}}{\left|\overrightarrow{d}\right|^2} = \frac{-5}{3}.$$

ゆえに，

$$\overrightarrow{\mathrm{OC}} = \overrightarrow{\mathrm{OB}} + \overrightarrow{\mathrm{BC}} = \overrightarrow{\mathrm{OB}} - \frac{5}{3}\overrightarrow{d} = \left(-\frac{2}{3},\ -\frac{2}{3},\ -\frac{5}{3}\right)$$

より，$\mathrm{C}\left(-\dfrac{2}{3},\ -\dfrac{2}{3},\ -\dfrac{5}{3}\right)$ である．これより，

$$\mathrm{CH} = \sqrt{\left(\frac{1}{3}\right)^2 + \left(\frac{1}{3}\right)^2 + \left(\frac{2}{3}\right)^2} = \frac{\sqrt{6}}{3}$$

であり，求める点 P は直線 CH と円 E との交点のうち，H に関して C の反対側の方の点であるから，

$$\overrightarrow{\mathrm{HP}} = \frac{\overset{\text{HP は円 }E\text{ の半径}}{\mathrm{HP}}}{\mathrm{CH}}\overrightarrow{\mathrm{CH}} = \frac{\sqrt{6}}{\frac{\sqrt{6}}{3}}\overrightarrow{\mathrm{CH}} = (-1,\ -1,\ 2).$$

$$\overrightarrow{\mathrm{OP}} = \overrightarrow{\mathrm{OH}} + \overrightarrow{\mathrm{HP}} = (-2,\ -2,\ 1).$$

$$\therefore\ \mathbf{P(-2,\ -2,\ 1)}.$$

(3) (2) で求めた P に対して，BP と l との交点を $\mathrm{X_{min}}$ とすると，点 X が l 上を動くとき，

$$\mathrm{AX} + \mathrm{BX} = \mathrm{PX} + \mathrm{XB} \geqq \mathrm{PB}$$

であり，最後の不等式での等号は点 X が点 $\mathrm{X_{min}}$ にあるときに成立する．よって，AX + BX の最小値は

$$\mathrm{BP} = \sqrt{3^2+3^2+1^2} = \boldsymbol{\sqrt{19}}.$$

付録 1　加重重心

加重重心とは

まずは，線分について考えよう．

本来，数学では，「線分には幅を考えない」のであるが，イメージをもつために，線分を細い木の棒だと思ってほしい．

そして，この木の棒（棒は太さが均一の理想的なものと想定して）の下に人差し指を当てて，その一点でバランスをとり支えることを想像してもらいたい．

もちろん，この棒の中点で支えるべきであろう．もし，中点より右寄りの部分に指を置くと棒は左端が下がり落ちていってしまうし，逆に，中点より左寄りの部分に指を置くと棒は右端が下がり落ちていってしまう．

では，次のステージに進もう．

もし，「棒を 3 等分した点のうち左側の点の下でどうしても支えたい!」としたら．．．?

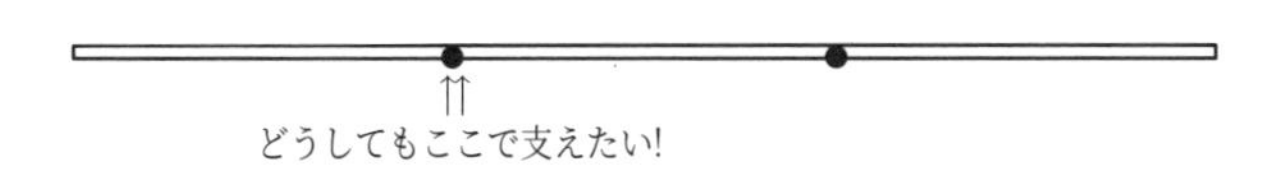

もちろん，そのままでは棒は右端が下がり落ちていってしまう．そこで，人差し指を当てたまま，棒の両端にオモリをのせることにする．

次のように，

$$(\text{左端にのせるオモリの重さ}) : (\text{右端にのせるオモリの重さ}) = 2 : 1$$

とすると，バランスがとれる!!

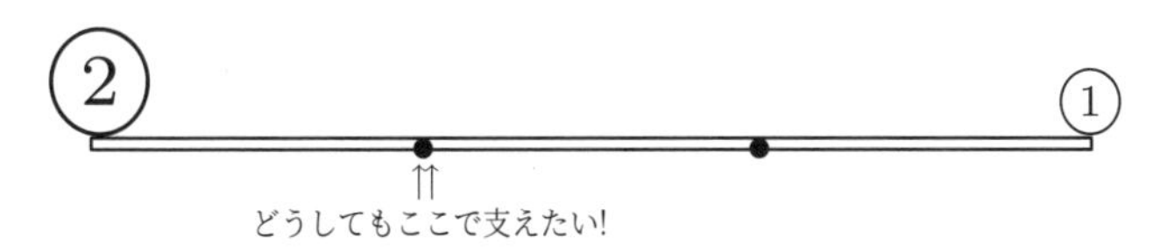

$$(\text{支点からの距離}) \times (\text{重さ})$$

が等しくなるようにすることでバランスがとれるのである．(支点からの距離) × (重さ) のことを「モーメント」という．モーメントとは，回転させようとする勢いを表す量である．「右に回転させようとする勢い」と「左に回転させようとする勢い」が同じであれば，バランスがとれて，どちらにも落ちることがないというわけである．

では，さらに次のステージへと進んでいこう．今度は線分 (棒) ではなく三角形 (板) でバランスをとることを考える．

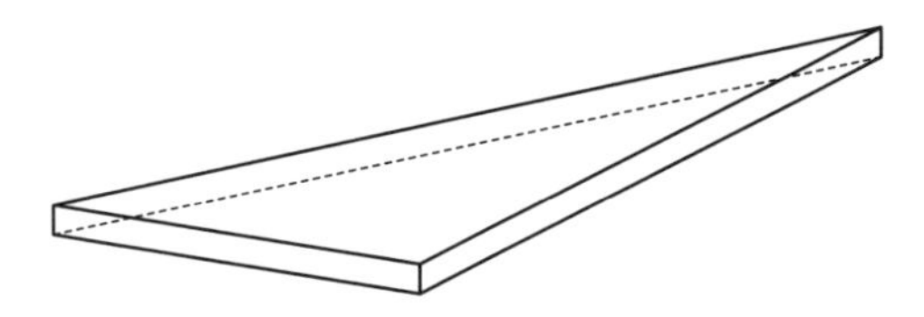

そして，この木の板（板は厚みが均一の理想的なものと想定して）の下に人差し指を当てて，その一点でバランスをとって支えることを想像してもらいたい．

もちろん，この板 (三角形) の重心 (3 本の中線の交点) で支えるべきであろう．

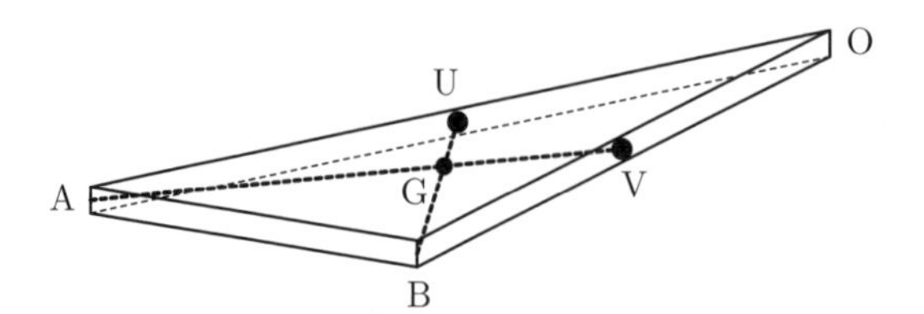

U を OA の中点，V を OB の中点とする．

もし，三角形 OAG の内部のところに指をあてると，頂点 B 側へ落ちていってしまう．

また，もし，三角形 OBG の内部のところに指をあてると，頂点 A 側へ落ちていってしまい，三角形 ABG の内部のところに指をあてると，頂点 O 側へ落ちていってしまう．

なぜ，重心 (中線の交点) でバランスがとれるのかについては，線分 (棒) をもとに次のように理解することができる．

O 側にも A 側にも落ちないようにするためには，BU 上の点で支える必要がある．

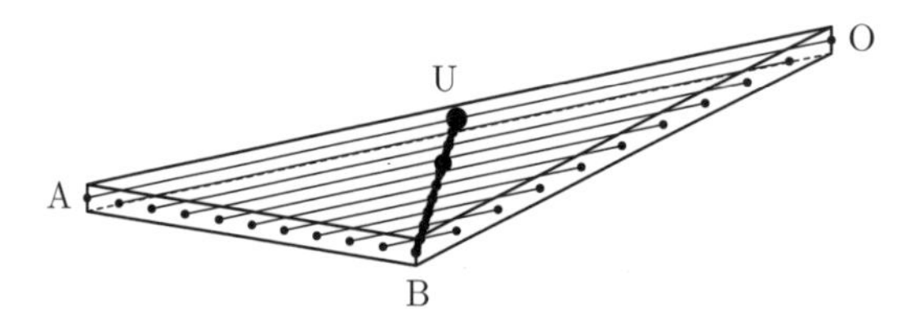

O 側にも B 側にも落ちないようにするためには，AV 上の点で支える必要がある．

それを満たす点は，中線の交点である重心しかないわけである．

ではもし，重心とは異なる点でどうしても支えたい! と思ったら．．．?

最初に考えた問題の三角形 OAB がこの板であるとし，点 P の真下に人差し指をあて，P で支えることにしよう．

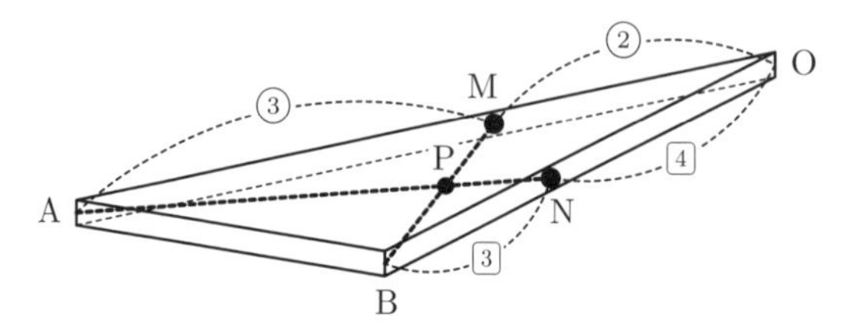

もちろんそのままではバランスはとれないので，3 頂点にオモリをおいてバランスをとることを考える．

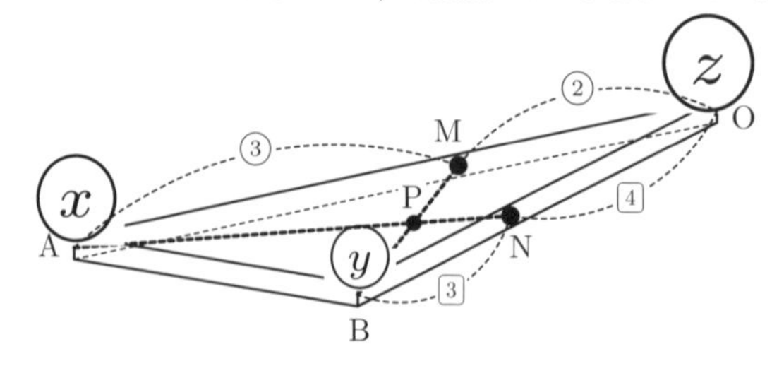

さて，ⓧ，ⓨ，ⓩ はどのような重さの比で設定したら，うまくバランスがとれるのか?

O や A の方に落ちるのを防ぐには，BM 上でバランスをとる必要がある．そこで，まずは，線分 AO にのみ着目し，AM : MO = 3 : 2 であることから，$x : z = 2 : 3$ とすればよいことがわかる．

また，O や B の方に落ちるのを防ぐには，AN 上でバランスをとる必要がある．そこで，線分 OB にのみ着目し，ON : NB = 4 : 3 であることから，$y : z = 4 : 3$ とすればよいことがわかる．

すなわち，

$$x : y : z = 2 : 4 : 3$$

となるようにすればよい．

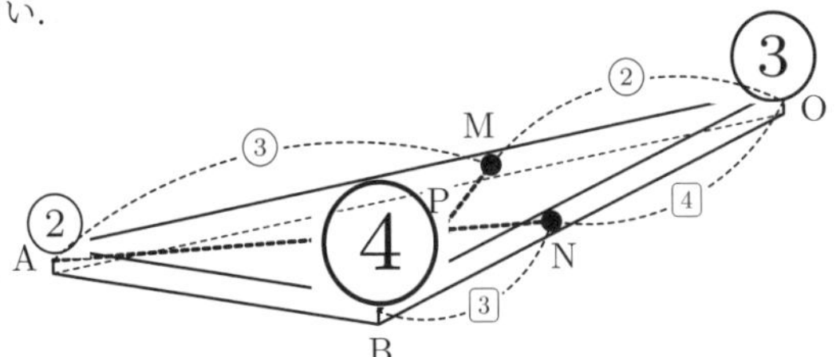

点 P を三角形 OAB の “重み付けされた” 重心と捉え，“加重重心” という．

一般的には，次のようになる．

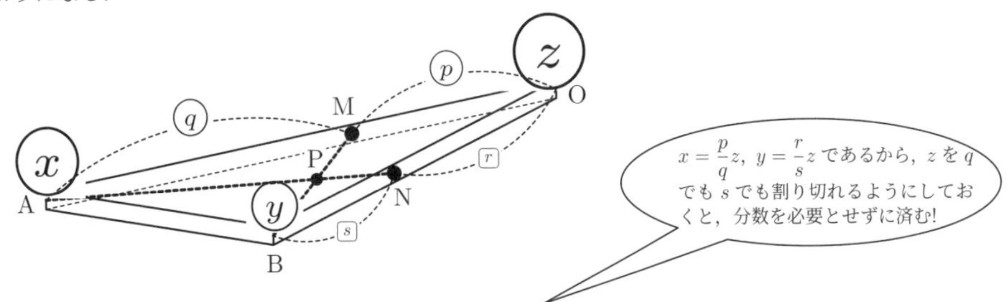

$$x : z = p : q \text{ かつ } y : z = r : s \text{ より } z = qs \text{ としたら，} x = ps,\ y = pr$$

$$\text{つまり } x : y : z = ps : pr : qs.$$

実はここから，あらゆる比がわかる．

たとえば，Menelaus の定理により $\dfrac{\mathrm{NP}}{\mathrm{PA}} = \dfrac{2}{7}$ を得られるが，それは次のように理解できる．

一旦，O においた 3 のオモリと，B においた 4 のオモリをはずし，そのかわり，N に 7 のオモリをのせる．これでバランスはとれたままである．

すると，線分 AN に着目すると，P でバランスがとれていることから，

$$\mathrm{AP} : \mathrm{PN} = 7 : 2$$

であることが理解できる．

それでは，同じ図で，BP : PM を考えてみよう．

今度は，O においた 3 のオモリと，A においた 2 のオモリをはずし，そのかわり，M に 5 のオモリをのせる．

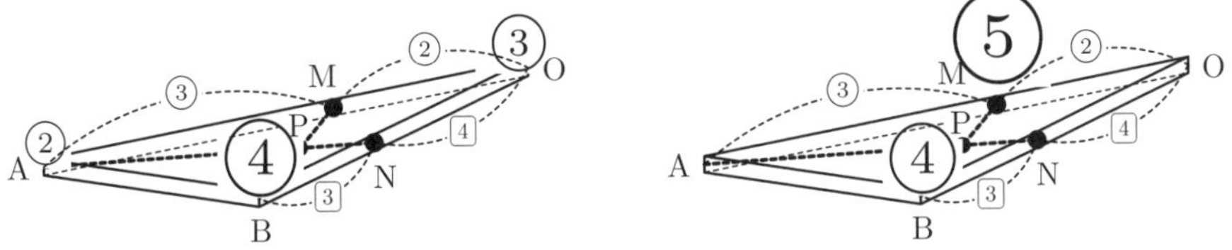

これでバランスはとれたままである．

すると，線分 BM に着目すると，P でバランスがとれていることから，

$$\mathrm{BP} : \mathrm{PM} = 5 : 4$$

であることが理解できる．

さらに，直線 OP と辺 AB との交点を Q とすると，

$$\mathrm{AQ} : \mathrm{QB} = 4 : 2 = 2 : 1, \qquad \mathrm{OP} : \mathrm{PQ} = 6 : 3 = 2 : 1$$

であることもわかる．

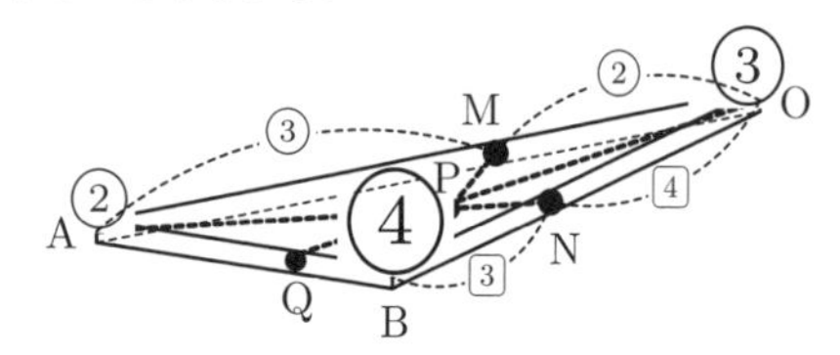

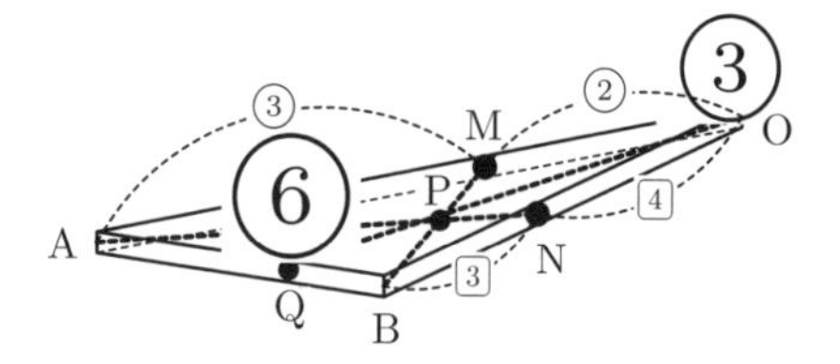

面積比との関連性について

引き続き，上と同じ設定で考えよう．

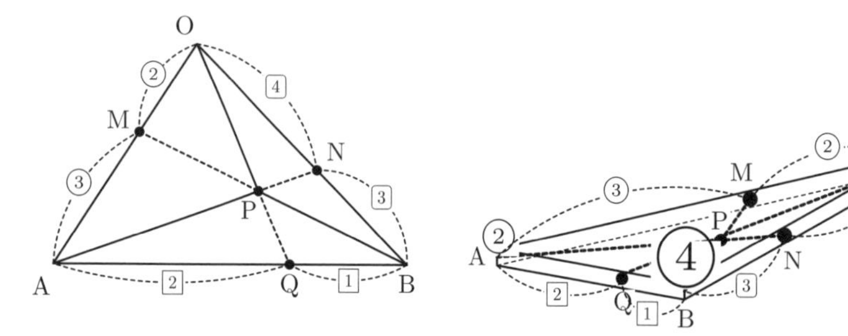

OP，AP，BP で三角形 OAB の内部は 3 つの三角形に区切られる．そして，その 3 つの三角形の面積比は

$$\triangle\mathrm{POA} : \triangle\mathrm{PAB} : \triangle\mathrm{PBO} : 4 : 3 : 2$$

である．

ここで，

頂点 O に 3 のオモリをおいたのは，O の反対側である三角形 PAB 方向への回転を防ぐため，

頂点 A に 2 のオモリをおいたのは，A の反対側である三角形 OBP 方向への回転を防ぐため，

頂点 B に 4 のオモリをおいたのは，B の反対側である三角形 OAP 方向への回転を防ぐため

と捉えることができる．

3 つの頂点に配置するオモリの重さ (3 点への加重) の比が 3 つの三角形の面積比を与えている．

一般的には，次のようになる．

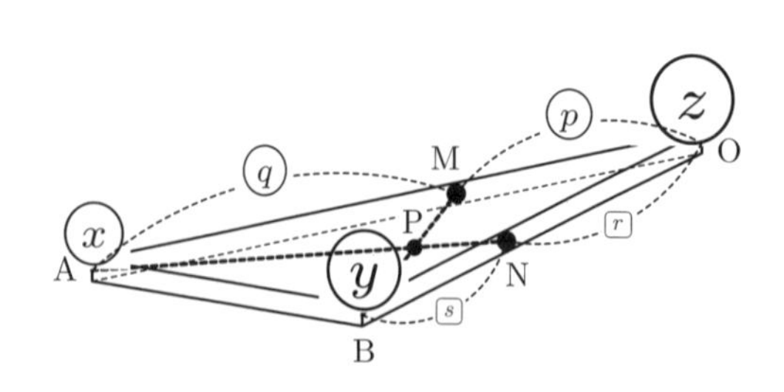

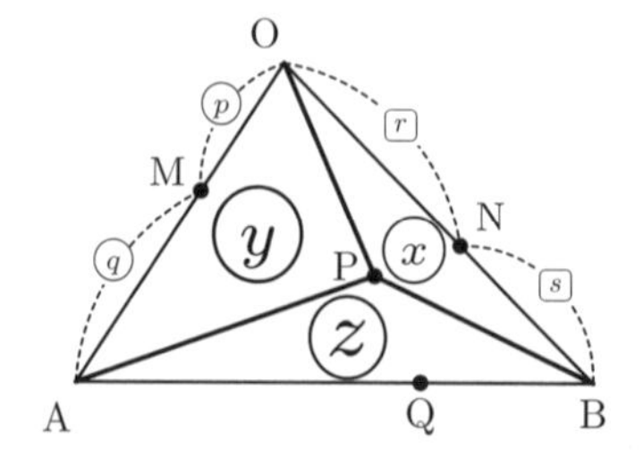

ベクトルとの関連性について

3頂点に載せるオモリの重さの比が面積比を与えていることから，Pの位置がベクトルでどのように表されるかがすぐにわかる．

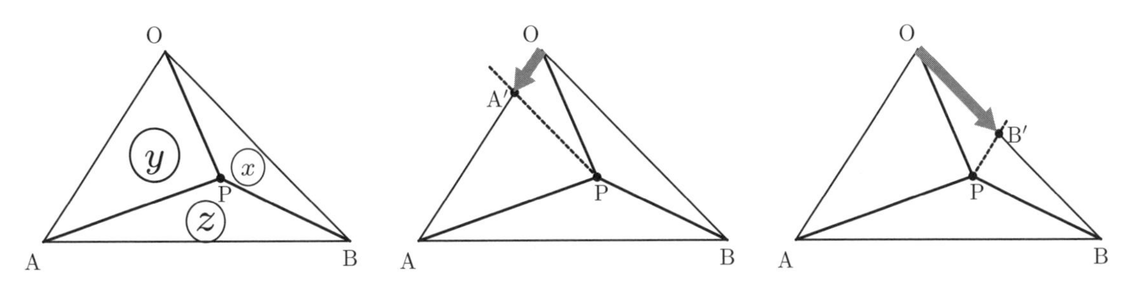

Pを通りOBと平行な直線とOAとの交点をA′とすると，

$$\overrightarrow{\mathrm{OA}'}=\frac{\mathrm{OA}'}{\mathrm{OA}}\overrightarrow{\mathrm{OA}}=\frac{\triangle\mathrm{OPB}}{\triangle\mathrm{OAB}}\overrightarrow{\mathrm{OA}}=\frac{x}{x+y+z}\overrightarrow{\mathrm{OA}}.$$

Pを通りOAと平行な直線とOBとの交点をB′とすると，

$$\overrightarrow{\mathrm{OB}'}=\frac{\mathrm{OB}'}{\mathrm{OB}}\overrightarrow{\mathrm{OB}}=\frac{\triangle\mathrm{OPA}}{\triangle\mathrm{OAB}}\overrightarrow{\mathrm{OB}}=\frac{y}{x+y+z}\overrightarrow{\mathrm{OB}}.$$

これより，

$$\overrightarrow{\mathrm{OP}}=\overrightarrow{\mathrm{OA}'}+\overrightarrow{\mathrm{OB}'}=\frac{x}{x+y+z}\overrightarrow{\mathrm{OA}}+\frac{y}{x+y+z}\overrightarrow{\mathrm{OB}}.$$

【2017 長崎大学 経・環・水産・教育学部 (前期)】　△OABにおいて，辺OAを1 : 2に内分する点をMとし，辺OBを3 : 2に内分する点をNとする．また，線分ANと線分BMの交点をPとし，直線OPと辺ABの交点をQとする．$\overrightarrow{\mathrm{OA}}=\vec{a}$，$\overrightarrow{\mathrm{OB}}=\vec{b}$ とおくとき，$\overrightarrow{\mathrm{OP}}$ および $\overrightarrow{\mathrm{OQ}}$ を $\vec{a}$，$\vec{b}$ を用いて表せ．

解説

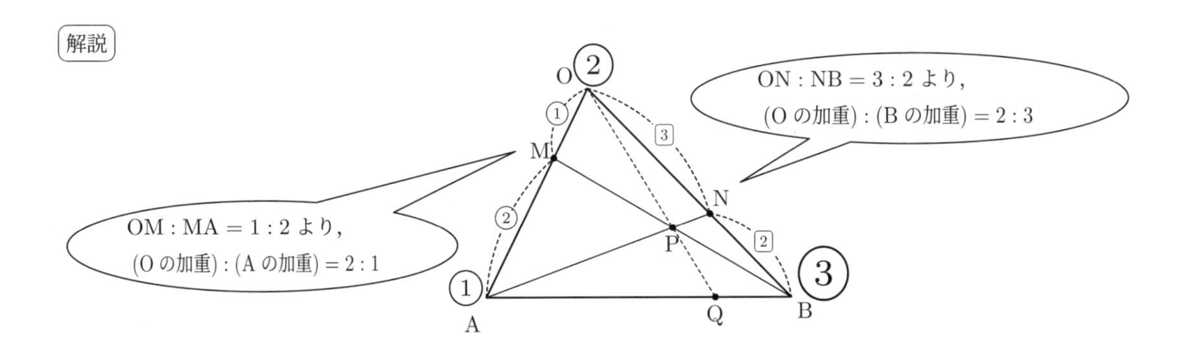

Oに②，Aに①，Bに③のオモリを載せると，Pでバランスがとれる．これより，

$$\overrightarrow{\mathrm{OP}}=\frac{1}{6}\vec{a}+\frac{1}{2}\vec{b},\quad \overrightarrow{\mathrm{OQ}}=\frac{1}{4}\vec{a}+\frac{3}{4}\vec{b}.\qquad\cdots(答)$$

加重重心の演習

(1), (2), (3) のそれぞれに対し，BQ : QC，AP : PQ，BP : PN，CP : PM を求めよ．また，$\overrightarrow{\mathrm{AP}}$ を $\overrightarrow{\mathrm{AB}}$, $\overrightarrow{\mathrm{AC}}$ で表せ．

(1)

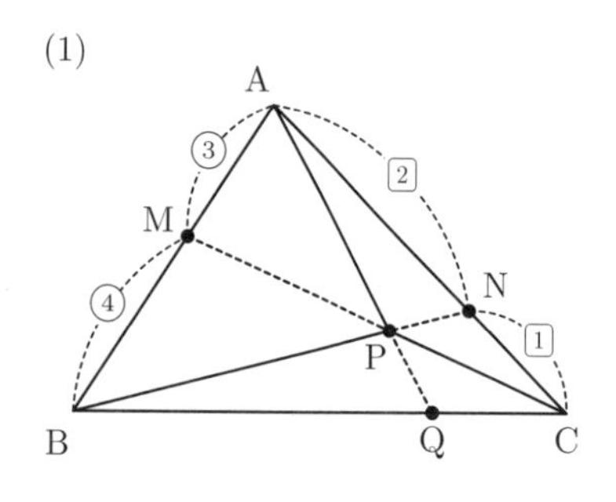

BQ : QC	:
AP : PQ	:
BP : PN	:
CP : PM	:
$\overrightarrow{\mathrm{AP}} =$ 　$\overrightarrow{\mathrm{AB}} +$ 　$\overrightarrow{\mathrm{AC}}$	

(2)

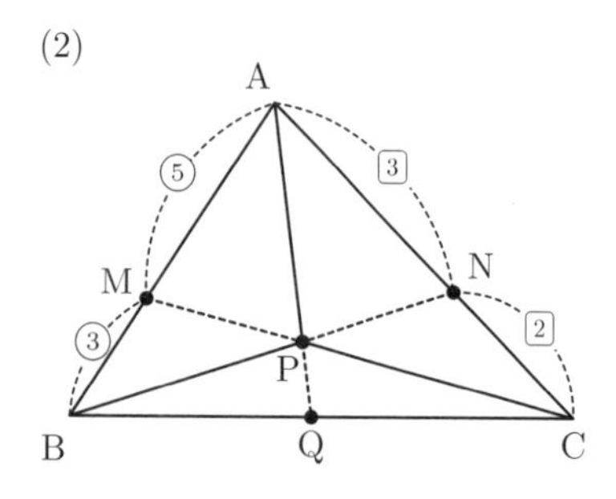

BQ : QC	:
AP : PQ	:
BP : PN	:
CP : PM	:
$\overrightarrow{\mathrm{AP}} =$ 　$\overrightarrow{\mathrm{AB}} +$ 　$\overrightarrow{\mathrm{AC}}$	

(3)

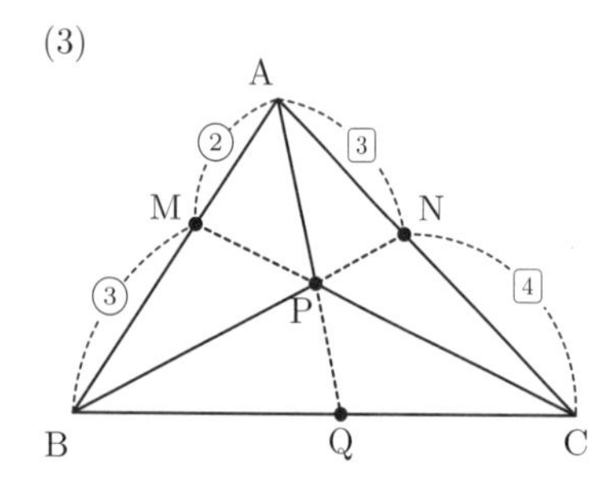

BQ : QC	:
AP : PQ	:
BP : PN	:
CP : PM	:
$\overrightarrow{\mathrm{AP}} =$ 　$\overrightarrow{\mathrm{AB}} +$ 　$\overrightarrow{\mathrm{AC}}$	

答

(1)

BQ : QC	8 : 3
AP : PQ	11 : 4
BP : PN	4 : 1
CP : PM	7 : 8
$\overrightarrow{\mathrm{AP}} = \frac{1}{5}\overrightarrow{\mathrm{AB}} + \frac{8}{15}\overrightarrow{\mathrm{AC}}$	

(2)

BQ : QC	9 : 10
AP : PQ	19 : 6
BP : PN	3 : 2
CP : PM	16 : 9
$\overrightarrow{\mathrm{AP}} = \frac{2}{5}\overrightarrow{\mathrm{AB}} + \frac{9}{25}\overrightarrow{\mathrm{AC}}$	

(3)

BQ : QC	9 : 8
AP : PQ	17 : 12
BP : PN	21 : 8
CP : PM	20 : 9
$\overrightarrow{\mathrm{AP}} = \frac{8}{29}\overrightarrow{\mathrm{AB}} + \frac{9}{29}\overrightarrow{\mathrm{AC}}$	

付録2　正射影ベクトル

2 つのベクトル $\overrightarrow{\mathrm{OA}}$, $\overrightarrow{\mathrm{OB}}$ の内積とは，記号 $\overrightarrow{\mathrm{OA}}\cdot\overrightarrow{\mathrm{OB}}$ で表される実数値で

$$\overrightarrow{\mathrm{OA}}\cdot\overrightarrow{\mathrm{OB}}=\begin{cases}0 & (\overrightarrow{\mathrm{OA}}=\overrightarrow{0}\ \text{または}\ \overrightarrow{\mathrm{OB}}=\overrightarrow{0}\ \text{のとき}),\\ \left|\overrightarrow{\mathrm{OA}}\right|\left|\overrightarrow{\mathrm{OB}}\right|\cos\theta & (\overrightarrow{\mathrm{OA}}\neq\overrightarrow{0}\ \text{かつ}\ \overrightarrow{\mathrm{OB}}\neq\overrightarrow{0}\ \text{のとき})\end{cases}$$

で定められる．ここで，θ は 2 つのベクトル $\overrightarrow{\mathrm{OA}}$, $\overrightarrow{\mathrm{OB}}$ のなす角 $\angle\mathrm{AOB}$ $(0\leqq\angle\mathrm{AOB}\leqq\pi)$ のことである．

この内積は，ベクトルで長さ，角度，面積，体積などの “計量” と呼ばれる対象を考察する際に使われる概念である．ここでは，内積の活用の仕方を解説する．

次の 2 つの図で，2 つのベクトル $\overrightarrow{\mathrm{OA}}$, $\overrightarrow{\mathrm{OB}}$ の内積 $\overrightarrow{\mathrm{OA}}\cdot\overrightarrow{\mathrm{OB}}$ がどのような性質をもっているかを考察してみる．そのために，点 B から直線 OA に下ろした垂線の足を H とする．

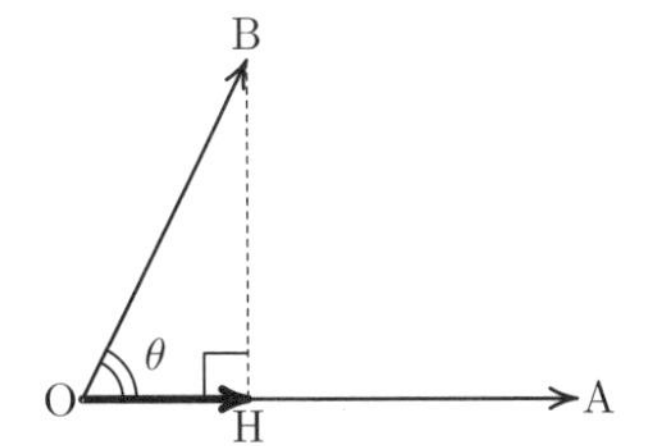

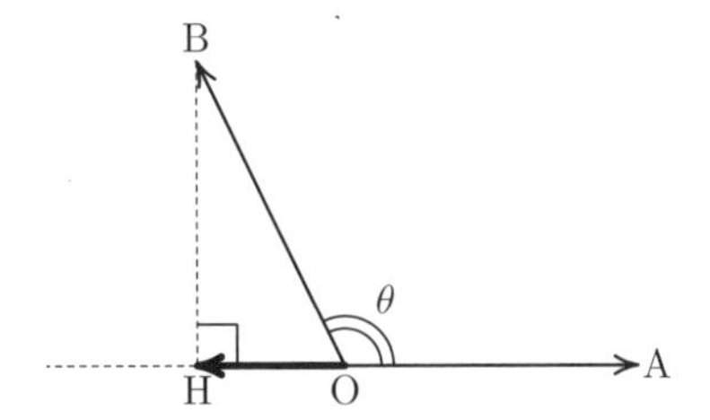

$\overrightarrow{\mathrm{OH}}$ のことを $\overrightarrow{\mathrm{OB}}$ の $\overrightarrow{\mathrm{OA}}$ への**正射影ベクトル**という．左図のように θ が鋭角の場合，$\overrightarrow{\mathrm{OH}}$ は $\overrightarrow{\mathrm{OA}}$ と同じ向きであり，右図のように θ が鈍角の場合，$\overrightarrow{\mathrm{OH}}$ は $\overrightarrow{\mathrm{OA}}$ と逆向きである．また，$\angle\mathrm{AOB}(=\theta)$ が直角のとき，点 H と点 O は一致し，$\overrightarrow{\mathrm{OH}}=\overrightarrow{0}$ である．さらに，3 点 O, A, B が同一直線上にあるときには，$\overrightarrow{\mathrm{OH}}=\overrightarrow{\mathrm{OB}}$ である．

いずれの場合でも，$\overrightarrow{\mathrm{OA}}\cdot\overrightarrow{\mathrm{HB}}=0$ であることに注意すると，

$$\begin{aligned}\overrightarrow{\mathrm{OA}}\cdot\overrightarrow{\mathrm{OB}}&=\overrightarrow{\mathrm{OA}}\cdot(\overrightarrow{\mathrm{OH}}+\overrightarrow{\mathrm{HB}})\\&=\overrightarrow{\mathrm{OA}}\cdot\overrightarrow{\mathrm{OH}}+\overrightarrow{\mathrm{OA}}\cdot\overrightarrow{\mathrm{HB}}\\&=\overrightarrow{\mathrm{OA}}\cdot\overrightarrow{\mathrm{OH}}\end{aligned}$$

が成り立つことがわかるであろう．すなわち，

「$\overrightarrow{\mathrm{OA}}$ と $\overrightarrow{\mathrm{OB}}$ の内積」は「$\overrightarrow{\mathrm{OA}}$ と $\underbrace{\text{“}\overrightarrow{\mathrm{OB}}\text{ の }\overrightarrow{\mathrm{OA}}\text{ への正射影ベクトル”}}_{\overrightarrow{\mathrm{OH}}}$ との内積」である!

といえる．このように，$\overrightarrow{\mathrm{OA}}$ との内積を考える際には，「$\overrightarrow{\mathrm{OA}}$ 方向」と「$\overrightarrow{\mathrm{OA}}$ と垂直な方向」に分解するという視点をもって捉えることで，**内積が正射影ベクトルとの内積である!**ということが把握しやすくなるだろう．

この見方を獲得することで，非常に広い応用が効くようになる．その一例を挙げよう．次の有名な公式が，実は内積とみることで，さらには，その内積を正射影ベクトルとの内積とみることで理解しやすくなるのである．

公式 (原点中心の円の接線の式を与える公式)

xy 平面上の円 $C: x^2+y^2=r^2$ $(r>0)$ 上の点 $\mathrm{T}(p,\ q)$ における C の接線 l の式は

$$px+qy=r^2$$

で与えられる．

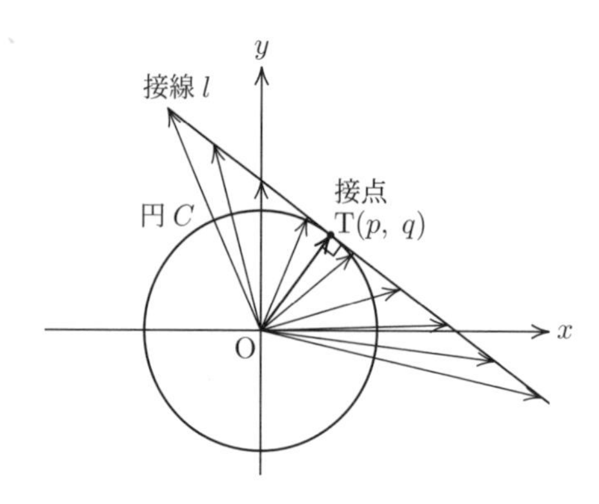

内積が正射影ベクトルとの内積であることから,

$$\text{点 P}(X,\ Y)\text{ が直線 } l \text{ 上の点である} \iff \overrightarrow{\mathrm{OP}} \text{ の } \overrightarrow{\mathrm{OT}} \text{ への正射影ベクトルは } \overrightarrow{\mathrm{OT}}$$
$$\iff \overrightarrow{\mathrm{OT}}\cdot\overrightarrow{\mathrm{OP}} = \overrightarrow{\mathrm{OT}}\cdot\overrightarrow{\mathrm{OT}}$$
$$\iff \begin{pmatrix} p \\ q \end{pmatrix}\cdot\begin{pmatrix} X \\ Y \end{pmatrix} = r^2$$

と接線の公式 $px+qy=r^2$ の左辺を内積として捉えることで，この有名公式は自然に理解できるであろう．

では，過去の出題例で "**内積が正射影ベクトルとの内積である**" ことを確認してみよう．

【2010 広島大学 前期文系】　座標平面上に点 O$(0,\ 0)$ と点 P$(4,\ 3)$ をとる．不等式 $(x-5)^2+(y-10)^2 \leqq 16$ の表す領域を D とする．次の問いに答えよ．

(1) k は定数とする．直線 $y=-\dfrac{4}{3}x+k$ 上の点を Q とするとき，ベクトル $\overrightarrow{\mathrm{OQ}}$ と $\overrightarrow{\mathrm{OP}}$ の内積 $\overrightarrow{\mathrm{OQ}}\cdot\overrightarrow{\mathrm{OP}}$ を k を用いて表せ．

(2) 点 R が D 全体を動くとき，ベクトル $\overrightarrow{\mathrm{OP}}$ と $\overrightarrow{\mathrm{OR}}$ の内積 $\overrightarrow{\mathrm{OP}}\cdot\overrightarrow{\mathrm{OR}}$ の最大値および最小値を求めよ．

解説

(1) 直線 $y=-\dfrac{4}{3}x+k$ 上の点 Q の座標は $(3t,\ k-4t)$ と表される．すると，

$$\overrightarrow{\mathrm{OQ}}\cdot\overrightarrow{\mathrm{OP}} = 3t\cdot 4+(k-4t)\cdot 3 = \boldsymbol{3k} \qquad \cdots(\text{答})$$

であり，この値は t に依らない．t に依らない理由は，$\overrightarrow{\mathrm{OP}}$ と直線 $y=-\dfrac{4}{3}x+k$ の方向ベクトルが直交することから，直線 OP と直線 $y=-\dfrac{4}{3}x+k$ との交点を Q_0 とすると，$\overrightarrow{\mathrm{OQ}}\cdot\overrightarrow{\mathrm{OP}} = \underbrace{\overrightarrow{\mathrm{OQ_0}}\cdot\overrightarrow{\mathrm{OP}}}_{\text{Q に依らない値}}$ となるからである．

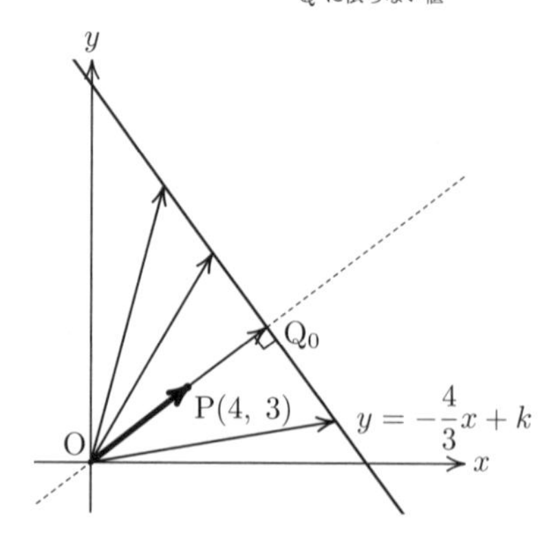

(2) 原点 O を始点とし，直線 $y=-\frac{4}{3}x+k$ 上を終点とするベクトルと $\overrightarrow{\mathrm{OP}}$ との内積が $3k$ であるから，R が領域 D を動くとき $\overrightarrow{\mathrm{OP}}\cdot\overrightarrow{\mathrm{OR}}$ のとり得る値の範囲は，直線 $y=-\frac{4}{3}x+k$ と領域 D が共有点をもつような k の範囲を $m\leqq k\leqq M$ とすると，$3m\leqq\overrightarrow{\mathrm{OP}}\cdot\overrightarrow{\mathrm{OR}}\leqq 3M$ である．

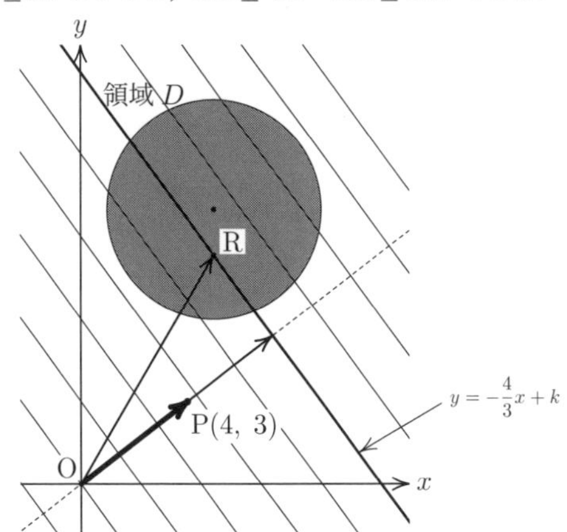

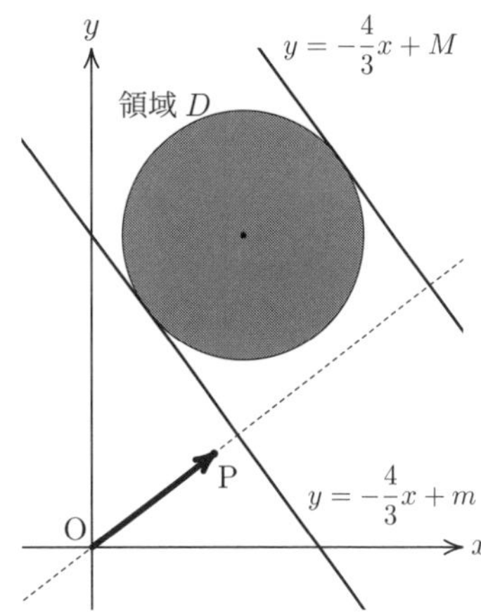

直線 $y=-\frac{4}{3}x+k$ つまり $3x+4y-3k=0$ が領域 D と共有点をもつ条件は

$$\left(D\text{ の境界の円の中心 }(5,\ 10)\text{ と直線 }3x+4y-3k=0\text{ との距離 }\frac{|4\cdot5+3\cdot10-3k|}{5}\right)\leqq(\text{半径 }4)$$

より，$10\leqq k\leqq\frac{70}{3}$ であるから，$\overrightarrow{\mathrm{OP}}\cdot\overrightarrow{\mathrm{OR}}$ の最大値は **70**，最小値は **30** である．　$\cdots$(答)

(1) で内積の見方を教えるから，(2) ではそれをもとに考えて欲しいという趣旨の出題であろう．“内積が正射影ベクトルとの内積である” という認識があれば (1) がなくても簡単に思えるのではないだろうか?!

広島大学はこのテーマを別の年でも出題している．トライしてみよう．

【2018 広島大・前期文系】　O を原点とする座標平面上の曲線 $C: y=-\frac{1}{3}x^3+\frac{1}{2}x+\frac{13}{6}$ を考える．C 上の点 D$(-1,\ 2)$ における C の接線を l とし，D と異なる C と l の共有点を E とする．次の問いに答えよ．

(1) l の方程式を求めよ．

(2) E の座標を求めよ．

(3) 原点 O を中心とする半径 1 の円の周上の点 A$(a,\ b)$ を考える．ただし，a と b はともに正であるとする．直線 l 上の動点 P に対し，$\overrightarrow{\mathrm{OA}}\cdot\overrightarrow{\mathrm{OP}}$ が P の位置によらず一定であるとき，A の座標を求めよ．

(4) A を (3) で求めた点とする．点 Q が C 上を D から E まで動くときの $\overrightarrow{\mathrm{OA}}\cdot\overrightarrow{\mathrm{OQ}}$ の最大値を求めよ．

解説

(1) $f(x)=-\frac{1}{3}x^3+\frac{1}{2}x+\frac{13}{6}$ とおくと，

$$f'(x)=-x^2+\frac{1}{2}$$

であるから，l の式は

$$\begin{aligned}\boldsymbol{y}&=f'(-1)\{x-(-1)\}+2\\ &=\boldsymbol{-\frac{1}{2}x+\frac{3}{2}}.\end{aligned}$$
$\cdots$(答)

(2) C と l の共有点について，

$$-\frac{1}{3}x^3+\frac{1}{2}x+\frac{13}{6}=-\frac{1}{2}x+\frac{3}{2}$$

より，

$$x^3-3x-2=0.$$

$$(x+1)^2(x-2)=0.$$

E は D と異なる C と l の共有点であるから，E の x 座標は 2 であり，

$$\mathrm{E}\left(\mathbf{2},\ \mathbf{\frac{1}{2}}\right). \qquad \cdots(答)$$

注意　(1)，(2) は次の割り算からもわかる (#1−6，#1−8 参照).

$$\begin{array}{rrrrr}
 & & -\frac{1}{3}x & +\frac{2}{3} & \\
\hline
x^2+2x+1\ \big) & -\frac{1}{3}x^3 & +0x^2 & +\frac{1}{2}x & +\frac{13}{6} \\
 & -\frac{1}{3}x^3 & -\frac{2}{3}x^2 & -\frac{1}{3}x & \\
\hline
 & & \frac{2}{3}x^2 & +\frac{5}{6}x & +\frac{13}{6} \\
 & & \frac{2}{3}x^2 & +\frac{4}{3}x & +\frac{2}{3} \\
\hline
 & & & -\frac{1}{2}x & +\frac{3}{2}
\end{array}$$

$f(x)=(x+1)^2\cdot\dfrac{-x+2}{3}+\left(-\dfrac{1}{2}x+\dfrac{3}{2}\right)$ より，$y=f(x)$ の点 $\mathrm{D}(-1,\ f(-1))$ における接線の式は，余りに着目して，$y=-\dfrac{1}{2}x+\dfrac{3}{2}$ とわかり，この接線と曲線 $y=f(x)$ との接点でない共有点の x 座標は，商に着目して，$x=2$ とわかる.

(3)

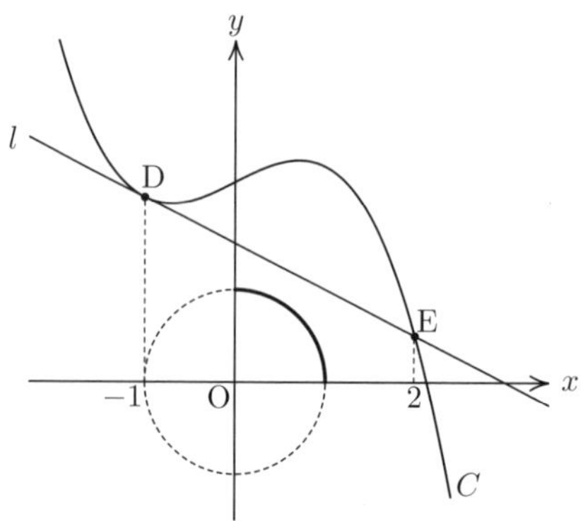

t を実数として，l 上の動点 P を $\mathrm{P}\left(t,\ \dfrac{3-t}{2}\right)$ とおくと，

$$\begin{aligned}\overrightarrow{\mathrm{OA}}\cdot\overrightarrow{\mathrm{OP}}&=a\cdot t+b\cdot\frac{3-t}{2}\\&=\left(a-\frac{b}{2}\right)t+\frac{3}{2}b\end{aligned}$$

が t に依らず一定となる条件は，

$$a-\frac{b}{2}=0.$$

$a>0,\ b>0,\ a^2+b^2=1$ であるから，

$$a=\frac{1}{\sqrt{5}},\quad b=\frac{2}{\sqrt{5}}.$$

よって，求める点 A の座標は

$$\left(\mathbf{\frac{1}{\sqrt{5}}},\ \mathbf{\frac{2}{\sqrt{5}}}\right). \qquad \cdots(答)$$

(4) q を実数とし，C 上を D から E まで動く動点 Q を $\mathrm{Q}(q,\ f(q))$ $(-1 \leqq q \leqq 2)$ とおくと，

$$\begin{aligned}\overrightarrow{\mathrm{OA}} \cdot \overrightarrow{\mathrm{OQ}} &= \frac{1}{\sqrt{5}} \cdot q + \frac{2}{\sqrt{5}} \cdot f(q) \\ &= \frac{1}{\sqrt{5}}\left(-\frac{2}{3}q^3 + 2q + \frac{13}{3}\right).\end{aligned}$$

これを q の関数とみて，$g(q)$ と表すことにすると，

$$g'(q) = \frac{1}{\sqrt{5}}\left(-2q^2 + 2\right) = -\frac{2}{\sqrt{5}}(q+1)(q-1).$$

q	-1	$\cdots$	1	$\cdots$	2
$g'(q)$		$+$	0	$-$	
$g(q)$		$\nearrow$	$\dfrac{17}{3\sqrt{5}}$	$\searrow$	

よって，$q = 1$ のとき，$\overrightarrow{\mathrm{OA}} \cdot \overrightarrow{\mathrm{OQ}} = g(q)$ は最大値 $\boldsymbol{\dfrac{17}{3\sqrt{5}}}$ をとる．　$\cdots$ (答)

では，「内積が正射影ベクトルとの内積である」という認識のもとで，本問を振り返ってみる．

(3) では，l 上の動点 P の位置に依らず，$\overrightarrow{\mathrm{OP}}$ の $\overrightarrow{\mathrm{OA}}$ への正射影ベクトルが一定のベクトルとなるような $\overrightarrow{\mathrm{OA}}$ を考えると，$\overrightarrow{\mathrm{OA}}$ と l が垂直となるような点 A でなければならないことがわかる．

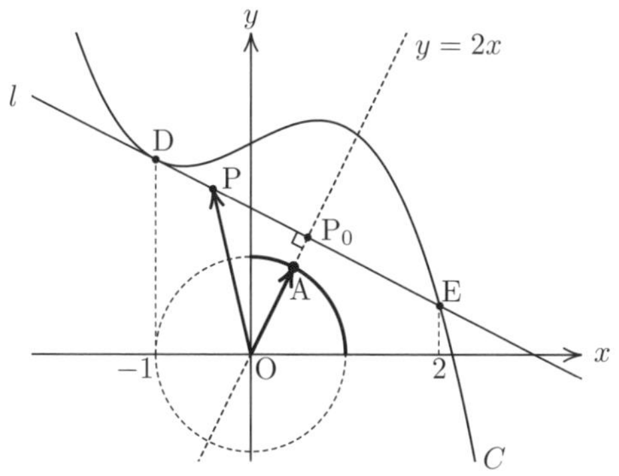

つまり，A は第一象限にあり，単位円と $y = 2x$ (O を通り l に垂直な直線) との交点でなければならず，求める点 A の座標が $\left(\boldsymbol{\dfrac{1}{\sqrt{5}}},\ \boldsymbol{\dfrac{2}{\sqrt{5}}}\right)$ とわかる．

(4) では，C 上を D から E まで動く点 Q について，$\overrightarrow{\mathrm{OQ}}$ の $\overrightarrow{\mathrm{OA}}$ への正射影ベクトルが最も長くなるような点 Q の位置を考えると，l と平行な直線と $C : y = f(x)$ $(-1 < x < 2)$ が接するときの接点に点 Q がくるときである．

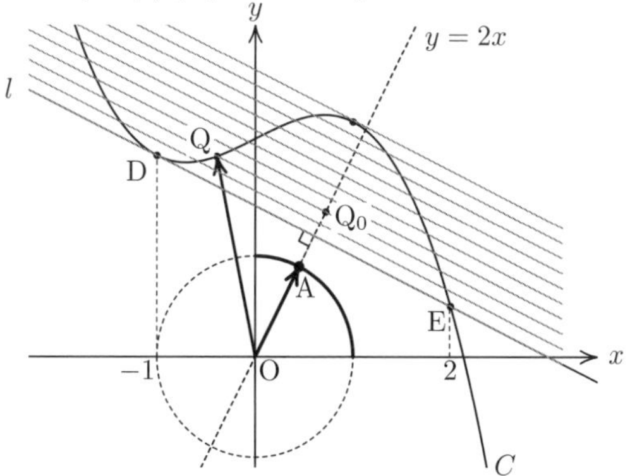

$f'(x) = -x^2 + \dfrac{1}{2} = -\dfrac{1}{2}$，$-1 < x < 2$ より，$x = 1$．

これより，内積 $\overrightarrow{\mathrm{OA}} \cdot \overrightarrow{\mathrm{OQ}}$ が最大となる点 Q の座標は $\left(1,\ \dfrac{7}{3}\right)$ とわかる．

付録3　軌跡の考え方

xy 座標平面には無限に多くの点 $(x,\ y)$ が敷き詰められている．個々の点を砂粒，xy 平面を無限に広がる砂漠のようなイメージをもとう．

その個々の点 (砂粒) の位置は x 座標と y 座標の 2 つの実数の組によって定められる．そこで，これら無数にある点たちを “ある基準” を満たすか満たさないかによって 2 つに分類することを考える．この “ある基準” というのは，“条件” と言い換えてもよく，ときには方程式であったり不等式であったり，ときには別の形で表された条件かもしれない．

「軌跡を求めよ」という問題は，「わかりにくい形で提示された条件を満たす点の集合をパッとみただけでわかるように言い換えよ」という問いかけである．

軌跡の問題を難しく感じる心理的な理由の一つは，無限にある点を一度に分類しようといきなりしてしまうからである．そんなことはできるはずがない．無限の点を一度に相手することはできないし，それをやろうとすること自体がそもそも無謀なのである．そこで，いきなり無限個の点を相手するのではなく，いくつかの点を分類することを考えてみよう．もちろんそれをいくつやったところで高々有限個しか調べられないので不十分ではあるが，様子を掴むためにやってみるのである．たとえば，次のような問題を考えてみよう．

問　a が 1 以上 3 以下の実数値をとり得るとき，点 $(a-1,\ a^2)$ の軌跡を求めよ．

“そんなの簡単だ! $x=a-1$，$y=a^2$ とおいて，a を消去したらいいんだ! ただし，a に範囲があるから，x にも範囲がつくことを忘れずに処理したらできるんだ!” とある程度，勉強している人なら心の中で思ったのではないだろうか？

確かにそうではあるが，その操作で軌跡が求まるのがなぜなのか，ちゃんとわかってやっているだろうか? 普段，どういうイメージでこの問題を解いているのか?ということにも大きく関わる話であるので，初歩的な問題と侮ることなく，根本に立ち返って考え直してもらいたい．

そこで，軌跡の理解に自信をもっている人は，次の質問に答えられるか確認して欲しい!

質問 1　そもそも “軌跡” とは何か?

質問 2　問 の “軌跡” が
「$x=a-1$，$y=a^2$ とおいて，a を消去し，x と y の関係式を求める．ただし，a の制約をもとに，x の値の範囲を求める」ことで求まるのはなぜか？

では，解説しよう．まず，“軌跡” とは “**ある条件**を満たす点の集合” である．その集合をみれば，条件がどんな条件なのかということが視覚的に把握できるというメリットがある．

本問での “**ある条件**” とは何か? それは，a が $1 \leqq a \leqq 3$ を変化するときに，点 $(a-1,\ a^2)$ と一致する (重なる，ぶつかる) ことである．

xy 平面上には無数の砂粒 (点) が敷き詰められており，これらの点を，条件を満たす点と満たさない点との 2 つに分類したいのであるが，今回であれば，a が $1 \leqq a \leqq 3$ を変化するときに，点 $(a-1,\ a^2)$ とぶつかる点とぶつからない点の 2 つに分類することが目標である．

そこで様子をみるために，なんでもよいので一つ点をもってきて判断してみよう．たとえば，点 $(9,\ 22)$ はどっちだろう？　条件を満たす (軌跡に入る) ならこの点を赤で塗り，条件を満たさない (軌跡に入らない) ならこの点を青で塗ることにしよう．このような作業を全ての点で実行し終えた暁には，xy 平面が赤と青の 2 色でキレイに色分けされることになる．赤でないところは青のはずなので，赤い部分だけ塗ればよかったということになるが，この赤い部分が軌跡に他ならない．

点 $(a-1,\ a^2)$ と点 $(9,\ 22)$ とがぶつかることがあるか？　つまり $\begin{cases} a-1=9, \\ a^2=22 \end{cases}$ を満たす実数 a があるか？ を考えればよさそう．いや，これではダメ．というのも，これを満たす実数 a がたとえば $a=7$ として存在していたとしても今回は a が $1 \leqq a \leqq 3$ の範囲でしか動けないので，そうすると，a が $1 \leqq a \leqq 3$ の範囲で動く限り $(9,\ 22)$ は軌跡に入らないということになる．すなわち，$\begin{cases} a-1=9, \\ a^2=22 \end{cases}$ を満たす実数 a が $1 \leqq a \leqq 3$ の範囲にあるか？ ということが問題となるわけである．

この場合，$a-1=9$ を満たす実数 a はただ一つ $a=10$ しかなく，これが範囲外であるため，もうダメとわかる．つまり，$(9,\ 22)$ は軌跡に入らない．

では，点 $(1,\ 7)$ はどうだろう？

$\begin{cases} a-1=1, \\ a^2=7 \end{cases}$ を満たす実数 a が $1 \leqq a \leqq 3$ の範囲にあるか？ ということが問題を考えるわけであるが，$a-1=1$ を満たす実数 a はただ一つ $a=2$ しかなく，これは a の範囲 $1 \leqq a \leqq 3$ にある．しかし，この $a=2$ は $a^2=7$ を満たさないので，今回も軌跡に入らない．

では，点 $(2,\ 9)$ はどうだろう？

$\begin{cases} a-1=2, \\ a^2=9 \end{cases}$ を満たす実数 a が $1 \leqq a \leqq 3$ の範囲にあるか？ ということが問題を考えるわけであるが，$a-1=2$ を満たす実数 a はただ一つ $a=3$ しかなく，これは a の範囲 $1 \leqq a \leqq 3$ にある．そして，この $a=3$ は $a^2=9$ を満たすので，$\begin{cases} a-1=2, \\ a^2=9 \end{cases}$ を満たす実数 a が $1 \leqq a \leqq 3$ の範囲内に存在する ($a=3$ のただ一つだけ存在する)．したがって，点 $(2,\ 9)$ は軌跡に入る．ここまでで 3 点を具体的に決めて，色分けしてきた．$(9,\ 22)$ と $(1,\ 7)$ は青色で塗られ，$(2,\ 9)$ は赤色で塗られている．

しかし，平面上の点は無限にあるので，この操作を続けていったとしても完了することはない．そこで，どういう点が軌跡に入り，どういう点が軌跡に入らないのかの基準を，文字を用いて一般的な記述として書いてみよう!

点 $(X,\ Y)$ が軌跡に含まれるかどうかは $\begin{cases} a-1=X, \\ a^2=Y \end{cases}$ を満たす実数 a が $1 \leqq a \leqq 3$ の範囲内に存在するかどうかを考えることでわかる．

点 $(X,\ Y)$ が軌跡に含まれる条件は，$a=X+1$ が a の範囲 $1 \leqq a \leqq 3$ にあり，かつ，$a^2=Y$ を満たすことに他ならない．そのような $X,\ Y$ の条件は，

$$1 \leqq X+1 \leqq 3, \quad (X+1)^2=Y$$

つまり

$$\boldsymbol{Y=(X+1)^2, \quad 0 \leqq X \leqq 2} \qquad \cdots(*)$$

である．はじめからこの基準 $(*)$ を作っておけば，個々に $(9,\ 22)$，$(1,\ 7)$，$(2,\ 9)$ と頑張って調べなくても一瞬で判断できる!

結局，この条件 $(*)$ を満たす点を赤で塗り，満たさない点を青で塗ればよいわけである．

軌跡を求める形式的な操作に気を取られずに，根本的な発想・考え方 (捉え方) を理解しておいて欲しい!

著者紹介

吉田 大悟 (よしだ だいご)

京都大学理学部数学科卒業。京都大学大学院理学研究科修士課程修了。河合塾数学科講師、駿台予備学校数学科講師、龍谷大学講師、兵庫県立大学講師。鶴林寺真光院副住職。
“覚えていないと解けない”ということがなるべくないような数学を目指し、楽しく数学を学んでもらえるような指導を心がけて学生時代より大手予備校で教鞭をとっている。また、東進や河合塾の全国模試の作成にも携わっている。
受験指導の他、大学でも教鞭をとっており、統計学の基礎を扱う講義や複素解析学の講義、数学教員免許取得のための必修科目である数学科教育法などを担当している。
著書に『実戦演習問題集 理系数学』(METIS BOOK)、堂前孝信先生との共著で『START DASH!! 数学6 複素数平面と2次曲線』(河合出版)、編集協力に『共通テスト新課程攻略問題集 数学』(教学社)がある。

ご案内

補足事項や本書に関する最新情報は、オフィシャルサイトにて随時更新されます。
不定期に開催されるオンライン学習会『実戦演習数学セミナー』の詳細情報もご案内しております。

また、YouTube チャンネル METIS BOOK の『吉田大悟の実戦数学』では、本書に関連する様々なテーマの動画がご視聴いただけます。

詳細は各サイトにてご覧ください。

実戦演習問題集オフィシャルサイト
https://www.me-tis.net/html/YDmathClub.html

YouTubeチャンネル METIS BOOK
https://www.youtube.com/@metisbook

実戦演習問題集 文理共通数学

2024年　3月13日 発行

著　作　吉田 大悟
発行元　株式会社 メーティス
〒560-0084　大阪府豊中市新千里南町3-1-18-302
電話：06-4977-7175
URL：https://www.me-tis.net/
発売元　日販アイ・ピー・エス株式会社
〒113-0034　東京都文京区湯島1-3-4
電話：03-5802-1859
URL：https://www.nippan-ips.co.jp/
印刷・製本　シナノパブリッシングプレス

ISBN：978-4-9913329-1-3